国外油气勘探开发新进展
GUOWAIYOUQIKANTANKAIFAXINJINZHANCONGSHU

APPLIED STATISTICAL MODELING AND DATA ANALYTICS
A PRACTICAL GUIDE FOR THE PETROLEUM GEOSCIENCES

应用统计建模及数据分析
——石油地质学实用指南

〔美〕Srikanta Mishra 〔美〕Akhil Datta-Gupta 著

廉培庆 赵华伟 王付勇 译

计秉玉 审校

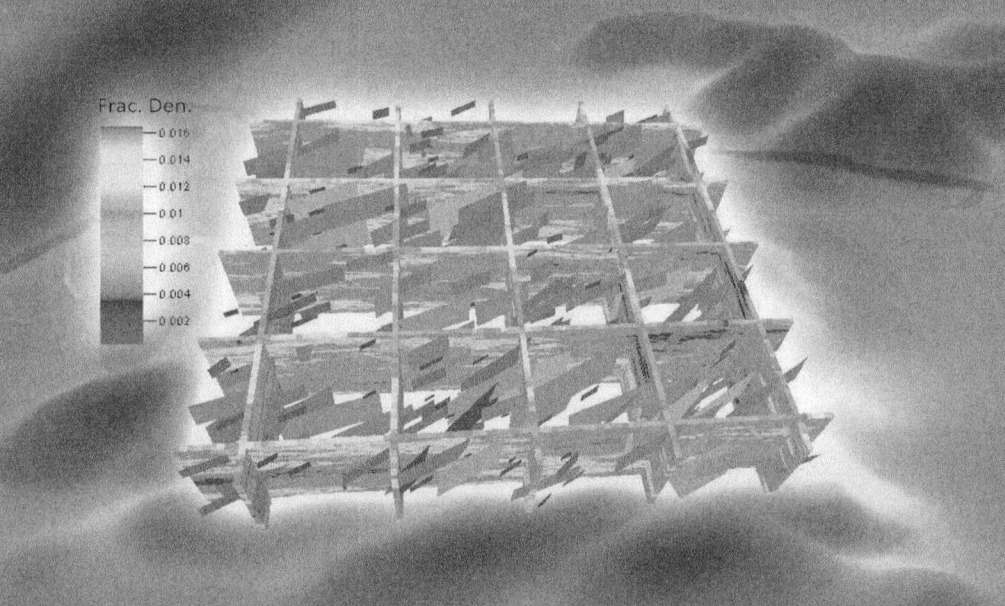

石油工业出版社

内 容 提 要

本书由石油从业者编写介绍统计学在石油行业中的应用。在确保论严谨的同时,从实用性的角度力求去繁从简。书中介绍了应用统计学的基本理论,聚焦了应用统计学的核心主题,包括多元数据分析、不确定性量化、响应面分析,并概述了石油地质学中一些最常用的数据驱动建模技术。为了方便石油工作者使用,书中通过大量实例介绍了如何应用统计学方法开展石油地质数据分析。

本书不仅可以作为油气行业从业人员的工具书,也可以作为高等院校教材及研究生教学参考书。

图书在版编目(CIP)数据

应用统计建模及数据分析:石油地质学实用指南/(美)斯里坎塔·米什拉(Srikanta Mishra),(美)阿基尔·达古普塔(Akhil Datta – Gupta)著;廉培庆,赵华伟,王付勇译. —北京:石油工业出版社,2020.9

(国外油气勘探开发新进展丛书;二十一)

书名原文:Applied statistical modeling and data analytics

ISBN 978 – 7 – 5183 – 4075 – 0

Ⅰ.①应… Ⅱ.①斯… ②阿… ③廉… ④赵… ⑤王… Ⅲ.①石油地质学 – 地质统计学 – 统计模型 Ⅳ.①P618.130.8②P628

中国版本图书馆 CIP 数据核字(2020)第 109304 号

Applied Statistical Modeling and Data Analytics: A Practical Guide for the Petroleum Geosciences
Srikanta Mishra, Akhil Datta – Gupta
ISBN: 9780128032794
Copyright ©2018 Elsevier Inc. All rights reserved.
Authorized Chinese translation published by Petroleum Industry Press.
《应用统计建模及数据分析:石油地质学实用指南》(廉培庆 赵华伟 王付勇 译)
ISBN: 9787518340750
Copyright ©Elsevier Inc. and Petroleum Industry Press. All rights reserved.

No part of this publication may be reproduced or transmitted in any form or by any means, electronic or mechanical, including photocopying, recording, or any information storage and retrieval system, without permission in writing from Elsevier. Details on how to seek permission, further information about the Elsevier's permissions policies and arrangements with organizations such as the Copyright Clearance Center and the Copyright Licensing Agency, can be found at our website: www.elsevier.com/permissions.

This book and the individual contributions contained in it are protected under copyright by Elsevier Inc. and Petroleum Industry Press (other than as may be noted herein).

This edition of Applied Statistical Modeling and Data Analytics: A Practical Guide for the Petroleum Geosciences is published by Petroleum Industry Press under arrangement with ELSEVIER INC.

This edition is authorized for sale in China only, excluding Hong Kong, Macau and Taiwan. Unauthorized export of this edition is a violation of the Copyright Act. Violation of this Law is subject to Civil and Criminal Penalties.

本版由 ELSEVIER INC. 授权石油工业出版社在中国大陆地区(不包括香港、澳门以及台湾地区)出版发行。

本版仅限在中国大陆地区(不包括香港、澳门以及台湾地区)出版及标价销售。未经许可之出口,视为违反著作权法,将受民事及刑事法律之制裁。

本书封底贴有 Elsevier 防伪标签,无标签者不得销售。

注意

本书涉及领域的知识和实践标准在不断变化。新的研究和经验拓展我们的理解,因此须对研究方法、专业实践或医疗方法作出调整。从业者和研究人员必须始终依靠自身经验和知识来评估和使用本书中提到的所有信息、方法、化合物或本书中描述的实验。在使用这些信息或方法时,他们应注意自身和他人的安全,包括注意他们负有专业责任的当事人的安全。在法律允许的最大范围内,爱思唯尔、译文的原文作者、原文编辑及原文内容提供者均不对因产品责任、疏忽或其他人身或财产伤害及/或损失承担责任,亦不对由于使用或操作文中提到的方法、产品、说明或思想而导致的人身或财产伤害及/或损失承担责任。

北京市版权局著作权合同登记号:01 – 2020 – 4247

出版发行:石油工业出版社
(北京安定门外安华里2区1号楼 100011)
网 址:www.petropub.com
编辑部:(010)64523537 图书营销中心:(010)64523633
经 销:全国新华书店
印 刷:北京中石油彩色印刷有限责任公司

2020 年 9 月第 1 版 2020 年 9 月第 1 次印刷
787×1092 毫米 开本:1/16 印张:13.25
字数:320 千字

定价:100.00 元
(如发现印装质量问题,我社图书营销中心负责调换)
版权所有,翻印必究

《国外油气勘探开发新进展丛书(二十一)》
编委会

主　任：李鹭光

副主任：马新华　张卫国　郑新权

　　　　何海清　江同文

编　委：(按姓氏笔画排序)

　　　　万立夫　王硕亮　曲　海

　　　　范文科　罗远儒　周家尧

　　　　章卫兵　韩新强　廉培庆

序

"他山之石，可以攻玉"。学习和借鉴国外油气勘探开发新理论、新技术和新工艺，对于提高国内油气勘探开发水平、丰富科研管理人员知识储备、增强公司科技创新能力和整体实力、推动提升勘探开发力度的实践具有重要的现实意义。鉴于此，中国石油勘探与生产分公司和石油工业出版社组织多方力量，本着先进、实用、有效的原则，对国外著名出版社和知名学者最新出版的、代表行业先进理论和技术水平的著作进行引进并翻译出版，形成涵盖油气勘探、开发、工程技术等上游较全面和系统的系列丛书——《国外油气勘探开发新进展丛书》。

自2001年丛书第一辑正式出版后，在持续跟踪国外油气勘探、开发新理论新技术发展的基础上，从国内科研、生产需求出发，截至目前，优中选优，共计翻译出版了二十辑100余种专著。这些译著发行后，受到了企业和科研院所广大科研人员和大学院校师生的欢迎，并在勘探开发实践中发挥了重要作用，达到了促进生产、更新知识、提高业务水平的目的。同时，集团公司也筛选了部分适合基层员工学习参考的图书，列入"千万图书下基层，百万员工品书香"书目，配发到中国石油所属的4万余个基层队站。该套系列丛书也获得了我国出版界的认可，先后四次获得了中国出版协会的"引进版科技类优秀图书奖"，形成了规模品牌，获得了很好的社会效益。

此次在前二十辑出版的基础上，经过多次调研、筛选，又推选出了《井喷与井控手册（第二版）》《页岩油与页岩气手册——理论、技术和挑战》《页岩气藏建模与数值模拟方法面临的挑战》《天然气输送与处理手册（第三版）》《应用统计建模及数据分析——石油地质学实用指南》《地热能学的地质基础》等6本专著翻译出版，以飨读者。

在本套丛书的引进、翻译和出版过程中，中国石油勘探与生产分公司和石油工业出版社在图书选择、工作组织、质量保障方面积极发挥作用，一批具有较高外语水平的知名专家、教授和有丰富实践经验的工程技术人员担任翻译和审校工作，使得该套丛书能以较高的质量正式出版，在此对他们的努力和付出表示衷心的感谢！希望该套丛书在相关企业、科研单位、院校的生产和科研中继续发挥应有的作用。

中国石油天然气股份有限公司副总裁 李鹭光

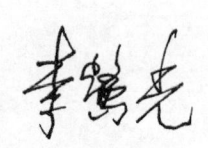

译者前言

通过数据来研究规律、发现规律，这一做法贯穿了人类社会发展的始终。近现代以来，随着我们面临的问题变得越来越复杂，通过演绎的方式来研究问题常常变得很困难。这就使得数据归纳的方法变得越来越重要，数据的重要性也越发凸显出来。统计学是数据分析的基本工具，它既研究如何从数据中把信息和规律提取出来，找出最优化的方案，也研究如何把数据当中的不确定性量化出来。

近年来，大数据在许多领域获得了极大的成功。从数据到大数据，不仅是量的积累，更是质的飞跃。海量的、不同来源、不同形式、包含不同信息的数据可以容易地被整合、分析，原本孤立的数据变得互相联通。这使得人们通过数据分析，能发现小数据时代很难发现的新知识，创造出新的价值。在油气田勘探开发过程中，积累了海量的测井、地震、生产和测试等数据，这些数据具有多尺度性和多维性，很多数据尚未得到有效的应用。因此，石油工程师和地质学家也对大数据在油气行业的应用产生了浓厚的兴趣，并一直在探索实现基于数据驱动的油藏分析和开发优化技术。

在大数据时代，数据分析的很多根本性问题和小数据时代并没有本质区别，统计学依然是数据分析的灵魂。目前，虽然许多学者在应用统计学方面发表了大量论文，但缺少介绍应用统计学原理及其在石油工程和油气藏地质领域应用的书籍，而本书的出版恰恰弥补了这一缺憾。本书的引进翻译出版可以让国内研究人员尽快接触到油气行业领域主流的经典统计学和现代统计学方法。

中国石化石油勘探开发研究院赵华伟负责第1~3章内容翻译，廉培庆负责4~6章内容翻译，中国石油大学（北京）王付勇负责7~9章内容翻译。全书由廉培庆、赵华伟统稿。中国石化石油勘探开发研究院计秉玉总工程师对全书进行了审校，刘彦锋博士、李蒙博士、商晓飞博士提了许多宝贵的意见和建议，在此一并表示感谢。

由于译者水平有限，书中难免存在错误和疏漏，恳请读者批评指正。

前 言

作为专业的油藏工程师和地质学家,长久以来,笔者都对应用统计学方法表征、监测和预测地下油气系统十分感兴趣。统计学方法是数据分析的基本工具,用于分析测井、岩心、流体注入和采出等数据。借助统计学方法,我们可以设计合理的室内实验、现场试验和数值实验,从而更好地了解地质参数(如孔隙度、渗透率、测井属性)和状态变量(如压力和产量)之间的关系。统计学方法还可以用于消除由于输入参数不确定引起的静态地质模型和动态数值模型的不确定性。迄今为止,从基本的勘探数据分析和回归建模,到高级的多元分析、非线性和非参数回归建模,实验设计和响应面分析,以及不确定性分析等,笔者都有所涉猎。近年来,大数据在其他领域获得了极大的成功,笔者也对大数据在油气行业的应用感兴趣,并一直在探索应用机器学习技术实现基于数据驱动的油藏分析和开发优化。

在应用统计学这条道路上"随机漫步"的过程中,笔者研读了许多石油工程师和地质学家的相关研究成果,自己也发表了相当数量的论文。在此过程中,也参考了统计学建模和数据分析相关的著作。这些著作的受众既有专业人员,也包括一般读者。十分偶然地,笔者发现目前缺少介绍应用统计学原理及其在石油工程和油气藏地质领域应用的书籍。

本书是为了填补这一空白而作的尝试。本书的定位是能够提供实践指导的工具书。本书试图通过理论和实例相结合的方式来介绍已经或即将成为油气行业领域主流的经典统计学和现代统计学方法。本书旨在为油藏工程师和地质学家提供参考,以便能够将统计学建模和数据分析技术应用于储层评价、油藏表征、油藏模拟和管理,以及生产作业等工作中。

本书是一本关于统计学应用的著作,是一本油气行业从业者写给同行的书。因此,本书在确保理论严谨的同时,又力求从实用性的角度去繁从简,尽量达到二者的平衡。本书的各章主要内容如下:第1~4章主要介绍应用统计学的基本理论,第1章为基本概念,第2章为探索性数据分析,第3章为概率分布,第4章为线性回归建模;第5~8章聚焦应用统计学的核心主题,第5章为多元数据分析,第6章为不确定性量化,第7章为响应面分析,第8章为数据驱动建模;第9章介绍了本书的使用方法、关键要点,也提出了最后的思考。本书通过大量实例来说明如何应用介绍的统计学方法来分析石油地质的数据。考虑到已经有介绍地质统计学和时间序列分析的精彩论著,本书不涉及上述内容。

本书不仅可以作为油气行业从业人员的工具书,也可以作为高级培训教材或研究生教学的教科书。为此,本书的每个章节的末尾都附有习题。本书也可以作为水文地质、二氧化碳封存、核废料处理相关专业人员的参考书。本书的素材源自笔者给本科生和研究生授课的课堂教案，以及培训班和研讨会的讲义，并经过总结提炼而成。

  统计建模和数据分析是一个成熟的领域，同时也是一门新兴的学科。经典统计学理论的基本概念为计算机和数据科学领域新开发算法的应用提供了基础。衷心地希望本书能够让油藏工程师和地质学家更深入地理解将数据转化为信息的原理和方法，从而能够做出更好的决策。

目　　录

第1章　基本概念 ··· (1)
  1.1　背景及范围 ··· (1)
  1.2　数据、统计及概率 ··· (4)
  1.3　随机变量 ··· (8)
  1.4　小结 ··· (9)
  参考文献 ·· (10)

第2章　探索性数据分析 ·· (11)
  2.1　一维数据 ··· (11)
  2.2　二维数据 ··· (16)
  2.3　多维数据 ··· (19)
  2.4　小结 ··· (21)
  参考文献 ·· (22)

第3章　数据分布与模型 ·· (23)
  3.1　经验分布 ··· (23)
  3.2　参数模型 ··· (24)
  3.3　正态分布和对数正态分布 ·· (35)
  3.4　拟合数据分布 ··· (39)
  3.5　其他性质及参数估计 ·· (44)
  3.6　小结 ··· (52)
  参考文献 ·· (53)

第4章　回归建模与分析 ·· (54)
  4.1　引言 ··· (54)
  4.2　简单的线性回归 ·· (54)
  4.3　多元回归 ··· (61)
  4.4　非参数变换与回归 ··· (65)
  4.5　非参数回归应用：Salt Creek 数据集 ···························· (70)
  4.6　小结 ··· (73)
  参考文献 ·· (75)

第5章　多元数据分析 ··· (77)
  5.1　引言 ··· (77)
  5.2　主成分分析 ·· (77)

5.3 聚类分析 ……………………………………………………………………… (81)
5.4 判别分析 ……………………………………………………………………… (85)
5.5 现场应用:Salt Creek 数据集 ………………………………………………… (86)
5.6 小结 …………………………………………………………………………… (93)
参考文献 …………………………………………………………………………… (94)
拓展阅读 …………………………………………………………………………… (94)

第6章 不确定性量化 ………………………………………………………… (95)
6.1 引言 …………………………………………………………………………… (95)
6.2 不确定性表征 ………………………………………………………………… (98)
6.3 不确定性传播 ………………………………………………………………… (104)
6.4 不确定性重要性评估 ………………………………………………………… (113)
6.5 非蒙特卡罗模拟方法 ………………………………………………………… (121)
6.6 模型不确定性的处理 ………………………………………………………… (129)
6.7 不确定性分析要素 …………………………………………………………… (131)
6.8 小结 …………………………………………………………………………… (132)
参考文献 …………………………………………………………………………… (133)

第7章 实验设计与响应面分析 ……………………………………………… (137)
7.1 一般概念 ……………………………………………………………………… (137)
7.2 实验设计 ……………………………………………………………………… (137)
7.3 元建模技术 …………………………………………………………………… (143)
7.4 小型示例 ……………………………………………………………………… (147)
7.5 现场应用 ……………………………………………………………………… (152)
7.6 小结 …………………………………………………………………………… (154)
参考文献 …………………………………………………………………………… (156)

第8章 数据驱动建模 ………………………………………………………… (158)
8.1 引言 …………………………………………………………………………… (158)
8.2 建模方法 ……………………………………………………………………… (159)
8.3 计算考虑因素 ………………………………………………………………… (168)
8.4 现场实例 ……………………………………………………………………… (172)
8.5 小结 …………………………………………………………………………… (178)
参考文献 …………………………………………………………………………… (179)

第9章 结语 …………………………………………………………………… (182)
9.1 使用方法 ……………………………………………………………………… (182)
9.2 关键要点 ……………………………………………………………………… (183)
9.3 最后的思考 …………………………………………………………………… (186)
参考文献 …………………………………………………………………………… (186)

第1章 基本概念

1.1 背景及范围

本节介绍经典统计学的一些基本概念,如概率和随机变量,同时介绍数据分析和大数据等新兴领域的基本概念。此外,本节还列举了数据分析技术在石油地质学中的一些应用实例。

1.1.1 什么是统计学

统计学是获取和利用数据的科学。它提供了数据收集、总结和解释的工具,目的是确定数据中隐含的固有结构、趋势和关系。这就是将数据转换为信息的方式。

总体(Population)和样本(Sample)是统计学中的两个基本概念。总体是所有可能结果和事件的全体,而样本是从总体中提取的有限子集。对样本数据进行统计分析即可推断出总体的特征,无需研究总体。总体是详尽的,由参数来表征。样本是有限的,与总体的参数相关的统计数据来表征。

图1.1为总体和样本关系的示意图。其中,总体为整个油藏的渗透率值。为了了解油藏的渗透率分布特征,(1)对整体进行有限次的随机采样(取250块岩心);(2)分析岩心渗透率,确定渗透率大于10mD的岩心比例(该值为65%);(3)确定该结果对整体的代表性(误差范围在±6%的置信度为95%)。

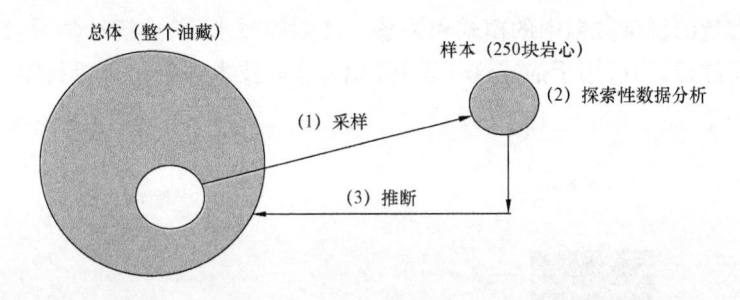

图1.1 总体—样本关系示意图

对任何数据集的统计学分析通常从探索性数据分析开始。探索性数据分析的目的是量化和可视化变量的取值范围,汇总平均数和分布等属性,以及两个或多个变量之间的相关性的本质和强度(第2章)。随后,检查变量的分布以了解观察范围内取值的相对可能性以及能否用简洁的数学形式描述分布(第3章)。另一个常见任务涉及探索如何使用线性回归模型或其变体来描述两个变量之间的关系(第4章)。当数据集中包含多个变量时,识别不同变量之间的冗余程度以及数据集是否可以划分为任何统计上均匀的子群(即群集)是有用的。这是多元数据分析的范畴(第5章)。

上述介绍的分析方法属于经典统计学的范畴,并且已被石油工程师和地质学家使用多年[参见Stanley(1973)及其中的参考文献]。最近的文献(例如,Davis,2002;Jensen et al.,2000)

更详细地讨论了这些技术的地质学应用,包括本书未涉及的其他主题,如地质统计学和时间序列分析等。

统计学方法还包含不确定性分析,其目标是将模型输入的不确定性转化为相应模型预测的不确定性(第6章)。在这里,前一段中提到的概念对于表征模型输入和模型结果的不确定性以及建立由不确定输入生成不确定输出的预测模型是至关重要的。另一个重要的应用是物理和数值实验的设计(第7章)。统计学方法可用于确定如何构建有效的跨越设计空间的有限数量的实验以及如何拟合实验结果的响应面以建立替代模型。

1.1.2 什么是大数据分析

"大数据"和"数据分析"近年来成为流行词,特别是在营销、生命科学以及国家安全等领域常常见诸报道。大数据分析也被认为有可能改变油气行业的运营模式(Holdaway,2014)。油气行业正在开始探索能否通过"挖掘"储层性质、管线设施、生产情况等大数据来提升对油藏的认识,以便提高开发效率。

大数据通常是指大量的、多维的数据集,具备3个特征:规模性、多样性、高速性(图1.2)。规模性指的是数据的大小,独立变量多达 $10^2 \sim 10^4$ 个,观测数据或记录数据多达 $10^3 \sim 10^6$,且每个数据来自不同的时间和(或)空间。多样性是指多种格式的数据,例如数字、视频和文本,它们既可以是结构化的也可以是非结构化的,并且需要数值方法、图像分析和(或)自然语言处理综合分析。高速性是指来自井下传感器或地面仪表的实时流数据越来越普遍,这增加了数据集的大小,并考虑了数据存档、重采样和冗余分析等。

如图1.2所示,数据分析的流程包括:(1)检查数据,(2)理解和分析数据,(3)基于对数据的分析结果开展预测,以期做出更好的决策(Hastie et al,2008)。实质上,数据分析方法有助于挖掘隐藏于大量的复杂数据中的模式和关系。许多等效术语,如统计学习、知识发现、数据挖掘和数据驱动建模,均可用于描述这一系列技术,这些技术来自计算机科学、机器学习和人工智能(第8章)。

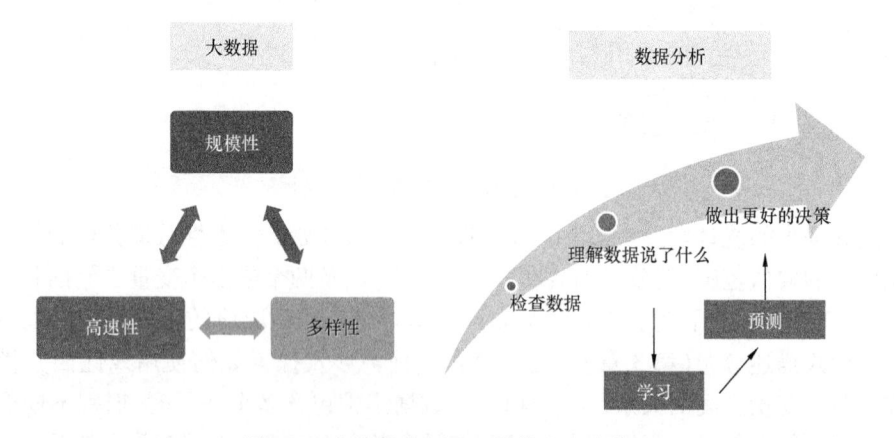

图1.2 大数据分析——是什么和为什么

然而从信息技术的角度来看,数据分析的范畴更加广泛,包括以下步骤(IDC Energy Insights,2014):

(1)数据组织和管理,涉及数据收集、存储、标注、质控/质检、标准化、集成和提取;

(2)分析和发现,涉及基于软件的数据分析,预测模型构建和基于数据的认识总结;

(3)决策支持和自动化,涉及部署基于规则的系统,其功能支持协作、方案评估和风险管理。

尽管大数据在石油和天然气行业中并未普及,但Brulé(2015)描述了在勘探开发中大数据技术应用的前景。

1.1.3 数据分析循环

对于石油地质学而言,通常需要将统计建模和数据分析综合起来,形成数据分析循环,如图1.3所示。下面具体解释构成该循环的各个部分。

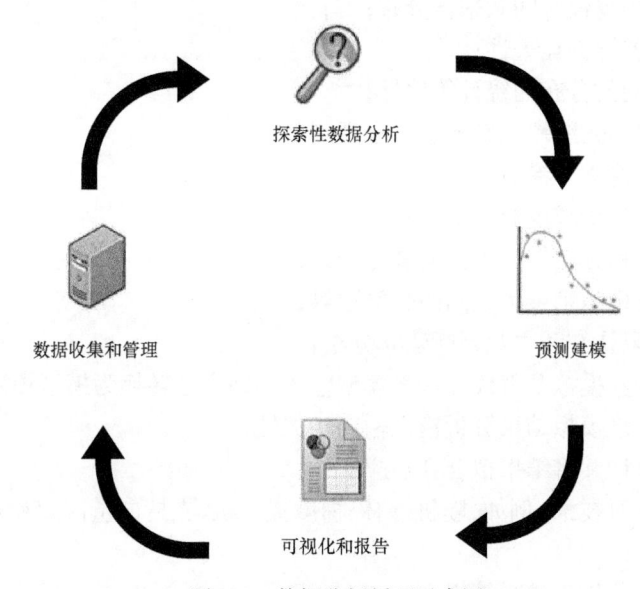

图 1.3 数据分析循环示意图

(1)数据收集和管理。该步骤涉及从多个来源(例如,岩心资料、测井资料和生产资料)获取和整合多种形式(例如,数字和文本)的数据。数据还经过质控/质检过程,以确保每条数据准确,来源可以追溯。另外,数据必须易于可视化和分析。

(2)探索性数据分析。该步骤的目标是根据单个变量的特征和多个变量之间的关系,初步了解数据。其他目标包括确定感兴趣的关键变量,提出深入挖掘数据的问题,以及选择将用于详细分析的技术。第2章和第3章讨论了该步骤中涉及的相关概念。

(3)预测建模。该步骤中的分析通常从无监督学习开始,首先解决独立变量之间的冗余问题和可能的数据维度降低(在不丢失任何信息的前提下)。接下来是监督学习,通过因变量的观测值来训练生成自变量和因变量关系的模型。然后可以使用该预测模型来回答在前一步骤中提出的问题。第4~8章讨论了与此步骤密切相关的相关概念。

(4)可视化和报告。任何建模和(或)分析的最终目的是通过向决策者传递信息来为决策提供参考。因此,有必要将认识总结成图片、报告或决策支持工具,以便回答"如果……,将会……"类型的问题。此步骤的另一个有用结果是使用预测建模的认识来确定应收集哪些新数据以及将来可解决哪些问题。

1.1.4 在石油地质学中的一些应用

本书中包含大量的实例用于解释书中描述的相关原理,这些实例包括:
(1)确定因果关系的条件概率;
(2)计算汇总统计(例如,平均数和方差);
(3)计算两个变量之间的相关性和秩相关系数;
(4)可视化一维、二维和多维数据;
(5)估计不同分布的概率覆盖水平;
(6)分析正态分布和对数正态分布的行为;
(7)计算平均数的置信区间和采样分布;
(8)测试平均数差异的显著性;
(9)比较两种不同的分布的统计等效性;
(10)使用简单和多元线性回归模型拟合观测数据;
(11)由给定数据建立非参数回归模型;
(12)使用主成分分析减少数据维度;
(13)使用 k 均值和分层聚类对数据进行分组;
(14)使用判别分析识别聚类之间的分类边界;
(15)由数据、有限认知和主观判断建立分布;
(16)使用蒙特卡罗模拟及替代方法将模型输入不确定性转换为模型预测的不确定性;
(17)根据蒙特卡洛模拟结果分析输入输出相关性;
(18)创建实验设计并将结果拟合到响应面;
(19)应用机器学习技术(例如,随机森林、梯度提升机、支持向量回归和克里金模型)来预测建模;
(20)使用分类树分析生成决策规则。

上述实例中部分是纯理论分析,另一些则是基于实际的数据集(对数据进行了必要简化以增强示例性)。最后,分析了几组现场数据集,以展示如何将多种方法"聚合在一起"用于线性回归分析、非参数回归分析、多元分析和数据驱动建模。

1.2 数据、统计及概率

1.2.1 结果及事件

大部分自然现象通常都存在一定程度的不可预测性或随机性。这种不可预测性可以用许多可能的结果来表示,以定义可能发生的事件。简而言之,统计学关心给定样本空间内特定事件发生的可能性(Davis,2002)。严格定义如下,结果是样本空间 Ω 的全体元素,事件为 Ω 的特定子集,概率 P 为事件发生的可能性($0 < P < 1$)。

样本空间 Ω 是一个集合,其元素为试验事件的可能结果。例如,如果试验为部署一口风险井(wildcat well),已知风险井有干井(D)或成功(S)两种结果,则样本空间可以表示为 $\Omega = \{D, S\}$。如果试验为确定岩心的孔隙度,则样本空间为 $\Omega = [0, 1]$。如果试验为三口井的测试顺序,则样本空间包含6个元素,$\Omega = \{123, 132, 213, 231, 312, 321\}$。

事件为样本空间的子集。也就是说,如果试验的结果为集合 A 的元素,则事件 A 发生。例如,令事件 A 代表井#1 为第一或第二口试验井,即 $A = \{123,132,213,312\}$。类似地,令 B 事件代表井#2 为第一或第二口试验井,即 $B = \{123,213,231,321\}$。将事件 A 和 B 同时发生称为事件的交集,表示为 $A \cap B = \{123,213\}$。将事件 A 或 B 中的至少一个发生称为事件的并集,表示为 $A \cup B = \{123,132,213,312,231,321\}$。$A$ 不发生的集合 A^c 称为 A 的补集,$A^c = \{231,321\}$。样本空间 Ω 的补集为空集 ϕ。若 A 和 B 没有共同的元素,则 A 和 B 互斥,即 $A \cap B = \phi$。根据德摩根定律,有如下关系:$(A \cup B)^c = A^c \cap B^c$,$(A \cap B)^c = A^c \cup B^c$。交集、并集和补集的概念如图 1.4 所示。

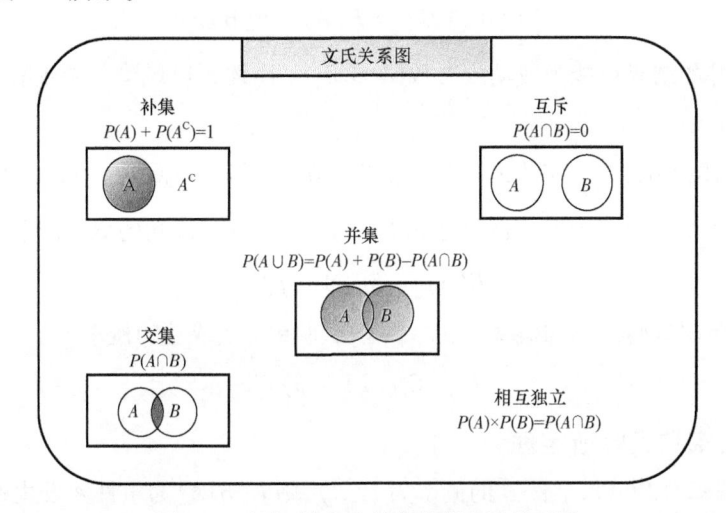

图 1.4 交集、并集和补集的概念及关系图

1.2.2 概率

概率表示事件发生的可能性,用 0~1 之间的小数或 0~100% 之间的百分数表示。在频率论中,概率为在一系列试验中某事件发生的相对频率,需要基于历史数据或测量数据。在贝叶斯论中,概率为现有知识状态下对于事件发生的确定程度。

已知 9 口井油层厚度(ft)的测量值为 $h = [17.5,20.4,15.6,16.2,16.9,18.3,9.4,15.2,18.3]$,则油层厚度大于 18ft 的概率为 $P(h \geqslant 18) = 3/9 = 0.33$。这是频率论的典型方法。"基于已有证据和专家经验,至少有一口井的初始日产量为 1000bbl 的概率为 30%",这是贝叶斯论的典型论断。

从历史上看,概率早期是一种主观概念。有证据表明,伯努利(1713)、贝叶斯(1763)、拉普拉斯(1812)将概率视为合理性。直至 19 世纪中叶,数学家才开始将概率视为长期相对频率,并将其作为基于数据的客观工具,用于处理随机现象。这导致统计学作为一个独立的数学分支发展。20 世纪中叶,杰恩斯(Edwin Jaynes,1957)推动贝叶斯框架成为条件概率的正式基础。本书既包含频率论的观点,也包含贝叶斯论的观点,根据具体问题选择合适的方法。

概率的一些重要的性质如下。

(1)样本空间的总概率为 1:

$$P(\Omega) = P(A) + P(A^c) = 1 \qquad (1.1)$$

(2)两事件并集的概率为(图1.4):

$$P(A \cup B) = P(A) + P(B) - P(A \cap B) \tag{1.2}$$

(3)互斥事件,即$P(A \cap B) = 0$,满足可加性。某事件的概率等于该事件的互斥结果的概率之和:

$$P(A \cup B) = P(A) + P(B) \tag{1.3}$$

(4)对于独立事件,概率满足可乘性:

$$P(A \cap B) = P(A) \cdot P(B) \tag{1.4}$$

例如,风险井的结果可能为成功或失败(1或0)。连续5口风险井中仅有一口获得成功,可以表示为:

$$A = \{(0,0,0,0,1),(0,0,0,1,0),(0,0,1,0,0),(0,1,0,0,0),(1,0,0,0,0)\}$$

显然,集合A中的每个元素的概率是$p(1-p)^4$,其中p是成功的概率。事件A的概率为:

$$P(A) = 5p(1-p)^4$$

类似地,当单次试验成功的概率为p时,n次试验中r次成功的概率为:

$$P = C_n^r p^r (1-p)^{n-r}$$

1.2.3 条件概率和贝叶斯定理

事件A的概率为$P(A)$,事件B的概率为$P(B)$,则$P(B|A)$为事件A发生的条件下事件B发生的概率。如果A和B是独立事件,即事件B不依赖于事件A,则$P(B|A) = P(B)$。条件概率也可以用两个事件的交集来解释(图1.4),$P(B|A)$为A和B交集占A的比例,即:

$$P(B|A) = P(A \cap B)/P(A) \tag{1.5}$$

由式(1.5)可得事件交集概率的乘法表达式,同时可知条件概率满足对称性:

$$P(A \cap B) = P(B|A) \cdot P(A) = P(A|B) \cdot P(B) \tag{1.6}$$

总概率由属于该样本空间的所有不相交事件的概率获得。如图1.5所示,C_1、C_2和C_3是构成样本空间Ω的不相交事件,A为样本空间Ω的另一个事件。

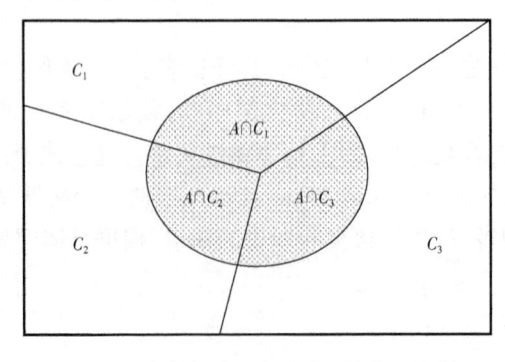

图1.5 条件概率中的交集、并集和补集

若事件 C_i 表示原因，事件 A 表示影响。根据可加性，事件 A 的概率可以表示为：

$$P(A) = P(A \cap C_1) + P(A \cap C_2) + P(A \cap C_3) \tag{1.7}$$

由式（1.6）中条件概率的定义可知：

$$P(A \cap C_j) = P(A \mid C_j) \cdot P(C_j) \tag{1.8}$$

将式（1.8）代入式（1.7）中，有：

$$P(A) = P(A \mid C_1) \cdot P(C_1) + P(A \mid C_2) \cdot P(C_2) + P(A \mid C_3) \cdot P(C_3) \tag{1.9}$$

至此，可以获得 C_j 和 A 之间的关系，即贝叶斯定理。由式（1.5）和式（1.9）有：

$$P(C_j \mid A) = \frac{P(A \mid C_j) \cdot P(C_j)}{P(A)} = \frac{P(A \mid C_j) \cdot P(C_j)}{\sum_j P(A \mid C_j) \cdot P(C_j)} \tag{1.10}$$

式（1.10）即为贝叶斯定理，可以表述成如下关系：

$$P(原因_j \mid 影响) = P(影响 \mid 原因_j) \cdot P(原因_j) / P(影响) \tag{1.11}$$

式（1.11）中，$P(影响)$ 只是一个归一化常数。因此，若已知每种原因的影响，贝叶斯定理可以基于已知的影响推测可能的原因。它可以将数据的已知信息和经验知识综合起来，以获得更精确的统计分布。贝叶斯定理是一种以客观方式获得认知的有效工具。

考虑如下示例：希望分析裂缝性油藏中低产井（即初始日产小于100bbl）的原因，记为事件 A。事件 B_1 表示试井渗透率大于100mD，事件 B_2 表示试井渗透率小于20mD。根据试井记录，已知 $P(B_1) = 0.6$，$P(B_2) = 0.40$。此外，生产数据表明低渗透率井通常为低产井，即 $P(A \mid B_1) = 0.07$，$P(A \mid B_2) = 0.95$。若新钻井为低产井，则该井为低渗透率井的概率是多少？

首先，根据式（1.9）计算累积概率：

$$P(A) = P(A \mid B_1) \cdot P(B_1) + P(A \mid B_2) \cdot P(B_2) = 0.07 \times 0.6 + 0.95 \times 0.4 = 0.422$$

接着计算已知低产井条件下该井为低渗透率井的概率，由式（1.10）：

$$P(B_2 \mid A) = P(A \mid B_2) \cdot P(B_2) / P(A) = 0.95 \times 0.4 / 0.422 = 0.9$$

低渗透率井的先验概率为 $P(B_2) = 0.4$。已经该井为低产井，则该井为低渗透率井的后验概率为 $P(B_2 \mid A) = 0.9$。换言之，已经该井为低产井，则该井为低渗透率井的可能性显著提高。上述计算过程见表1.1。

表 1.1 贝叶斯定理计算示例

影响 A	原因 B_i	$P(B_i)$	$P(A \mid B_i)$	乘积	归一化概率 $P(B_i \mid A)$
低产井	$K > 100\text{mD}$	0.6	0.07	0.042	0.10
	$K < 20\text{mD}$	0.4	0.95	0.380	0.90
求和				0.422	1.0

1.3 随机变量

随机变量(Random Variable,RV)是其值由于随机性而变化的量。随机变量可以有多个可能的取值,这些取值既可以是离散的,也可以连续的。例如,某月井下测量仪故障的数量是离散随机变量,而某井的岩心孔隙度可以视为连续随机变量。

1.3.1 离散随机变量

离散随机变量 X 的概率质量函数(PMF) p 表示随机变量等于特定值 a 的概率,其表达式为:

$$p(a) = P(X = a) \tag{1.12}$$

类似地,累积分布函数(CDF) F 表示 X 取值等于或小于 a 的概率,其表达式为:

$$F(a) = P(x \leq a) = \sum_i p(a_i), a_i \leq a \tag{1.13}$$

记录两次掷骰中骰子的最大值,所有可能的结果见表1.2,概率质量函数和累积分布函数如图1.6所示。

表1.2 离散变量示例

a	1	2	3	4	5	6
$p(a)$	1/36	3/36	5/36	7/36	9/36	11/36
$F(a)$	1/36	4/36	9/36	16/36	25/36	1

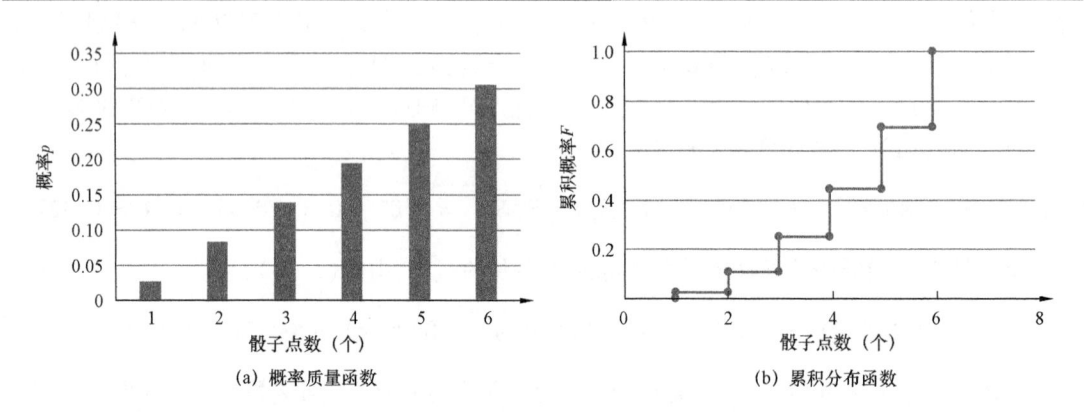

(a) 概率质量函数

(b) 累积分布函数

图1.6 离散随机变量的概率质量函数和累积分布函数

1.3.2 连续随机变量

如果存在函数 f,以及变量 a、$b(a \leq b)$ 满足式(1.14a),则认为该随机变量是连续变量:

$$P(a \leq X \leq b) = \int_a^b f(x) \mathrm{d}x \tag{1.14a}$$

对所有 x 有 $f(x) \geq 0$,且

$$\int_{-\infty}^{+\infty} f(x) \mathrm{d}x = 1 \tag{1.14b}$$

式中,f为概率密度函数,是概率质量函数的连续情形。类似地,连续随机变量的累积分布函数定义如下:

$$P(a < X \leq b) = P(X \leq b) - P(X \leq a) = F(b) - F(a) \quad (1.15a)$$

$$F(b) = \int_{-\infty}^{b} f(x)\,\mathrm{d}x \quad (1.15b)$$

$$f(x) = \frac{\mathrm{d}}{\mathrm{d}x}F(x) \quad (1.15c)$$

离散随机变量和连续随机变量的性质将在第 3 章中作进一步的介绍。

1.3.3 指示变换

通过指示变换可以将连续随机变量转换为离散随机变量。例如,油气藏的孔隙度和渗透率等属性是连续变量,这些连续变量可以通过引入阈值或截断值表示成离散指示变量。通常地质相就是通过给特定连续设置截断值获得的。

某随机变量 X 引入阈值 x_k,则其指示变换为:

$$I(x_k;X) = \begin{cases} 0, X > x_k \\ 1, X \leq x_k \end{cases} \quad (1.16)$$

指示随机变量的一个重要特性是其期望值 $E\{I(x_k;X)\}$ 等于累积概率 $P(X \leq x_k)$,即:

$$E\{I(x_k;X)\} = 1 \times P(X \leq x_k) + 0 \times P(X > x_k) = P(X \leq x_k) \quad (1.17)$$

1.4 小结

本章首先介绍了统计学和统计建模过程的相关内容,然后讨论了与大数据分析和数据分析循环相关的概念。本章还介绍了概率、条件概率和随机变量。本章介绍的基本概念将为后续各章节奠定基础。

习 题

1. 在石油地质中,有哪些属性的样本可以代表总体?

2. 使用 OnePetro 数据库检索大数据在钻井、储层评价、生产、油藏管理,以及预知维修中应用的例子。

3. 假设某硬币掷出正面的概率为 0.51,掷出反面的概率为 0.49。掷多少次能够掷出两次正面?掷五次掷出两次正面的概率是多少?

4. 如果事件 E_1 和 E_2 相互独立且概率 $P(E_1) = 0.4$,$P(E_2) = 0.7$。计算如下概率:(1) $P(E_1 \cap E_2)$;(2) $P(E_1 \cap E_2^c)$;(3) $P(E_1^c \cap E_2)$。

5. 地质学家为某公司正在钻探井的盆地建立了两个构造模型。第一个模型发现油流的概率为 0.7,第二个模型为 0.2。第一个模型正确的先验概率为 0.4,第二个模型正确的先验概率为 0.6。如果第一口探井获得油流,这两个模型正确的后验概率分别是多少?

6. 经验表明,学生无法按时交作业的两个可能的原因分别是:电脑崩溃,狗吃了作业。已知电脑崩溃的概率为 0.20,且由于电脑崩溃导致无法交作业的概率为 0.50;狗吃了作业的概率为 0.01,且由于狗吃了作业导致无法交作业的概率为 0.99。如果学生没能按时交作业,那么狗吃了作业的概率是多少?

7. 两只骰子的点数之和为目标离散变量,计算并绘制该离散变量的概率质量函数和累积分布函数。

8. 若连续随机变量 X 的概率密度函数满足下式,则 X 位于 $[10^{-3}, 10^{-1}]$ 的概率是多少?

$$f(x) = \begin{cases} 0 & x \leqslant 0 \text{ 或 } x \geqslant 1 \\ 1/\sqrt{x} & 0 < x < 1 \end{cases}$$

参 考 文 献

[1] Brulé, M. R., 2015. The Data Reservoir: How Big Data Technologies Advance Data Management and Analytics in E&P. Society of Petroleum Engineers, Richardson, TX. https://doi.org/10.2118/173445 – MS.

[2] Davis, J. C., 2002. Statistics and data analysis in geology, third ed. John Wiley & Sons, New York, NY.

[3] Hastie, T., Tibshirani, R., Friedman, J. H., 2008. The elements of statistical learning: data mining, inference, and prediction. Springer, New York.

[4] Holdaway, K. R., 2014. Harness oil and gas big data with analytics. John Wiley & Sons, Hoboken, NJ.

[5] IDC Energy Insights, 2014. https://www.hds.com/en – us/pdf/training/hitachi – webtech – educational – series – big – data – in – oil – and – gas.pdf.

[6] Jensen, J., Lake, L. W., Corbett, P. W. M., Goggin, D., 2000. Statistics for petroleum engineers and geoscientists. Elsevier, New York, NY.

[7] Stanley, L. T., 1973. Practical statistics for petroleum engineers. Petroleum Publishing Company, Tulsa, OK.

第 2 章 探索性数据分析

本章的主题是探索性数据分析。探索性数据分析涉及数据汇总和可视化,是详尽分析的起点。本章的讨论局限于数据分析,不涉及文本和图像分析。需要注意:(1)数据可以是一维或多维;(2)数据可以是表示分类的或数值的;(3)随机变量可以有多个值;(4)分布包含变量的所有取值,以及每个取值的频率。

2.1 一维数据

无论是处理总体还是样本,变量的观测值都可能彼此不同。使用平均数、围绕平均数的分布,以及数据整体的不对称性可以很好地描述单个变量的变化特征。下面分别介绍用于数据检查和汇总的一维参数,以及与之相关的图像。

2.1.1 聚集程度

对于随机变量 X,x_i 表示其单次结果,描述集中趋势最常用的量是平均数或期望值,定义如下:

$$E[X] = \bar{X} = \sum_{i=1}^{N} f_i x_i = \frac{1}{N} \sum_{i=1}^{N} x_i \tag{2.1}$$

式中,f_i 是每个样本的相对频率,通常认为具有相同的值(即 $1/N$);算术平均数是所有值基于相对频率的加权平均。另外两个常用于描述数据集中趋势的参数是:(1)众数,表示最可能出现的值;(2)中位数,表示分布的中间值。

若有 10 个油层厚度(ft)的样本数据:[13,17,15,23,27,29,28,27,20,24],其算术平均数为 21.3,众数为 27,中位数为 21.5(20 和 23 的平均数)。对于对称分布(或近似对称分布),平均数、中位数和众数通常是相同的。然而对于不对称分布,这些值的差异可能极大。算术平均数很容易受到极值的影响,而中位数则对极值不敏感。

图 2.1(a)和图 2.1(b)为中位数位于算术平均数和众数之间的两种情形,而算术平均数和众数的相对关系则取决于分布的偏态(左偏态或右偏态)。图 2.1(c)还显示了具有两个众数的情形。通常来说,这种双峰(或多峰)形态表明数据不均匀,通常是由两个或多个分布混合的结果。例如,两个具有不同特性的储层的孔隙度数据混合在一起,就会出现双峰。

除了算术平均数,调和平均数和几何平均数也是常用的平均数。调和平均数是变量倒数的算术平均数的倒数,即:

$$\bar{X}_H = N \Big/ \sum_{i=1}^{N} \frac{1}{x_i} \tag{2.2}$$

几何平均数是 N 个变量值的连乘积开 N 次方根,即:

(a) 左偏态　　　　　　　　(b) 右偏态　　　　　　　　(c) 双峰态

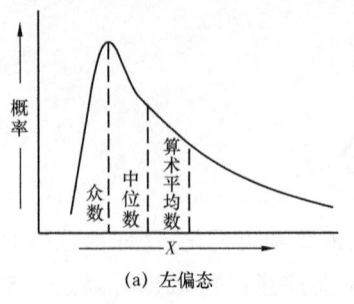

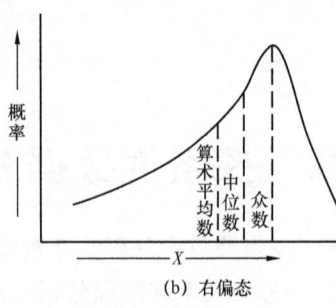

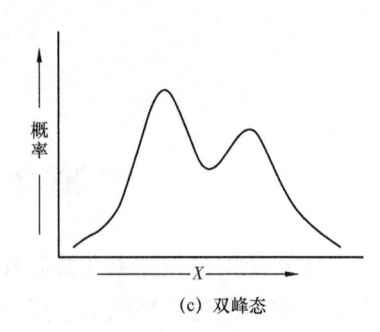

图 2.1　不同分布众数位置特征

$$\overline{X}_G = (x_1 x_2 \cdots x_N)^{N^{-1}} \tag{2.3a}$$

$$\overline{X}_G = \exp[\ln(\overline{X}_G)] = \exp\left[\frac{1}{N}\sum_{i=1}^{N}\ln(x_i)\right] \tag{2.3b}$$

表 2.1 为美国俄亥俄州 Rose Run 砂岩油藏 21 个岩心孔隙度 ϕ(POR_TAB2 - 1.DAT)❶，及其算术平均数、调和平均数和几何平均数。

表 2.1　平均数计算示例

运算	ϕ	$1/\phi$	$\ln\phi$
	8.1	0.123	2.092
	11.0	0.091	2.398
	13.0	0.077	2.565
	7.4	0.135	2.001
	6.5	0.154	1.872
	8.9	0.112	2.186
	6.5	0.154	1.872
	4.1	0.244	1.411
	7.9	0.127	2.067
	6.7	0.149	1.902
	11.0	0.091	2.398
	10.0	0.100	2.303
	9.1	0.110	2.208
	5.2	0.192	1.649
	3.1	0.323	1.131
	12.0	0.077	2.565
	12.0	0.083	2.485
	9.9	0.101	2.293

---

❶ 相关数据的下载渠道参见 9.1.3 节。

续表

运算	φ	1/φ	lnφ
	9.5	0.105	2.251
	9.6	0.104	2.262
	9.3	0.108	2.230
求和	181.8		
算术平均数	8.657		
调和平均数		7.608	
几何平均数			8.182

调和平均数等效于串联电路的电阻,而算术平均数类似于并联电路的电阻。因此,相互平行储层的有效渗透率为算术平均数,而包含多个串联岩心的岩心夹持器的有效渗透率为调和平均数。实际油田中的渗透率的排列方式随机变化,其有效渗透率可能介于调和平均数和算术平均数之间。Jensen 等(2000)基于压力恢复试井求得的某油田有效渗透率接近几何平均数,介于算术平均数和调和平均数之间。

在地质学中,属性的平均数,尤其是渗透率,可能对流动特征有显著的影响。图 2.2 为砂泥互层的基本和定向平均渗透率(AVG_FIG2 - 2. DAT)。通常,基本平均数符合如下特征:

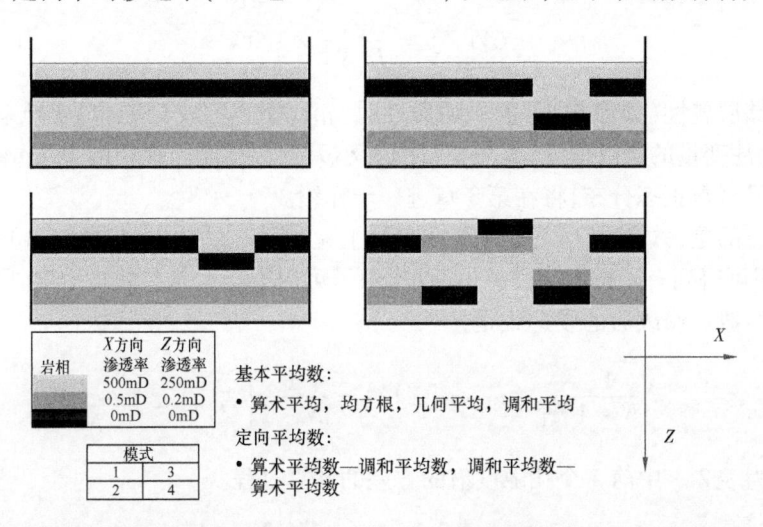

基本平均数:
- 算术平均,均方根,几何平均,调和平均

定向平均数:
- 算术平均数—调和平均数,调和平均数—算术平均数

岩相 X方向渗透率 Z方向渗透率
500mD 250mD
0.5mD 0.2mD
0mD 0mD

模式
| 1 | 3 |
| 2 | 4 |

X方向平均渗透率	模式1	模式2	模式3	模式4
算术平均	333.42	333.42	333.42	333.42
几何平均	0	0	0	0
调和平均	0	0	0	0
Z方向算术平均数—调和平均数	333.42	333.42	333.42	333.42
X方向调和平均数—算术平均数	333.42	250.08	250.08	167.08

Z方向平均渗透率	模式1	模式2	模式3	模式4
算术平均	166.70	166.70	166.70	166.70
几何平均	0	0	0	0
调和平均	0	0	0	0
X方向算术平均数—调和平均数	0	1.19	1.19	103.56
Z方向调和平均数—算术平均数	0	0	0	0

图 2.2 砂泥互层基本和定向平均渗透率(King et al,1998)

调和平均数≤几何平均数≤算术平均数。

对于 2D 和 3D 定向平均数,有:

调和平均数≤调和平均数—算术平均数≤算术平均数—调和平均数≤算术平均数。

因此,某些平均数会降低储层品质,而其他平均数则会形成流动屏障。例如,砂岩和页岩的算术平均将更接近砂岩,而调和平均将更接近页岩。King 等(1988)指出,将精细地质模型粗化时就会遇到此类问题。

2.1.2 离散程度

方差是描述离散程度的基本参数,其表征围绕平均数的分散或偏离程度,定义为:

$$V[X] = \sigma_x^2 = \sum_{i=1}^{N} f_i (x_i - E[X])^2 = \frac{1}{N} \sum_{i=1}^{N} (x_i - E[X])^2$$

$$= \frac{\sum x_i^2}{N} - (E[X])^2 = E[X^2] - (E[X])^2 \quad (2.4)$$

换句话说,方差就是平方均值和均值平方的差值。标准差(SD)σ_x 是方差的平方根,也等于常用的均方根误差。变异系数(CV)是离散程度的一个归一化的表征,通常用百分比表示,其定义为:

$$CV[X] = \frac{\sigma_x}{E[X]} \times 100\% \quad (2.5)$$

当量化储层属性(如渗透率)的非均质性时,相比于方差或标准差,变异系数是更好的表征,因为它关注变量的离散程度,而与变量的大小无关。石油工程中的 Dykstra – Parsons 系数假设渗透率呈对数正态分布,将在第 3 章进一步介绍。

需要注意的是,式(2.4)定义的方差实际上是总体的方差。将式(2.4)中的分母 N 用 $N-1$ 代替,即可得到有限样本的方差 s。这反映了可用于计算方差的自由度,因为需要一次计算来计算平均数。修改后的表达式是:

$$s_x^2 = \frac{1}{N-1} \sum_{i=1}^{N} (x_i - E[X])^2 = \frac{1}{N-1} \left\{ \sum_{i=1}^{N} x_i^2 - \frac{(\sum x_i)^2}{N} \right\} \quad (2.6)$$

表 2.2 为表 2.1 中前 5 个孔隙度值的方差的计算过程。

表 2.2 方差计算示例

运算	x	x^2	$(x-E[X])^2$
	8.1	65.61	1.21
	11.0	121.00	3.24
	13.0	169.00	14.44
	7.4	54.76	3.24
	6.5	42.25	7.29

续表

运算	x	x^2	$(x-E[X])^2$
求和	46.0	452.62	29.42
$E[X]$	9.2		
$V[X]$	$=(452.62-(46)^2/5)/4=29.42/4=7.355$		
$SD[X]$	2.712		

2.1.3 不对称程度

通常,可以使用中心矩来描述数据集的变化特征,其定义如下:

$$\mu_n = E[(X-\mu)^n] = \int_{-\infty}^{\infty}(x-\mu)^n f(x)\mathrm{d}x \tag{2.7}$$

式中,$\mu = E(X)$ 为总体平均数,$f(x)$ 为概率密度函数(1.3.2 节)。式(2.7)可以得出许多有用的关系:

$$\mu_1 = 0 \tag{2.8}$$

$$\mu_2 = E[(X-\mu)^2] = V[X] = \sigma^2 \tag{2.9}$$

$$\mu_3 = E[(X-\mu)^3] = \sigma^3 \gamma_1 \tag{2.10}$$

$$\mu_4 = E[(X-\mu)^4] = \sigma^4 \gamma_2 \tag{2.11}$$

上式中,γ_1是偏度,γ_2是峰度。偏度用来衡量对称性,或者更确切地说是不对称性(Davis,2002)。如果分布或数据集关于"中心"相似,则它是对称的。峰度是衡量数据相对于正态分布(3.2.3 节)是重尾还是轻尾的量度。换句话说,具有高峰度的数据集往往具有重尾或异常值。具有低峰度的数据集倾向于具有轻尾或缺少异常值。偏度和峰度是经典统计学中的有用工具,用于确定变量是否(以及如何)转换为正态分布,以便用于后续分析。然而,它们在石油地质中的应用有限。

2.1.4 一维数据绘图

显示一维数据的常用方法为盒须图(又称为箱线图或 Tukey 图)。箱线图中的"方框"表示下四分位数(即25%的样本小于该值)和上四分位数(即25%的样本大于该值)之间的范围。框内的实线为中位数的位置。虚线的末端可以是:(1)样本数据的最小值和最大值;(2)第5和第95百分位数(该范围外的值单独表示);(3)其他自定义的值。

小提琴图是箱线图之外的另一种绘图方式,它能够显示数据集中不同值的相对频率。每个小提琴由密度曲线(即数据的概率密度的平滑估计)构成,密度曲线及其镜像曲线形成类似于小提琴的多边形形状。小提琴内部的每一条线代表一次观测值❶。

图2.3 为箱线图和小提琴图的对比图。图中数据为三个提高采收率项目(BOX_BEAN_FIG2-3.DAT)的采收率数据(占原始地质储量的百分比)。与箱线图相比,小提琴图能够更好地显示源数据的双峰、左偏态及对称形态。

---

❶ 原文中为 Bean plot,直译为"豆形图",但国内通常指"小提琴图",故此处译为小提琴图——译者著。

(a) 箱线图

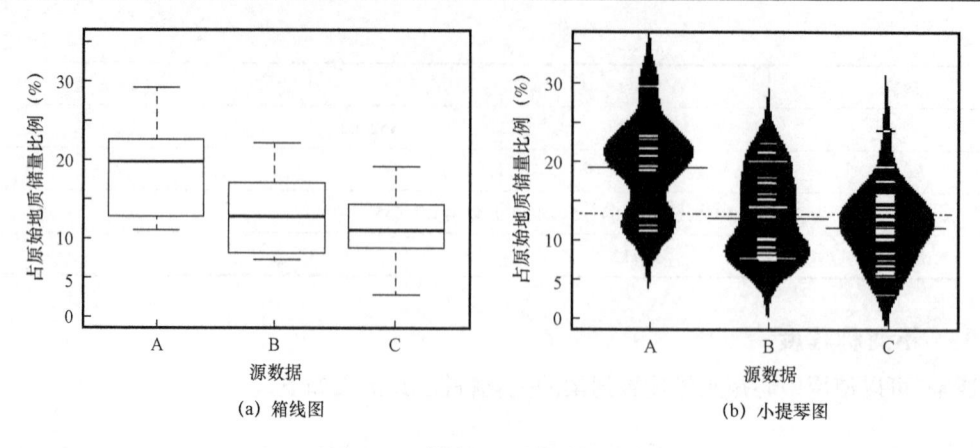

(b) 小提琴图

图 2.3　箱线图和小提琴图示例

2.2　二维数据

本节的重点在于描述两个变量之间的关系。下面分别介绍这些用于数据检查和汇总的二维参数，以及与之相关的图像。

2.2.1　协方差

两个随机变量之间的协方差是方差概念的扩展，定义为：

$$\text{Cov}[XY] = \sigma_{xy} = E[(X-\overline{X})(Y-\overline{Y})] = \frac{1}{N-1}\sum_{i=1}^{N}(x_i-\overline{X})(y_i-\overline{Y})$$

$$= \frac{N}{N-1}\{E[XY] - E[X]E[Y]\} \tag{2.12a}$$

方差可以认为是协方差的一种特殊形式。例如，如果考虑变量与其自身的协方差

$$\text{Cov}[XX] = \sigma_{xx} = E[(X-\overline{X})(X-\overline{X})] = \text{Var}[X] \tag{2.12b}$$

需要注意的是，方差永远是正值，而协方差可正可负。

2.2.2　相关和秩相关

两个随机变量之间的相关系数（CC）是它们的线性关系强度的度量。相关系数与协方差的概念密切相关，定义如下：

$$CC = \rho_{xy} = \frac{\sigma_{xy}}{\sigma_x \sigma_y} = \frac{1}{N-1}\sum_{i=1}^{N}\left(\frac{x_i-\overline{X}}{\sigma_x}\right)\left(\frac{y_i-\overline{Y}}{\sigma_y}\right) \tag{2.13}$$

相关系数的取值在 −1（完全负相关）和 1（完全正相关）之间。符号表示趋势的方向（即正或负），绝对值表示关系的强弱。值得注意的是，相关概念严格适用于单调关系。

如果变量存在非线性关系，则秩相关系数（RCC）可以作为非线性关联的度量。秩相关系数是通过计算原始变量的等级相关系数来获得的。这里，秩变换意味着将等级 1 分配给最小值，等级 2 分配给次小值，依此类推。秩相关是最简单的非参数线性化技术，不需要假设任何函数形式的关系（Iman 和 Conover，1983）。秩相关的表达式为：

$$RCC = \rho_{xy(rank)} = \frac{\sigma_{xy(rank)}}{\sigma_{x(rank)}\sigma_{y(rank)}} = \frac{1}{N-1}\sum_{i=1}^{N}\left(\frac{R_{x,i}-\overline{R}_x}{\sigma_{R_x}}\right)\left(\frac{R_{y,i}-\overline{R}_y}{\sigma_{R_y}}\right) \quad (2.14)$$

一种更简单的计算秩相关系数的方法是基于等级的差值 d，即：

$$RCC = 1 - \frac{6\sum d^2}{N(N^2-1)} \quad (2.15)$$

相关系数又称为 Pearson 相关系数，而秩相关系数又称为 Spearman 相关系数。

表 2.3 为相关系数和秩相关系数的计算示例。其中，ϕ 是孔隙率，K 是渗透率，$R(\phi)$ 是孔隙度等级，$R(K)$ 是渗透率等级，d 是等级的差值。请注意 $\rho[\phi K]$ 和 $\rho[R\_\phi K]$ 的第一种计算方法基于方式(2.12)~方程式(2.14)，而 $\rho[R\_\phi K]$ 的第二种计算方法基于式(2.15)。前缀"R"表示等级变换。通常，Pearson 相关系数相比于 Spearman 相关系数对数据簇和异常值更敏感。因此，通常需要同时计算两个相关系数，以检查相关性的鲁棒性。

表 2.3　相关系数和秩相关系数计算示例

ϕ	K	ϕK	$R(\phi)$	$R(K)$	$R\_\phi K$	d
0.1	25	2.5	1	2	2	1
0.2	17	3.4	2	1	2	1
0.3	42	12.6	3	4	12	1
0.4	41	16.4	4	3	12	1
0.5	65	32.5	5	5	25	0
$E[\phi]$	$E[K]$	$E[\phi K]$	$SD[\phi]$	$SD[K]$	$Cov[\phi K]$	$\rho[\phi K]$
0.3	38	13.5	0.158	18.5	2.6	0.890
$E[R\_\phi]$	$E[R\_K]$	$E[R\_\phi K]$	$SD[R\_\phi]$	$SD[R\_K]$	$Cov[R\_\phi K]$	$\rho[R\_\phi K]$
3	3	10.6	1.581	1.6	2	0.8
$\rho[\phi K] = 2.6/0.158/185.15 = 0.890$							
$\rho[R\_\phi K] = 2/1.581/1.6 = 0.8$							
$\rho[R\_\phi K] = 1 - [6\times(1^2+1^2+1^2+1^2)/5/(5^2-1)] = 0.8$							

2.2.3　二维数据绘图

两个变量的散点图是显示其关系最简单的图形。线性关系的强度由 Pearson 相关系数的绝对值 ρ 确定，而 ρ 的符号表示正相关或负相关。

图 2.4 中的散点图显示了两个变量 X 和 Y 之间可能的相关性(SCATTER_FIG 2.4.DAT)。图 2.4(a)中 $\rho = 0.734$，对应于强线性正相关；图 2.4(b)中 $\rho = -0.893$，对应于强负相关；图 2.4(c)中 $\rho = -0.145$，对应于弱负相关；图 2.4(d)中 $\rho = 0.484$，表明存在适度的正相关。通常，ρ 值与趋势线(图 2.4 中的虚线)周围点的分散程度成反比。

散点图也可用于展示秩变换的作用。表 2.1 中孔隙度对应的渗透率值 $K(\text{mD})$ 分别为 [12,30,62,6.7,5.7,14,2.6,3,33,8,40,23,3.1,1.2,110,84,58,38,27]（PERM_FIG2-5.DAT）。图 2.5(a)为孔隙度—渗透率散点图，显示出明显的指数关系。图 2.5(b)经过秩变

换后的散点图,具有更强的线性趋势。图 2.5(a) 的 Pearson 相关系数为 0.789,表明数据具有线性趋势;图 2.5(b) 的 Spearman 相关系数为 0.916,表明秩变换后的数据有强线性关系。

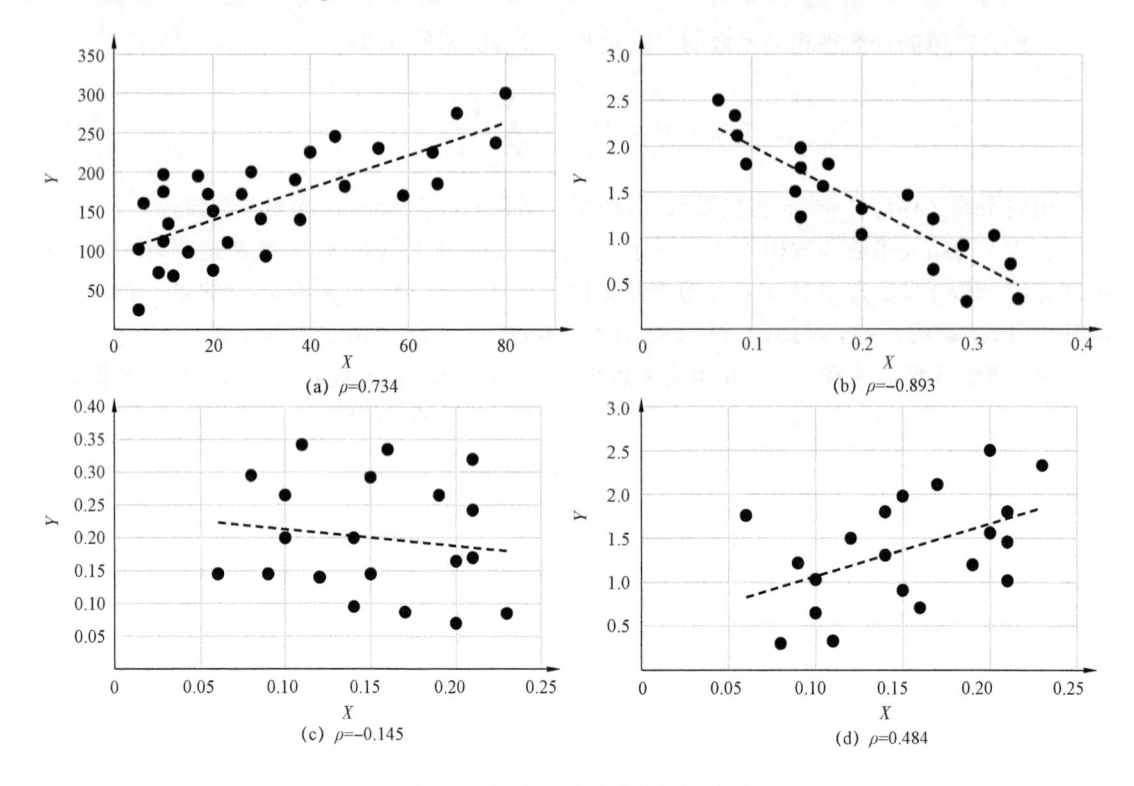

图 2.4　散点图及线性趋势线示例

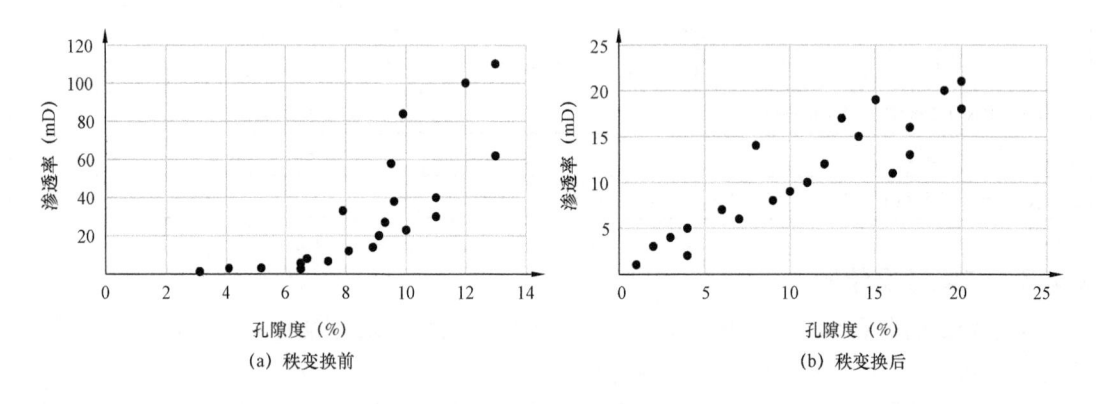

图 2.5　孔隙度—渗透率关系图

值得注意的是,孔隙度和渗透率自然对数的 Pearson 相关系数为 0.922,即与 Spearman 相关系数基本相同。上述结果表明,秩变换不需要预设数据之间潜在关系的函数形式,就可以通过非参数方法得到数据之间的线性关系。

此外,Pearson 系数的平方与线性回归的决定系数(R^2)相同(第 4 章将进一步讨论)。这表明线性关系的拟合程度可以不经过回归过程,直接由 Pearson 相关系数确定。

散点图也可以与直方图配合使用,如图 2.6 所示(SCATTER_FIG2 - 6. DAT)。沿坐标轴显示的直方图表示 X 和 Y 的单独分布,而散点图表示 X 和 Y 的联合分布。有关直方图的内容将在第 3 章进一步介绍。

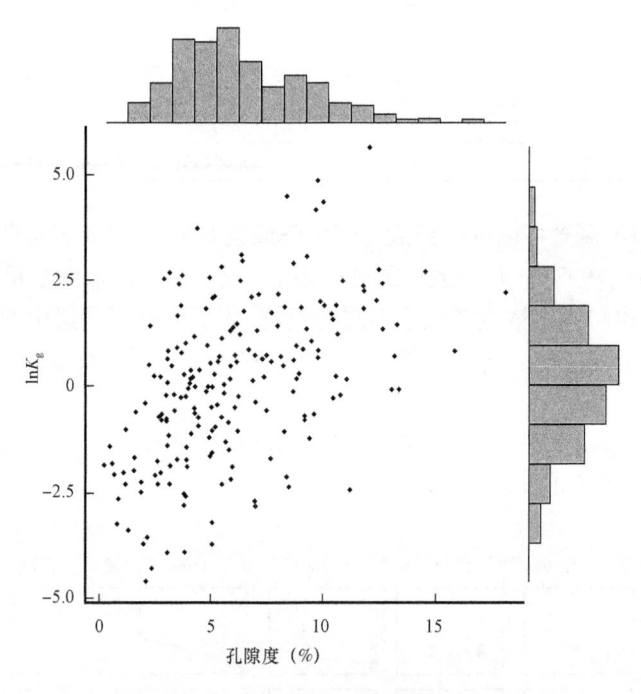

图 2.6 散点图及单个变量直方图示例

2.3 多维数据

多维数据的相关性分析是前面讨论的二维数据分析的简单扩展。多维分析需要计算任意两两变量的 Pearson 相关系数(或 Spearman 相关系数),并以相关性矩阵的形式呈现。表 2.4 为三维数据(COR_TAB2 - 4. DAT)的示例。由于相关性矩阵是对称的,因此只需要显示矩阵的下三角部分(或上三角部分)。

表 2.4 相关性矩阵计算示例

X_1	X_2	X_3	X_1	X_2	X_3
0.295	0.3	0.08	0.342	0.33	0.11
0.32	1.02	0.21	0.095	1.8	0.14
0.242	1.46	0.21	0.2	1.03	0.1
0.14	1.5	0.12	0.2	1.31	0.14
0.265	0.65	0.1	0.087	2.11	0.17
0.335	0.71	0.16	0.145	1.22	0.09
0.085	2.33	0.23	0.145	1.76	0.06
0.17	1.8	0.21	0.165	1.56	0.2

续表

X_1	X_2	X_3	X_1	X_2	X_3
0.265	1.2	0.19	0.145	1.98	0.15
0.292	0.91	0.15	0.07	2.5	0.2
		X_1	X_2	X_3	
	X_1	1			
	X_2	−0.89255	1		
	X_3	−0.14474	0.484331	1	

类似地,散点图的概念可以推广到散点图矩阵或成对图,以显示任意两两变量之间的关系(Venables and Ripley,1997)。每个散点图可以添加一条趋势线,辅助显示数据可能存在的线性(或其他)趋势。也可以给散点图赋予不同的颜色,用于区分不同组中的数据点。每个单独变量的直方图沿对角线呈现。这种绘图方式的优点在于可以同时获得独立变量及相关变量的相互关系和趋势。

图2.7为散点矩阵的示例图(PARIS_FIG2.7.DAT)。该图显示了二氧化碳注入深盐水层的潜力的数值模拟结果(Mishra 等,2014)。

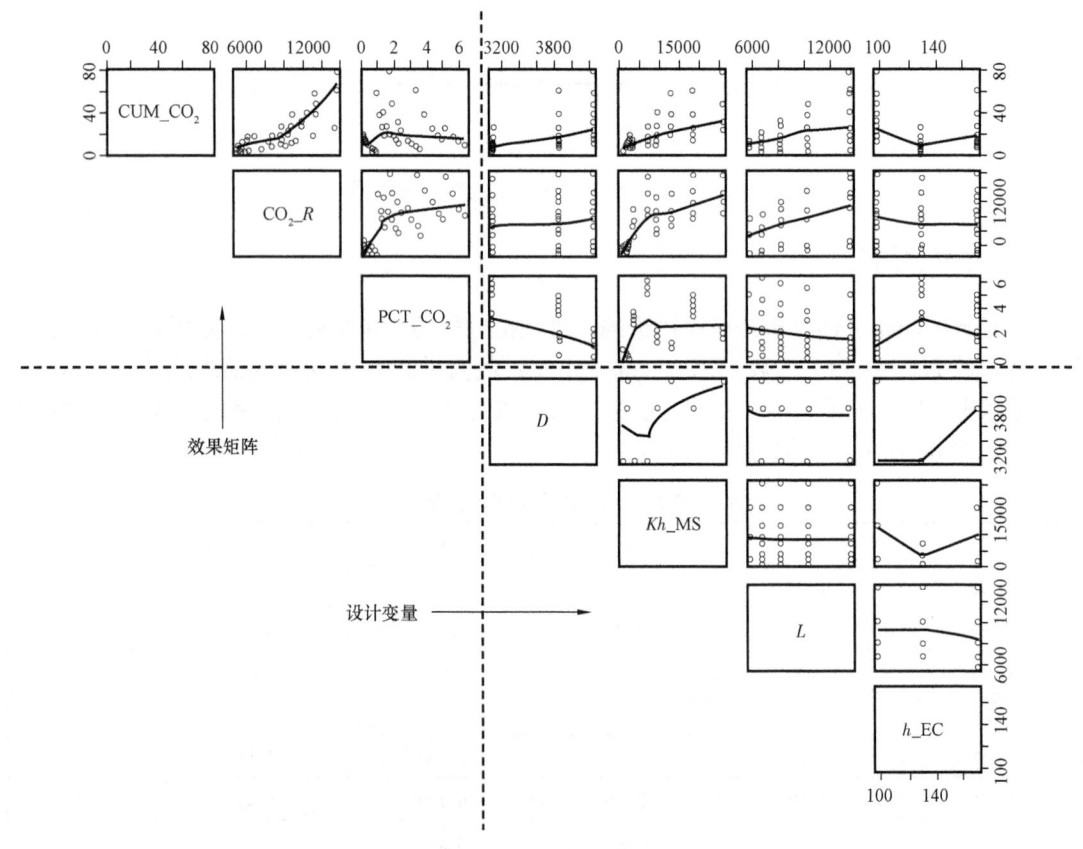

图2.7 散点矩阵示例

数据来自 Mishra,S.,Oruganti,Y.,Sminchak,J.,2014. Parametric analysis of CO_2 sequestration in closed volumes. Environ. Geosci. 21(2),59−74.

图中,CUM_CO$_2$ 为 30 年内注入的 CO$_2$ 总量,CO$_2$_R 为 CO$_2$ 注入半径,PCT_CO$_2$ 为溶解在水相中的 CO$_2$ 百分比,D 为注入区域的深度,Kh_MS 为目的层的渗透率—厚度(Mount Simon 砂岩储层),L 为井间距,h_EC 是盖层(Eau Claire 页岩)的厚度。注意,沿对角线的前三个变量(即效果矩阵)是模拟结果,而其他四个(即设计变量)是模型输入。

应当注意的是,一些散点图呈现非单调关系(如 CUM_CO$_2$ 和 h_EC),此时不能再使用线性相关系数来描述相关性的强度。这种情况下的 Pearson 相关系数接近于零,表明两个变量之间没有明显的线性相关性。然而,如小框内趋势线所示,变量之间显然存在二次方关系。对于这种情况,作为一种鲁棒性更强的非随机关系度量,互信息的概念被提出用于处理单调和非单调关系(Mishra et al,2009)。相关内容将在 6.4.4 节中进一步讨论。

2.4 小结

本章讨论了描述一维、二维和多维数据的表征参数,包括聚集程度、离散程度、相关性和秩相关性参数,并介绍了数据可视化方法。通过几个示例进一步阐释了这些参数。

习 题

1. 下表为三口井的孔隙度和渗透率数据,请计算如下参数:$E[\phi_{avg}]$、$SD[\phi_{avg}]$、$E[K_{avg}]$ 和 $\rho[\phi_{avg}, K_{avg}]$。

井号	样本数	平均孔隙度	平均渗透率
1	45	0.24	41
2	27	0.32	65
3	62	0.19	17

2. 请将表 2.1 中的孔隙度数据平均分成 3 组,计算每组孔隙度数据的算术平均数、几何平均数和调和平均数,并将其与全体数据的值比较。

3. 计算练习 2 中 3 组数据的方差,并将其与全体数据的方差作比较。如果将数据均分为 2 组,方差会如何变化?

4. 请推导 $Cov[XX] = Var[X]$。

5. 请绘制表 2.1 数据的箱线图和小提琴图。

6. 令 X 为渗透率,Y 为孔隙度,Z 为束缚水饱和度,其平均值分别为 20mD、0.15 和 0.30。(1)若渗透率和束缚水饱和度不相关,请计算 $E[XZ]$;(2)若 $E[XY] = 10$ 且 $E[YZ] = 0.2$,请计算 (X, Y) 和 (Y, Z) 的协方差。

7. 请计算表 2.3 中 ϕ 和 $\ln K$ 的相关系数和秩相关系数,并比较二者的异同。

8. 对于图 2.6 中的数据,分别计算前 10/50/100 的样本的秩相关系数。试比较其与全体秩相关系数的异同,并解释原因。

9. 绘制表 2.4 中数据的散点图矩阵。

参 考 文 献

[1] Davis,J. C. ,2002. Statistics and Data Analysis in Geology. John Wiley & Sons,New York,NY.
[2] Iman,R. L. ,Conover,W. J. ,1983. A Modern Approach to Statistics. John Wiley and Sons,New York,NY.
[3] Jesen, J. , Lake, L. W. , Corbett, P. , Goggin, D. , 2000. Statistics for Petroleum Engineers and Geoscientists. Elsevier,New York,NY.
[4] King,M. J. ,MacDonald,D. G. ,Todd,S. P. ,Leung,H. ,1998. Application of Novel Upscaling Approach to the Magnus and Andrew Reservoirs. Society of Petroleum Engineers, Richardson, TX. https://doi. org/10. 228/50643 - MS.
[5] Mishra,S. ,Deeds,N. E. ,Ruskauff,G. J. ,2009. Review paper – global sensitivity analysis techniques for groundwater model. Ground Water 47(5),730 – 747.
[6] Mishra,S. ,Oruganti,Y. ,Sminchak,J. ,2014. Parameter analysis of CO_2 sequenstration in closed volume. Environ. Geosci. 21(2),59 – 74.
[7] Venables,W. N. ,Ripley,B. D. ,1997. Modern Applied Statistics With S – PLUS,second ed. Springer,New York,NY.

第3章 数据分布与模型

概率分布是本章的主题，它能够描述数据并使数据可视化。本章主要讨论描述经验数据的方法，以及分布的数学模型。

3.1 经验分布

分布是描述数据不确定性的一种方法，它给出了数据的取值区间及其可能性。样本数据通常由频率直方图和(或)累积概率图表示。结果的概率需要由长期的观察数据的频率获得，而不是基于主观判断。

3.1.1 直方图

直方图是概率密度函数的一种抽样的表现形式，用于表征特定组距内事件发生的理论频率。将观测范围分割成若干个组数，并绘制每个组距内事件的实际频率即可得到直方图。

确定直方图中的组数通常是一个试错过程，常用的方法包括：

对于数量为 N 的样本，其最小组数 k 应当为满足 $2^k > N$ 的最小整数(Iman and Conover, 1983)。组数建议的默认值是 $\{3.3\lg N + 1\}$，实际中组数经常超过该值(Venables and Ripley, 1997)。

由于直方图的形状受组距的影响很大，因此它不是一个强鲁棒性的图形工具。图 3.1 为 300 个样本数的风速直方图，选取的组数分别为 5, 10, 25 和 50。只有当组数大于 25 时，数据才表现出明显的双峰特征。然而，上述两个组数判别方法均表示组数小于 10 即可。因此，对于数据分析人员来说，通常需要试验多个组数值直到概率密度函数的形状稳定为止。

3.1.2 分位图

分位图是累积分布函数的抽样形式，表示随机变量的观测值小于某个指定值的概率。绘制分位图时，首先需要将数据从小(x_1)到大(x_N, N 为样本数)顺序排列。对于每个 x_i，累积频率为 $q_i = i/(N+1)$，分位图为 q_i 随 x_i 变化的曲线。将分位数值乘以 100 即为百分位数。分位图又称为经验累积分布函数。

相比于直方图，分位图的鲁棒性更强。分位图直观地评价低于特定值的样本比例，并可以确定分布是对称的还是偏态的。下面列出了一些有用的对称性评估诊断规则。

对称分布的分位图表现为 S 形特征，概率小于中值(第 50 百分位数)的 P 百分位数到中值的距离等于 $(100-P)$ 百分位数到中值的概率。对称分布的特征为平均数＝中位数＝众数。

若分布具有正偏态，则 $q > 0.9$ 分布的分位图通常比其余部分更长且更平坦。反之，具有负偏态的分布在分位图上对应于 $q < 0.1$ 的部分更长且更平坦。

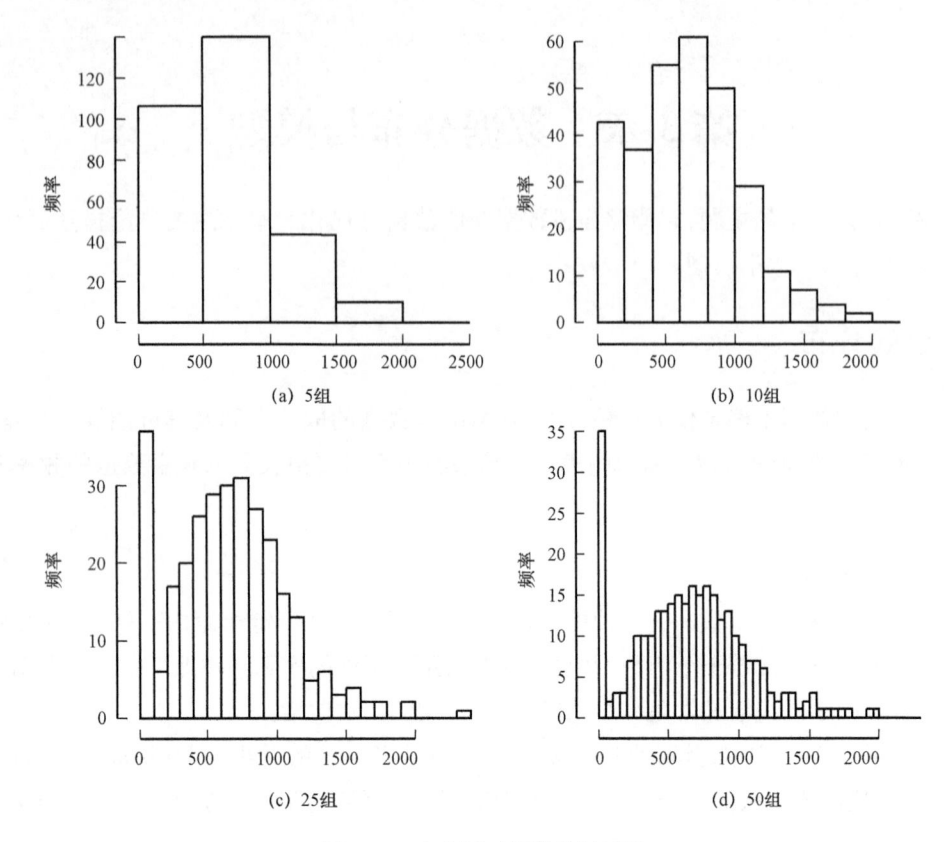

图 3.1　直方图对组数的敏感性

图 3.2 显示了 Salt Creek 油田(SALT – CREEK. DAT)的测井数据,这些数据将在 4.4 节和 5.4 节进一步讨论。图中(a)图为微球聚焦(MSFL)的对数数据的分位图和直方图,呈对称分布特征。(b)图为密度测井(RHOB)的数据,呈负偏态特征。(c)图为伽马射线测井(GR)的数据,呈正偏态特征。

3.2　参数模型

连续概率分布的参数模型(即包含一个或多个参数的数学关系式)的作用包括:
(1)提供了一个汇总观测数据的简洁的数学表达式;
(2)能外推观测区间以外的数值,并能够在采样数据点之间插值;
(3)从纯物理或数学的角度实现了不确定性的统计学表征;
(4)便于根据先验信息采用贝叶斯推断更新分布。

下面介绍一些在石油地质中常用的参数模型。其中,$f(x)$表示概率分布函数,$F(x)$表示累积分布函数,μ 表示平均数,σ 表示随机变量 X 的理论分布的标准偏差。这些模型均来源于工程和地质学中的统计学相关文献(Ang and Tang,1975;Harr,1987;Morgan and Henrion,1990;Jensen et al,2000;Davis,2002)。

(a) 微球聚焦（MSFL）对数数据

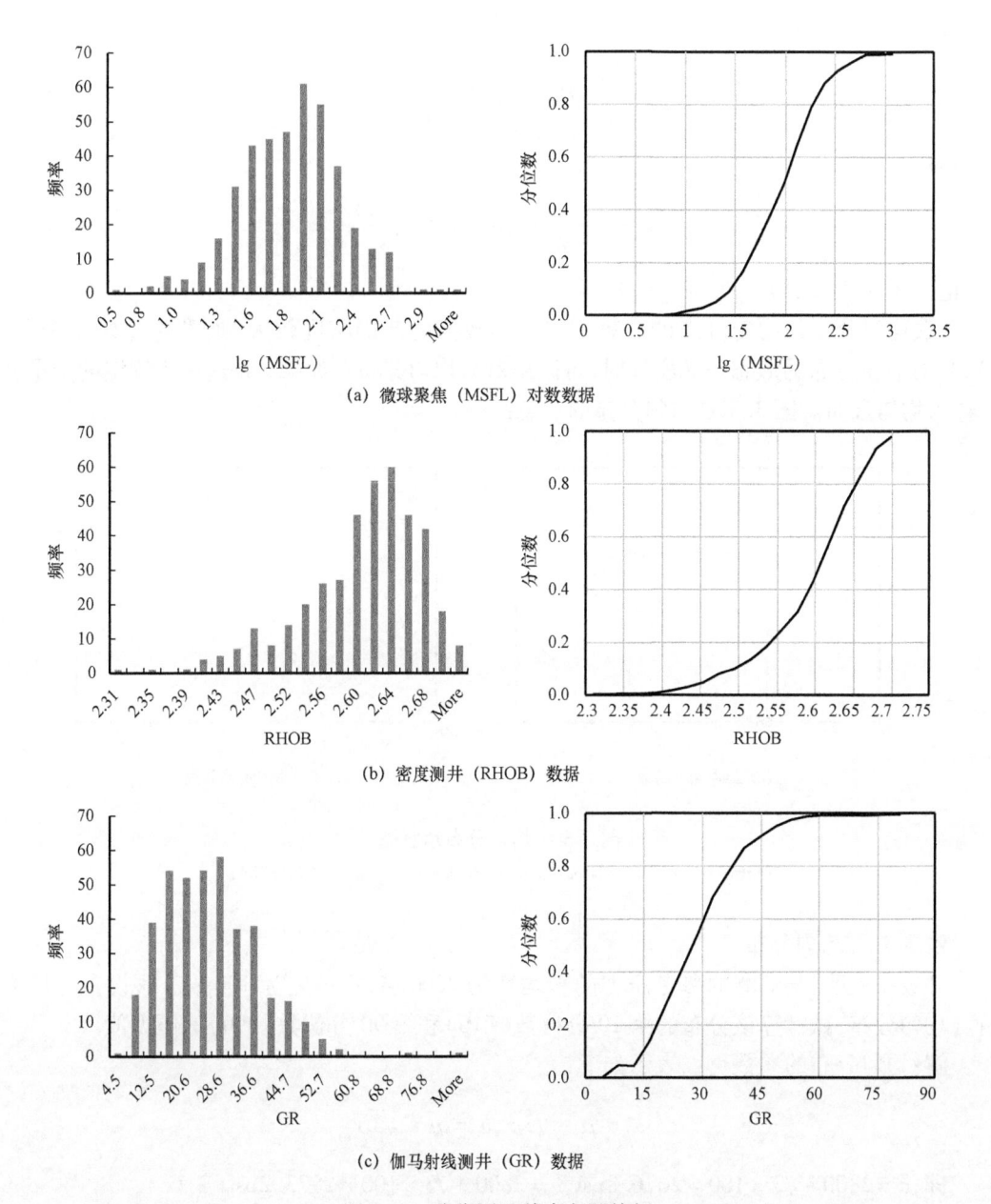

(b) 密度测井（RHOB）数据

(c) 伽马射线测井（GR）数据

图 3.2　分位图及其直方图特征

3.2.1　均匀分布

当对数据的认知程度较低，仅知道上下限时，可以采用均匀分布来做粗略的估计。均匀分布在取值范围内所有值的概率相等，概率密度函数为：

$$f(x) = \frac{1}{b-a}; a \leq x \leq b \tag{3.1}$$

式中，b 为上限，a 为下限。

累积分布函数为：

$$F(x) = \frac{x-a}{b-a} \quad (3.2)$$

矩：

$$\mu = \frac{(a+b)}{2}; \sigma^2 = \frac{(b-a)^2}{12} \quad (3.3)$$

记为 $X \sim U(a,b)$。

对数均匀分布是均匀分布的一种变式。当数据的范围跨度较大（通常跨越好几个数量级），且对潜在分布的形态一无所知时，可以用对数均匀分布。如果 x 是这种不确定的变量，则 $\ln(x)$ 为均匀分布。图3.3是均匀分布的示意图。

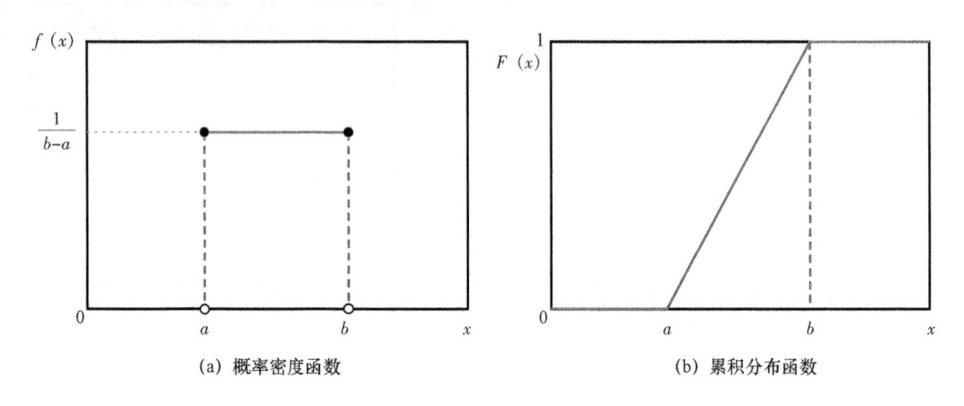

(a) 概率密度函数　　(b) 累积分布函数

图 3.3　均匀分布示意图

(https://commons.wikimedia.org/w/index.php?curid=27378784)

例 3.1　均匀分布

井数据表明，某油藏的参考压力的平均数为2800psi，标准差为100psi。假设参考压力符合均匀分布，试计算该分布的第10分位数（P10）和第90分位数（P90）的压力值。

解：均匀分布的参数可以表示如下：

$$a = \mu - \sqrt{3}\sigma, b = \mu + \sqrt{3}\sigma$$

即，$a = 2800 - \sqrt{3} \times 100 = 2626.8\text{psi}$，$b = 2800 + \sqrt{3} \times 100 = 2973.2\text{psi}$

由式(3.2)可知，P_{10} 值为

$$0.1 = (x - 2626.8)/(2973.2 - 2626.8)$$

可得，$x = 2661.4\text{psi}(P_{10})$

类似地，P_{90} 值为

$$0.9 = (x - 2626.8)/(2973.2 - 2626.8)$$

可得，$x = 2938.6\text{psi}(P_{90})$

3.2.2 三角形分布

当非极值(中心值)比上下限值概率更大,可以用三角形分布作为均匀分布的改进模型。已知最小值、最大值和最可能值(通常基于主观判断)时,可以用三角形分布来粗略地预测。

概率密度函数为:

$$f(x) = \begin{cases} \dfrac{2(x-a)}{(b-a)(c-a)}; a \leq x \leq c \\ \dfrac{2(b-x)}{(b-a)(b-c)}; c < x \leq b \end{cases} \quad (3.4)$$

累积分布函数为:

$$F(x) = \begin{cases} \dfrac{(x-a)^2}{(b-a)(c-a)}; a \leq x \leq c \\ 1 - \dfrac{(b-x)^2}{(b-a)(b-c)}; c < x \leq b \end{cases} \quad (3.5)$$

矩:

$$\mu = \frac{(a+b+c)}{3}; \sigma^2 = \frac{(a^2+b^2+c^2-ab-bc-ca)}{18} \quad (3.6)$$

式中,b 为上限,a 为下限,c 为众数。

记为 $X \sim T(a,b,c)$。

根据众数的位置,三角形分布可能是对称的,也可能是不对称的。当不确定程度较高时,或者不对称程度、最大值和最小值的差异极大,跨越几个量级时,用对数三角形分布更为合适。图 3.4 为三角形分布的示意图。注意在众数 c 的位置处概率密度达到最大值 $2/(b-a)$,对应的累积概率为 $(c-a)/(b-a)$。

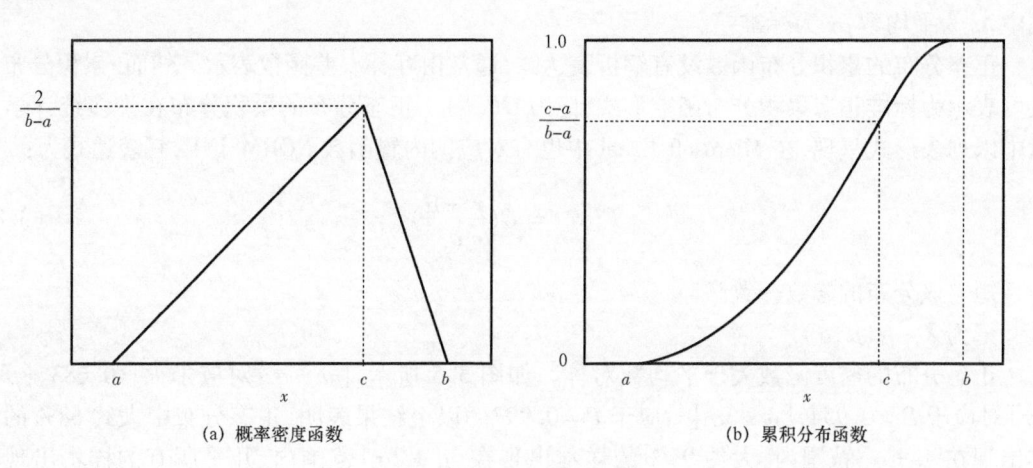

(a) 概率密度函数

(b) 累积分布函数

图 3.4 三角形分布示意图

例 3.2 三角形分布

测井结果表明,某油藏的含水饱和度符合三角形分布,下限为 17%,众数为 28%,上限为 49%。试计算第 10 百分位数和第 90 百分位数的概率及众数对应的累积概率。

解:已知 $a=0.17, c=0.28, b=0.49$

首先计算众数对应的累积概率

$$P_{\text{mode}} = (c-a)/(b-a) = (0.28-0.17)/(0.49-0.17)$$

$$P_{\text{mode}} = 0.34$$

P_{10} 位于众数的左侧,因此根据式(3.5)有

$$0.1 = (x-0.17)^2/[(0.49-0.17)\times(0.28-0.17)]$$

可得,$x=0.229(P_{10})$

P_{90} 位于众数的右侧,根据式(3.5)有

$$0.9 = 1-(0.49-x)^2[(0.49-0.17)\times(0.49-0.28)]$$

可得,$x=0.408(P_{90})$。

3.2.3 正态分布

正态分布又称为"钟形曲线",常用于表示自然过程和现象中的无偏差未知量,以及累加类对称分布的随机误差。中心极限定理奠定了正态分布假设的合理性(见 3.4 节),该定理说明大量独立随机变量的总体收敛于正态分布,而不管基础分布的形状如何。

概率密度函数为:

$$f(x) = \frac{1}{\sqrt{2\pi\sigma^2}}\exp\left[-\frac{1}{2}\left(\frac{x-\mu}{\sigma}\right)^2\right]; \quad -\infty \leqslant x \leqslant \infty \tag{3.7}$$

式中,μ 为平均数,σ 为标准差。

正态分布的累积分布函数没有解析表达式,通常由互补误差函数表示。然而,累积分布函数可表示为标准正态累积分布函数形式,记为 $G(\cdot)$。正态分布的累积分布在许多统计学文献中以列表形式呈现,在 Microsoft Excel 中也有对应的内置函数 NORMSINV,其表达式为:

$$F(x) = G\left(\frac{x-\mu}{\sigma}\right) \tag{3.8}$$

矩与该分布的参数一致。

记为 $X \sim N(\mu, \sigma)$。

正态分布的密度函数关于平均数对称。如图 3.5 所示,$[\mu \pm \sigma]$ 对应于 $P=0.683$,$[\mu \pm 2\sigma]$ 对应于 $P=0.954$,$[\mu \pm 3\sigma]$ 对应于 $P=0.997$。以上结果表明,正态分布中大约 68% 的样本出现在 $[\mu \pm \sigma]$ 范围内,大约 95% 的样本出现在 $[\mu \pm 2\sigma]$ 范围内,几乎所有的样本出现在 $[\mu \pm 3\sigma]$ 范围内。这些性质常用于确定估计值的置信区间,相关内容后续将进一步介绍。

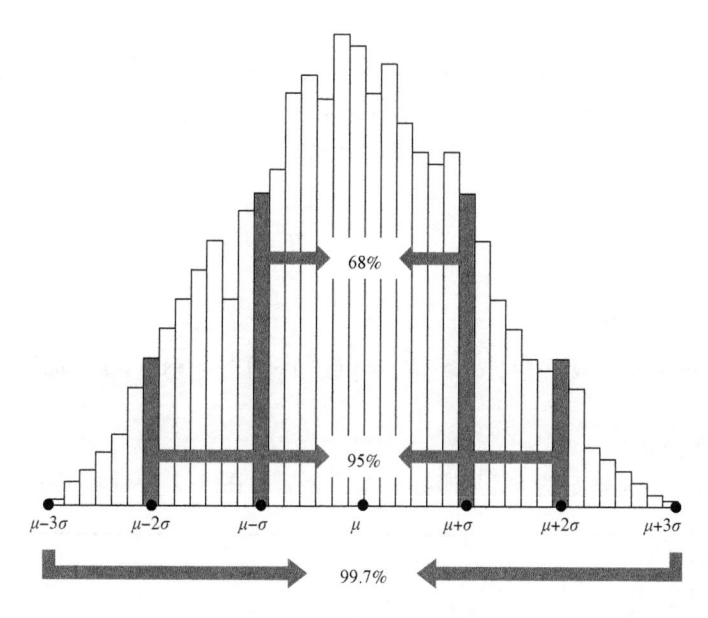

图 3.5　正态分布示意图

正态分布通常用作表示未知量的默认分布。由于正态分布理论上是没有边界的,因此应注意确保标准偏差不要太大,防止下尾部出现超出合理范围的样本值。图 3.6 为正态分布的示意图,有关正态分布的其他内容将在 3.3 节进一步讨论。

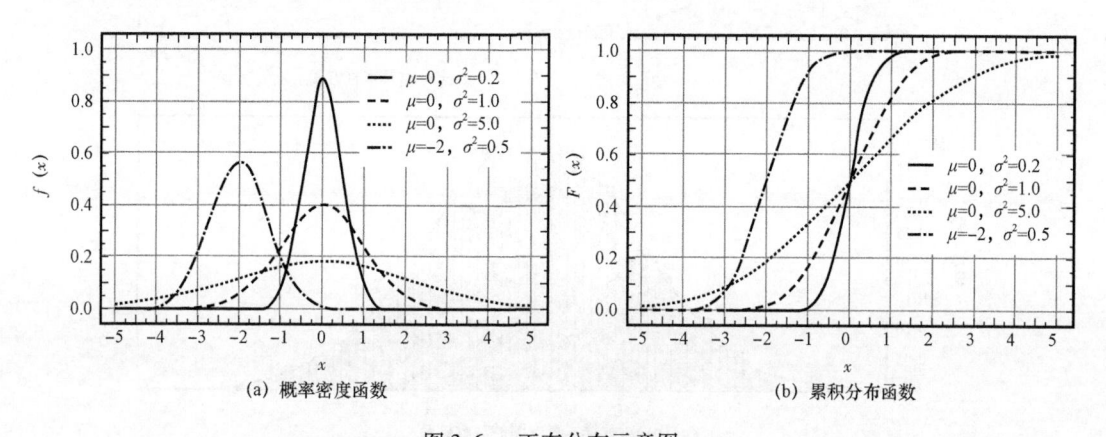

(a) 概率密度函数

(b) 累积分布函数

图 3.6　正态分布示意图
(来源:https://commons.wikimedia.org/w/index.php?curid=3817954.)

3.2.4　对数正态分布

对数正态分布广泛用于表示偏态的、非负的物理量。对数正态分布常用于多个独立变量乘积的不对称模型。与正态分布一样,中心极限定理奠定了对数正态分布假设的合理性,该定理表明独立变量的乘积收敛于对数正态分布,无论基础分布的形状如何。

概率密度函数为:

$$f(x) = \frac{1}{x\sqrt{2\pi\beta^2}}\exp\left[-\frac{1}{2}\left(\frac{\ln(x)-\alpha}{\beta}\right)^2\right]; 0 \leqslant x \leqslant \infty \tag{3.9}$$

式中,α 为 $\ln(x)$ 的平均数;β 为 $\ln(x)$ 的标准差。

对数正态分布的累积分布函数没有解析表达式。然而,累积分布函数可以表示为标准正态累积分布函数,记为 $G(\cdot)$。对数正态分布的累积分布在许多统计学文献中以列表形式呈现,在 Microsoft Excel 中也有对应的内置函数 NORMSDIST,其表达式为:

$$F(x) = G\left(\frac{\ln x - \alpha}{\beta}\right) \tag{3.10}$$

矩为:

$$\mu = \exp\left(\alpha + \frac{\beta^2}{2}\right); \sigma = \mu^2[\exp(\beta^2) - 1] = \exp(2\alpha + 2\beta^2) \tag{3.11}$$

记为 $X \sim LN(\alpha, \beta)$。

其中,几何平均数或中位数记为 e^α,几何标准差记为 e^β。图 3.7 为对数正态分布的示意图。

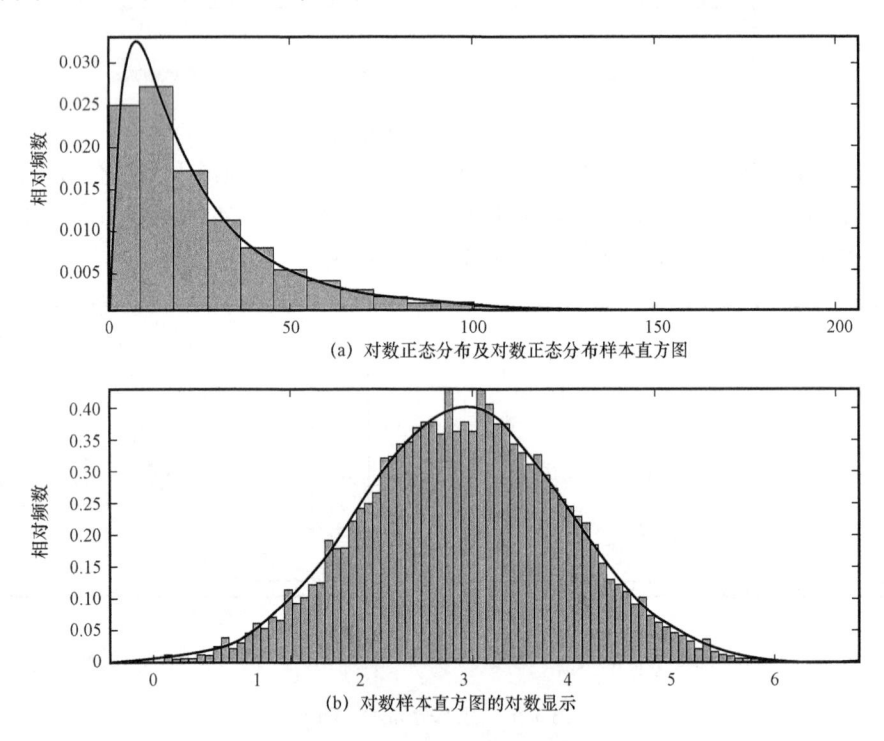

(a) 对数正态分布及对数正态分布样本直方图

(b) 对数样本直方图的对数显示

图 3.7 对数正态分布示意图

石油地质中常用的描述呈对数正态分布特征的分散程度的系数为 Dykstra–Parsons 系数 (Willhite,1986),V_{DP},定义为:

$$V_{DP} = (K_{50} - K_{84.1})/K_{50} \tag{3.12}$$

式中,K_p 为拟合到对数正态分布的第 p 百分位数对应的渗透率。

由式(3.12)可知 $V_{DP} = 1 - \exp(-\beta)$ 成立(Mishra et al,1991)。图 3.8 为绘图法计算 Dykstra–Parsons 系数的过程。有关对数正态分布的其他内容将在 3.3 节进一步讨论。

3.2.5 泊松分布

当事件作为纯随机（泊松）过程发生时，在固定时间间隔内发生的独立事件的次数遵循泊松分布。事件的数量为非负整数。

概率密度函数为：

$$f(x) = \frac{\alpha^x \exp(-\alpha)}{x!}; x = 0,1,2,3,\cdots \quad (3.13)$$

式中，α 为泊松分布的参数。

累积分布函数为：

$$F(x) = \sum_{k=0}^{x} \frac{\alpha^x \exp(-\alpha)}{x!} \quad (3.14)$$

矩：

$$\mu = \alpha; \quad \sigma^2 = \alpha \quad (3.15)$$

记为 $X \sim Po(\alpha)$。

泊松分布可用于模拟诸如给定时期内发生的地震次数和一年中设备故障所导致的延误天数。图 3.9 为泊松分布示意图。

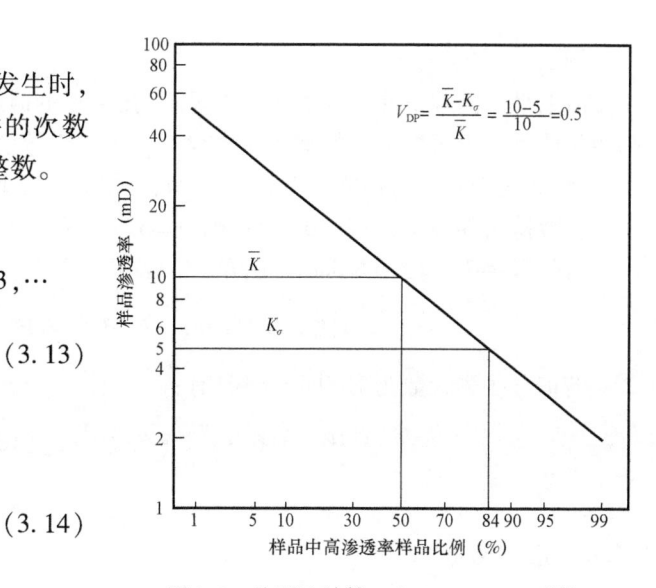

图 3.8 绘图法计算 Dykstra–Parson 系数

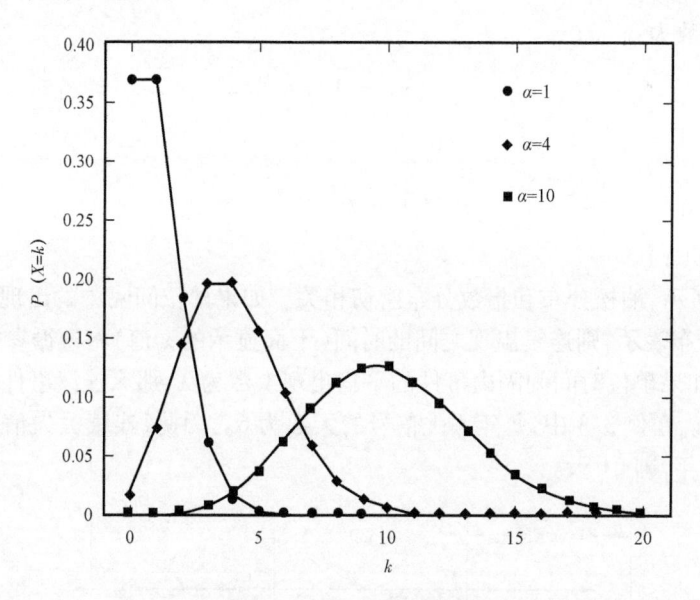

图 3.9 泊松分布示意图

（来源：https://commons.wikimedia.org/w/index.php?curid=9447142.）

例3.3 泊松分布

海上平台的井下测量仪记录结果显示,在4年的时间内有24天信号完全或部分丢失。则明年信号丢失天数为0的概率是多少?一年中信号丢失10天的概率是多少?

解:假设数据符合泊松分布,令 $\alpha = \lambda t$,其中 λ 为平均发生概率,t 为时间。

由数据可知,$\lambda = 24/4 = 6, t = 1$,则 $\alpha = 6$。

若信号丢失天数为0,即 $x = 0$,由式(3.13)可知:

$$f(0) = 6^0 \exp(-6)/0!; f(0) = 0.0025$$

若信号丢失天数为10,即 $x = 10$,有:

$$f(10) = 6^{10} \exp(-6)/10!; f(10) = 0.0413$$

3.2.6 指数分布

指数分布用于模拟在一段时间内事件发生之间的时间(例如,机器连续故障之间的时间)或空间事件之间的距离(例如,管道中相邻故障点之间的距离)。

概率密度函数为:

$$f(x) = \lambda e^{-\lambda x} \quad (3.16)$$

其中,λ 为分布的参数。

累积分布函数为:

$$F(x) = 1 - e^{-\lambda x} \quad (3.17)$$

矩:

$$\mu = 1/\lambda; \sigma^2 = 1/\lambda^2 \quad (3.18)$$

记为 $X \sim \exp(\lambda)$。

如图3.10所示,泊松分布和指数分布密切相关。如果单位间隔中的出现次数可以用具有参数 λ 的泊松分布表示,则连续出现之间的时间(下面显示的 x_i 值)将遵循参数为 λ 的指数分布。换句话说,如果单位时间间隔内事件的平均出现次数为 λ,那么连续事件出现之间的平均时间长度为 $1/\lambda$。在例3.3中,每年丢失信号的天数为6。因此,连续丢失信号日之间的平均时间长度是1/6年,即61天。

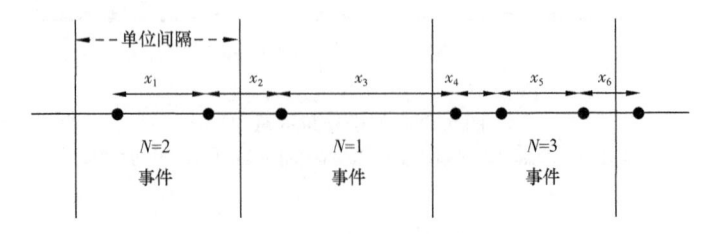

图3.10 泊松分布和指数分布的关系

3.2.7 二项分布

二项分布是在 n 个独立试验中成功次数为 k 的分布,其中每次试验成功的概率 p 为定值。每个试验只有两个结果(成功或失败)时,二项分布也称为伯努利实验。

概率密度函数为:

$$f(k;n,p) = C_n^k p^k (1-p)^{n-k}; C_n^k = \frac{n!}{(n-k)!k!} \quad (3.19)$$

矩:

$$\mu = np; \sigma^2 = np(1-p) \quad (3.20)$$

记为 $X \sim B(n,p)$。

当 n 变大(> 20)并且 p 变小(< 0.05)使得乘积 np 恒定时,二项分布可以近似为泊松分布。此外,如果 n 很大并且 p 接近 0.5 使得 $[np(1-p)] > 25$,二项分布可以近似为正态分布。

例 3.4 二项分布

某公司计划在新的页岩盆地钻六口探勘井。根据其对类似盆地的经验,钻遇气层的概率约为 10%。6 口井均未钻遇气层的概率是多少?仅有一口井钻遇气层的概率是多少?

解:若 6 口井均未钻遇,有 $k=0, n=6, p=0.1$。
由式(3.19)有:

$$f(0;6,0.1) = C_6^0 (0.1)^0 (1-0.1)^{6-0}; f(0;6,0.1) = 0.531$$

类似地,当 $k=1$ 时,有:

$$f(1;6,0.1) = C_6^1 (0.1)^1 (1-0.1)^{6-1}; f(1;6,0.1) = 0.354$$

3.2.8 Weibull 分布

Weibull(威布尔)分布广泛用于表示过程性能指标的分布特征,例如完成时间或设备故障率。由于其可以灵活地呈现负偏态、对称或正偏态的形状,因此它也可用于表示许多非负的物理量。

概率密度函数为:

$$f(x) = \frac{k}{\lambda} \left(\frac{x}{\lambda}\right)^{k-1} \exp\left[-\left(\frac{x}{k}\right)^k\right]; k,\lambda > 0, 0 \leq x \leq \infty \quad (3.21)$$

累积分布函数为:

$$F(x) = 1 - \exp\left[-\left(\frac{x}{k}\right)^k\right] \quad (3.22)$$

矩:

$$\lambda = \beta\Gamma\left(1 + \frac{1}{k}\right); \sigma^2 = \lambda^2\left[\Gamma\left(1 + \frac{2}{k}\right) - \Gamma^2\left(1 + \frac{1}{k}\right)\right] \tag{3.23}$$

记为 $X \sim W(k, \lambda)$。

式中,$\Gamma(\cdot)$是不完全伽马函数;λ 为比例参数,表示累积分布函数等于 0.632(或 $1 - 1/e$)时的时间值。k 为形状参数,表示感兴趣的过程(即,故障率)是随时间减小($k < 1$)、不变($k = 1$),还是增加($k > 1$)。图 3.11 为 Weibull 分布的示意图。

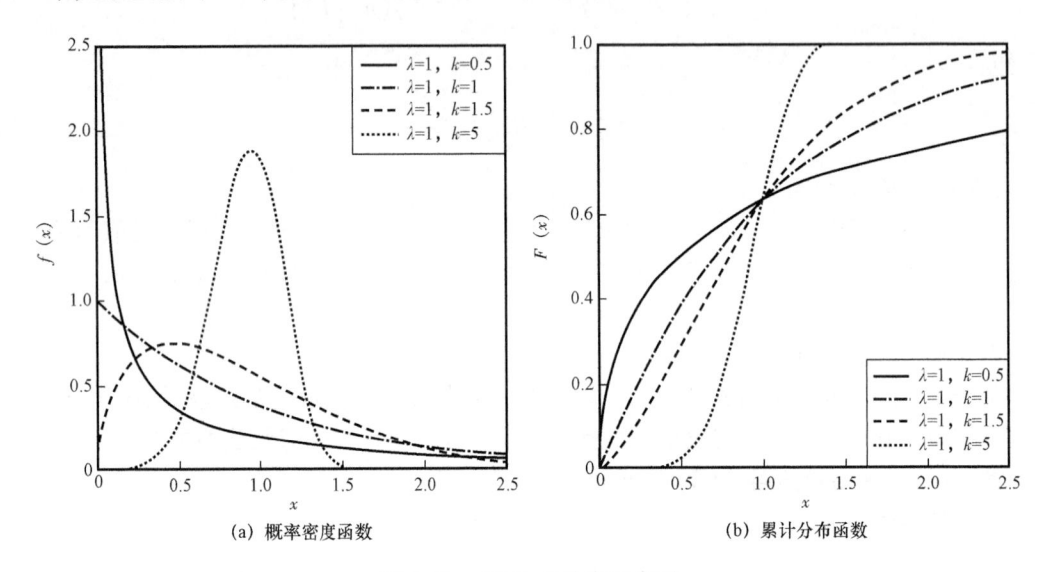

图 3.11 Weibull 分布示意图

(来源:https://commons.wikimedia.org/w/index.php?curid=9671812.)

Weibull 分布常用于模拟生物学、临床学,种群和自然资源研究中的生长(或衰退)过程。Weibull 分布还可用于分析非常规油藏的产量递减特征(Mishra,2012)。这需要将概率密度函数[公式(3.21)]和累积分布函数[公式(3.22)]乘以承载能力 M,其表示系统的生产能力的限制条件和采出程度的上限。此时,累积分布函数表示累积产量,概率密度函数表示瞬时产量。

例 3.5 Weibull 分布

生产数据表明,某非常规气藏的产量递减特征符合 Weibull 分布。其中比例参数 $\lambda = 89.5$ 个月,形状参数 $k = 0.765$。试问该气藏需要生产多久,采收率能达到 50%?

解:求解如下方程

$$0.5 = F(t) = 1 - \exp[-(t/\lambda)^k] = 1 - \exp[-(t/89.5)^{0.765}]$$

可得,$t = 55.5$ 个月。

3.2.9 Beta 分布

Beta 分布是一种非常灵活的模型,用于描述随机比例或表征固定范围内的不确定性(即,具有有限的上限和下限)。它可以在规定的间隔内有对称或偏态的形状。

概率密度函数为：

$$f(x) = \frac{x^{\alpha-1}(1-x)^{\beta-1}}{B(\alpha,\beta)}; \alpha,\beta > 0, 0 \leqslant x \leqslant 1 \tag{3.24}$$

其中，α,β 为分布函数，$B(\alpha,\beta) = \Gamma(\alpha)\Gamma(\beta)/[\Gamma(\alpha+\beta)]$

Beta 分布的累积分布函数没有解析形式，但可以通过 Microsoft Excel 中的内置函数 BETADIST 来表示。

矩为：

$$\mu = \frac{\alpha}{\alpha+\beta}; \sigma^2 = \frac{\alpha\beta}{(\alpha+\beta)^2(\alpha+\beta+1)} \tag{3.25}$$

记为 $X \sim Beta(\alpha,\beta)$。

Beta 分布没有特定的物理意义，但由于其灵活的数学形式[式(3.24)]，非常容易将观测数据拟合到该分布。这在使用蒙特卡罗模拟进行不确定性量化时尤其明显，相关内容将在第 6 章介绍。Beta 分布示意图如图 3.12 所示。

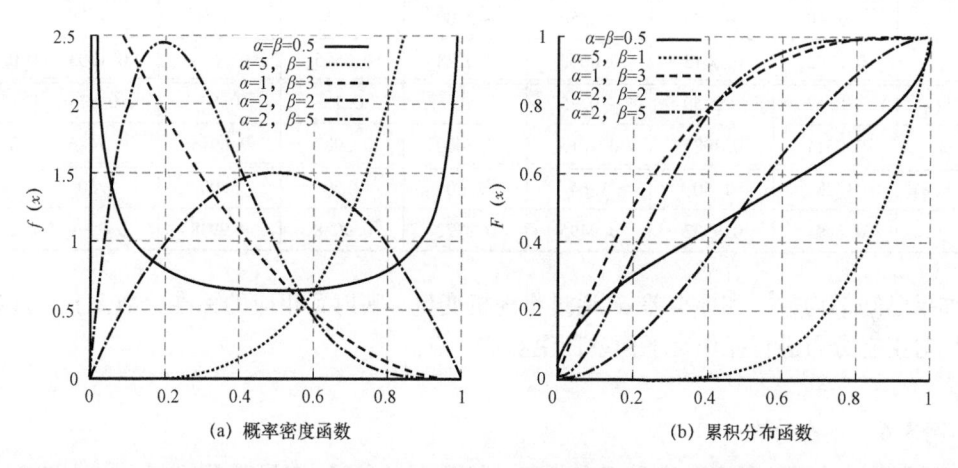

(a) 概率密度函数

(b) 累积分布函数

图 3.12　Beta 分布示意图

（来源：https://commons.wikimedia.org/w/index.php?curid=15404569.）

3.3　正态分布和对数正态分布

在石油地质学中，经常使用正态分布和对数正态分布来表示某些变量。因此，本节进一步讨论正态分布和对数正态分布，以便了解如何从正态分布和对数正态分布中获得所需的信息。

3.3.1　正态分布

如前所述，正态分布的累积分布函数没有解析表达式，通常用标准正态累积分布函数 $G(\cdot)$ 表示：

$$F(x) = G\left(\frac{x-\mu}{\sigma}\right) = G(z) \tag{3.26}$$

式中，$z = (x-\mu)/\sigma$ 为标准分数（又称为 z 分数）。z 为无量纲变量，其平均数为 0，方差为 1。

式(3.26)又可以表示为：

$$z = \frac{x-\mu}{\sigma} = G^{-1}[F(x)] = G^{-1}(q) \tag{3.27}$$

式中，分位数 q 作为累积概率 F 的近似值；则式(3.27)可以写成如下的简洁形式：

$$x = \mu + \sigma G^{-1}(q) = \mu + \sigma z \tag{3.28}$$

式(3.26)中的累积分布函数的反函数或 z 分数可以通过 Microsoft Excel 中的内置函数 NORMSINV 来计算。

表 3.1 为 $G(z)$ 函数的部分值，表示对应于不同标准分数 z 累积概率。对于给定的分位数，z 值(也称为正态分数)表示该分位数与相对于平均数的偏离程度(经标准差校正)。因此，概率覆盖对应于 $\mu \pm 3\sigma = 0.9987 - 0.0013 = 0.997$，$\mu \pm 2\sigma = 0.9972 - 0.0228 = 0.954$，$\mu \pm \sigma = 0.8413 - 0.1587 = 0.683$(如图 3.5 所示)。由表 3.1 可知，石油地质学不确定性分析中常用的 P_{10}(第 10 百分位数)对应于 $z = -1.28$，P_{50} 对应于 $z = 0$，P_{90} 对应于 $z = 1.28$。

表 3.1　z 值数据表

$z = G^{-1}(q)$	-3.50	-3.00	-2.50	-2.00	-1.64	-1.50	-1.28	-1.00
$G(z)$	0.0002	0.0013	0.0062	0.0228	0.0505	0.0668	0.1003	0.1587
$z = G^{-1}(q)$	-0.67	-0.50	-0.25	0	0.25	0.50	0.67	1.00
$G(z)$	0.2514	0.3085	0.4013	0.5000	0.5987	0.6915	0.7486	0.8413
$z = G^{-1}(q)$	1.28	1.50	1.64	2.00	2.50	3.00	3.50	4.00
$G(z)$	0.8997	0.9332	0.9495	0.9772	0.9938	0.9938	0.9998	1.0000

如果已知平均数 μ 和标准差 σ，通过将随机变量 x 映射到相应的标准分数 z 上，可以相对简单地对正态分布进行操作。下面举例说明这一点。

例 3.6　正态分布

假设页岩储层的厚度 h 满足正态分布，平均数 $\bar{h} = 60\text{ft}$，变异系数 $CV[h] = 20\%$。试计算：(1)厚度介于 45～75ft 之间的概率，即 $P[45 \leqslant h \leqslant 75]$；(2)第 95 百分位数的值。

解：标准偏差 $\sigma[h] = \bar{h} \cdot CV[h] = 60 \times 0.2 = 12\text{ft}$

(1) $z(h=75) = (75-60)/12 = 1.25$，$z(h=45) = (45-60)/12 = -1.25$

通过查表 3.1 或通过 Microsoft Excel 的内置函数 NORMSDIST 可知：

$G(1.25) = 0.894$，$G(-1.25) = 1 - [G(1.25)] = 0.106$

则 $P[45 \leqslant h \leqslant 75] = G[z(h=75)] - G[z(h=45)] = G(1.25) - G(-1.25) = 0.894 - 0.106$，即

$P[45 \leqslant h \leqslant 75] = 0.788$

(2) 由表 3.1 可知，当 $q = 0.95$ 时，$z = 1.64$。

因此，$h_{0.95} = \bar{h} + z \cdot \sigma[h] = 60 + 1.64 \times 12$，即

$h_{0.95} = 79.7\text{ft}$

3.3.2 正态分数变换

通常需要将某个分布转换为正态分布,以便更好地进行后续操作及可视化。对于地质统计学中的问题尤其如此,因为许多建模算法(如序贯高斯模拟)仅适用于符合正态分布的随机变量。正态变换方法为一种保秩的一对一变换,如图 3.13 所示。对于原始变量 x_i,令其经验累积概率或分位数 q 等于标准正态分布的累积概率从而计算等效的 z 值。上述过程的数学形式为:

$$z = G^{-1}(q) = G^{-1}\left[\frac{rank(x_i)}{n+1}\right] \tag{3.29}$$

一旦根据变换后的正态分数 z 完成了所需的数学运算,结果就可以很容易地变换到原始变量的空间中。

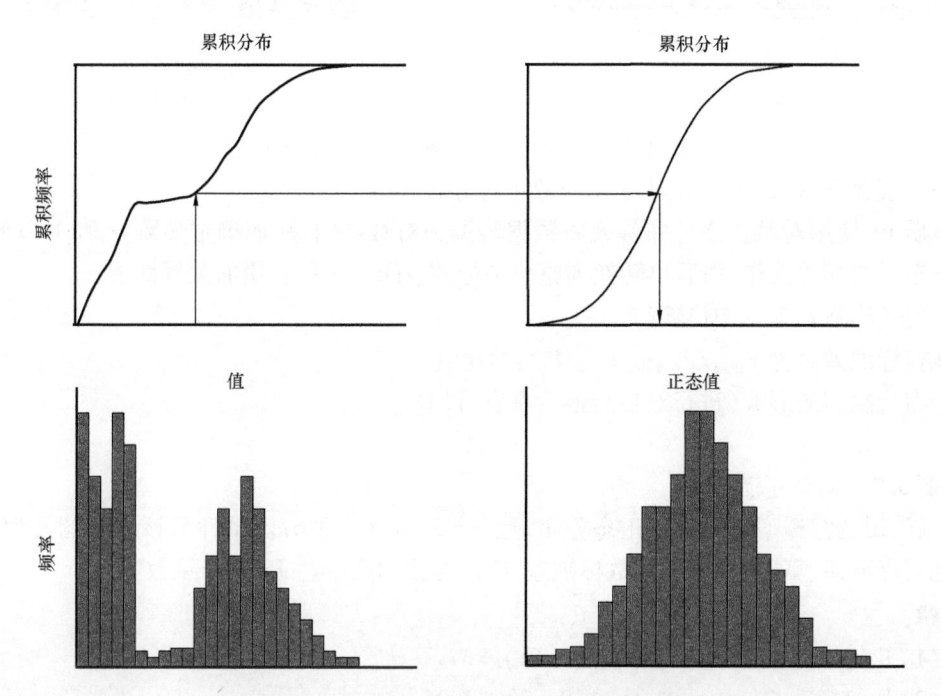

图 3.13　正态分布变换示意图(保秩单调变换)

图 3.14 为正态分数变换的示例,将图 3.2 中的 Salt Creek 油田的密度测井(RHOB)数据进行了正态变换。注意通过正态分数变换改变了原始数据的不对称性。

3.3.3 对数正态分布

对数正态分布的标准分数变量为:

$$z = \frac{\ln x - \alpha}{\beta} = G^{-1}[F(x)] = G^{-1}(q) \tag{3.30}$$

式中,α 为 $\ln x$ 的平均数,β 为标准差。整理式(3.30)可得:

$$\ln(x) = \alpha + \beta G^{-1}(q) \tag{3.31}$$

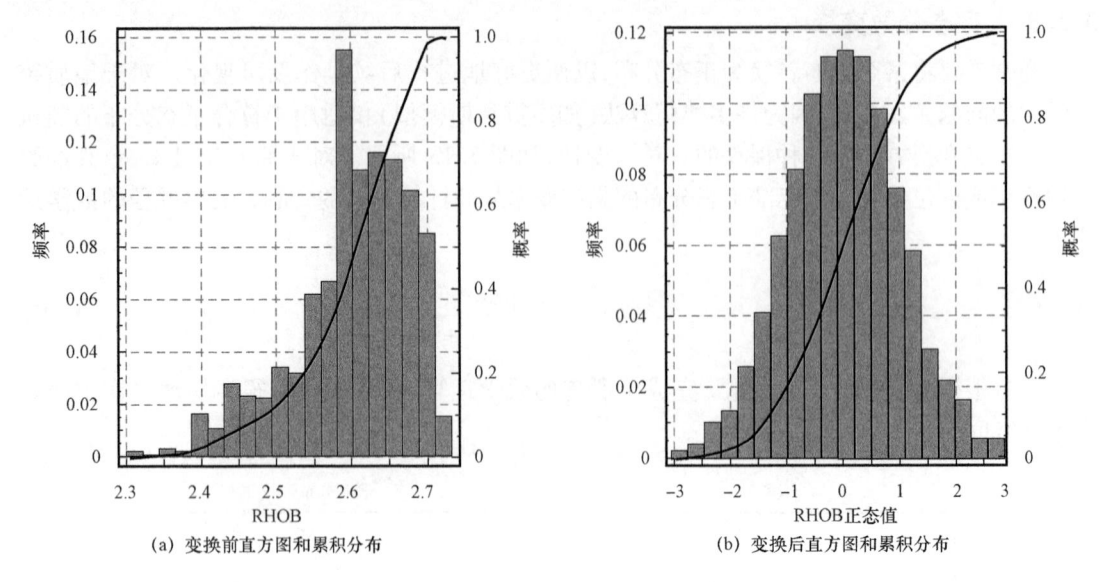

图 3.14 Salt Creek 密度测井正态分数变换

式(3.31)类似于式(3.28),用于表示对数正态分布。

本质上,使用对数正态分布涉及将数据转换为对数空间,从而确定参数 α 和 β,以便执行正态分布下的相关操作,而后再转换到原始坐标的空间。一些有用的关系如下:

几何平均数 e^α 即为中位数($F_{0.5}$);

几何标准差 e^β 为 $F_{0.84}/F_{0.5}$ 或 $F_{0.5}/F_{0.16}$ 的比值;

分布为乘积的形式(进行对数转换后具有可加性)。

例3.7 对数正态分布

某油田的渗透率符合对数正态分布,且 $\alpha = 3.61$, $\beta = 0.67$。试计算该分布的几何平均数、几何标准差、算数平均数、算数标准差、P_{10}、P_{90} 及 Dykstra – Parsons 系数。

解:

(1)几何平均数 $= \exp(\alpha) = \exp(3.61) = 37$。

(2)几何标准差 $= \exp(\beta) = \exp(0.67) = 1.95$。

第 84 百分位数和第 16 百分位数距离平均值的距离为一个标准差,则有:

$k_{0.84} = \exp(\alpha + \beta) = \exp(3.61 + 0.67) = 72.2$

$k_{0.16} = \exp(\alpha - \beta) = \exp(3.61 - 0.67) = 18.9$

因此,几何标准差 $= k_{0.84}/k_{0.16} = 72.2/37 = 1.95$。

(3)算数平均数 $= \exp(\alpha + \beta^2/2) = \exp(3.61 + 0.67^2/2) = 46.3$。

算数标准差 $= \exp(2\alpha + 2\beta^2) = \exp(2 \times 3.61 + 2 \times 0.67^2) = 57.9$。

(4)由表 3.1,P_{10} 和 P_{90} 分别对应于 $z = -1.28$ 和 $z = 1.28$。

因此，$k(P_{10}) = k_{0.1} = \exp(\alpha - 1.28\beta) = \exp(3.61 - 1.28 \times 0.67) = 15.7$

$k(P_{90}) = k_{0.9} = \exp(\alpha + 1.28\beta) = \exp(3.61 + 1.28 \times 0.67) = 87.1$。

（5）Dykstra – Parsons 系数 V_{DP} 可以通过两种方法计算：

$$V_{DP} = (k_{50} - k_{16.1})/k_{50} = (37 - 18.9)/37 = 0.49$$

此外，$V_{DP} = 1 - \exp(-\beta) = 1 - \exp(-0.67) = 0.49$。

注意在3.2.4节中定义 V_{DP} 时渗透率降序排列，即大的渗透率对应于小的概率值。此处采用更传统的表示方法，即大的渗透率对应于大的概率值，因此需要将例3.7中 V_{DP} 的表达式稍作改动。

3.4 拟合数据分布

尽管有许多的理论分布模型可以用来拟合数据，然而实际上仅考虑几种常用的模型来进行拟合。这些常用模型的关键特征见表3.2。

在选择概率分布模型时需要考虑的问题包括：

（1）选择某一分布的物理意义；

（2）变量的离散与连续性；

（3）变量的物理边界；

（4）偏态的性质和程度；

（5）极值的重要性。

对于许多地质参数，通常很难基于一定的物理意义来选择合适的概率分布模型。当地质参数受不同的沉积环境影响，或者跨越多个尺度时，更是如此。此时，通过对数据开展图形分析有助于确定合适的模型或去除不适用的模型。一旦确定了合适的分布模型，就可以通过后续介绍的技术来估计模型的参数。此外，通过开展拟合程度分析，可以进一步确定选择的模型是否适用。下面分别介绍：（1）选择分布模型；（2）估计模型参数；（3）确定模型适用性的相关内容，并通过实例来说明如何使用常见的分布模型。

表3.2 常用的分布模型

分布模型	适用情形
均匀分布（对数均匀分布）	低认知度情形，或主观判断
三角形分布（对数三角形分布）	
正态分布	累加过程产生的误差
对数正态分布	累乘过程产生的误差
泊松分布	小概率事件的频率
指数分布	随机事件发生的频率
二项分布	特定事件连续发生的概率
Weibull 分布	故障频率
Beta 分布	有边界的、单峰的随机变量

3.4.1 概率图

概率图可以用于比较观测数据与候选分布模型的吻合程度。如何判断观测数据是否符合某个分布？通过分析观测数据经过适当变换后与分布模型的计算数据是否形成直线关系。由于偏离直线的程度是相当直观的，因此概率图可以作为模型筛选的有效工具（D'Agostino and Stephens，1986）。

尽管检查概率图有助于判断选取的分布模型是否合适，分析人员还需要基于专家经验来判断观测数据和理论分布在关键区域（如高低值）的吻合程度如何。分析人员还应该意识到由于观测数据的样本容量有限，通常在尾部数据的吻合程度会变差。

概率图法首先绘制累积概率分布函数图或分位图。概率图的坐标轴分别是观测数据的分位数（累积概率）和分布模型的理论值。通常用来确定分位数 q 的方法是 Weibull 绘图位置：

$$q_i = \frac{i}{N+1} \tag{3.32a}$$

以及 Hazen 绘图位置：

$$q_i = \frac{i-0.5}{N} \tag{3.32b}$$

其中 i 是观测数据的等级（从最小到最大排序），N 是观测数据的数量。这两种方法都能确保样本的最小值和最大值的累积概率不是 0 或 1。

概率图是顺序排列的观测数据 x_i 与预测的累积分布函数的反函数 $F^{-1}(q_i)$ 的关系图。下面介绍正态分布及对数正态分布的概率图。这是因为正态分布及对数正态分布在石油地质中无处不在。D'Agostnio 和 Stephens（1986）提供了其他几个分布的关系图。

3.3.1 节中得到了正态分布的线性关系表达式，即：

$$x = \mu + \sigma G^{-1}(q) \tag{3.33a}$$

式（3.33a）表明，如果观测数据符合正态分布，则 x 与 $G^{-1}(q)$ 呈线性关系。直线的斜率为标准差 σ，截距为平均数 μ。

类似地，3.3.2 节中得到了对数正态分布的线性表达式，即：

$$\ln x = \alpha + \beta G^{-1}(q) \tag{3.33b}$$

式（3.33b）表明，如果观测数据服从对数正态分布，则 $\ln x$ 与 $G^{-1}(q)$ 呈线性关系。直线的斜率为标准差 β，截距为 $\ln x$ 的平均数 α。注意算数平均数和算数标准差可以由式（3.11）获得。

3.4.2 参数估计技术

一旦假定了观测数据符合的分布模型，可以有多种方法获得分布模型的参数。最简单的方法是结合线性回归与概率图。其他技术包括非线性最小二乘分析或矩量法，分别介绍如下所述。

3.4.2.1 线性回归分析

3.3 节介绍了建立观察（采样）值与假定分布的相应分位数之间线性关系的变换过程。可以看出概率图中得到的直线的斜率和截距与分布的参数有关。这些关系总结在表 3.3 中。

需要注意的是,在线性回归方法中,需要将分布模型转换成线性形式,从而得到参数的估计值。因此,将参数转换到原来的尺度时,可能无法得到最佳的参数估计。虽然可以通过更加高级的方法诸如非线性最小二乘法获得更好的参数估计,但线性回归方法能够提供基本的参数估值,尤其是概率图的吻合程度较好时。

表 3.3　正态分布和对数正态分布的线性化关系

分布	Y 轴	X 轴	斜率	截距
正态分布	x	$G^{-1}(q)$	σ	μ
对数正态分布	$\ln x$	$G^{-1}(q)$	β	α

3.4.2.2　矩量法

在矩量逼近方法中,通过将数据集的矩与候选模型的矩匹配来估计概率分布模型的参数。所需的矩数对应于未知模型参数的个数。由于大多数分布的矩的解析解可以容易地导出,因此该方法可直接应用。然而,由于存在异常值和(或)数据与模型之间缺乏完美的一致性,原始矩可能存在偏差。

3.2 节已经给出了分布的前两阶矩(即,平均数和方差)。因此可以基于样本参数的矩(用上划线表示)来估计理论分布的相关参数:

$$\begin{cases} \overline{\mu} = \dfrac{1}{N} \sum_{i=1}^{N} x_i \\ \overline{\sigma}^2 = \dfrac{1}{N-1} \sum_{i=1}^{N} (x_i - \overline{\mu})^2 \end{cases} \quad (3.34)$$

正态分布和对数正态分布的矩估计方法如下。

正态分布:

$$\mu = \overline{\mu}; \sigma = \overline{\sigma} \quad (3.35\text{a})$$

对数正态分布:

$$\beta^2 = \ln\left(1 + \dfrac{\overline{\sigma}^2}{\overline{\mu}^2}\right); \alpha = \ln \overline{\mu} - \dfrac{\beta^2}{2} \quad (3.35\text{b})$$

3.4.2.3　非线性最小二乘分析

非线性最小二乘分析是一种更加灵活的参数估计方法。该方法的目标是使得观测值和理论分布的参数的均方差最小。使用 Microsoft Excel 中的非线性优化包 SOLVER 可以很容易地实现此过程。

(1)将数据分成两列,因变量是观测值的分位数 q_i,自变量是观测值 x_i。

(2)计算样本矩,μ 和 σ。

（3）根据式（3.35）或 3.2 节中的对应表达式由样本矩估计候选模型的参数。这些将用作非线性回归的初始值。

（4）使用 3.2 节中给出的候选参数模型的表达式和从步骤（3）估计的模型参数来计算理论累积概率 F_i。

（5）计算 F_i 和 q_i 之间的差异。

（6）通过调整步骤（3）中估计的参数，设置 SOLVER 使得步骤（5）中差异的平方和最小。

例 3.8　拟合正态分布

某口井的岩心孔隙度数据（POR_TAB2 - 1. DAT）如下：$\phi(\%) = (3.1, 4.1, 5.2, 6.5, 6.7, 7.4, 7.9, 8.1, 8.9, 9.1, 9.3, 9.5, 9.6, 9.9, 10, 11, 11, 12, 13, 13)$。试用正态分布来拟合该数据，并计算出正态分布的参数。

解：使用绘制概率图方法来将观测值拟合到正态分布。该方法需要绘制孔隙度 ϕ 与标准正态累积分布函数反函数 $G^{-1}(q)$ 的关系图。由图 3.15 可知，除了尾部以外数据存在良好的线性关系，R^2 约等于 1。由拟合线的斜率和截距可以获得参数：$\mu = 8.76, \sigma = 3.09$。

接下来使用非线性最小二乘法来估计模型参数。此时需要保证观测值的分位数和理论分布的分位数的误差平方和最小。Excel 的 NORMSDIST 函数用于生成估计累积概率所需的标准正态累积分布函数。使用 Excel 中的 SOVLER 工具箱获得的相应最佳拟合参数是 $\mu = 8.81, \sigma = 2.92$，这与使用概率绘图方法估计的值非常吻合。图 3.16 为观察数据的累积分布函数与理论模型累积分布函数的对比结果。

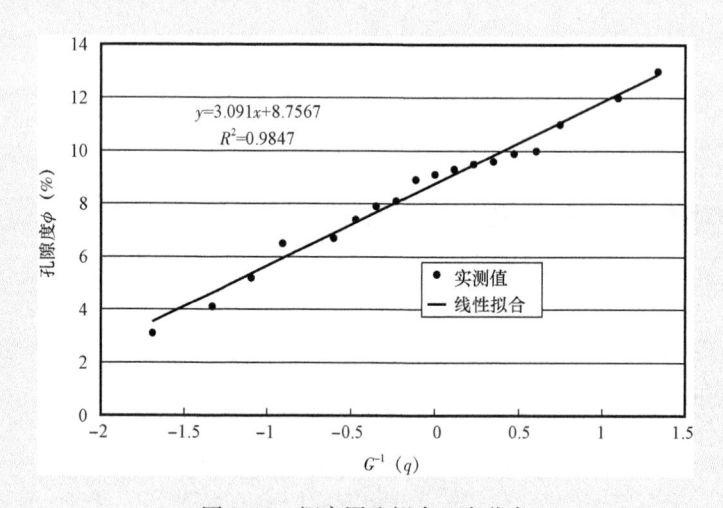

图 3.15　概率图法拟合正态分布

分布参数计算过程中的一些细节见表 3.4。分位数由式（3.32a）求得，对应的 $G^{-1}(q)$ 由函数 NORMSINV 获得，从而可以得到图 3.15。最小二乘法根据前述的流程计算参数，并得到图 3.16。

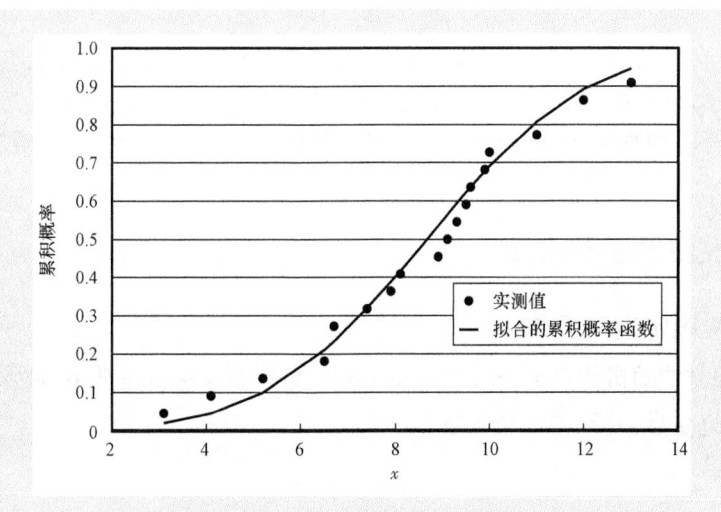

图3.16　基于非线性最小二乘法拟合正态分布累积概率函数

表3.4　正态分布拟合的参数计算过程

序号	孔隙度(%) ϕ	分位数 q	概率图 $G^{-1}(q)$	x	最小二乘拟合 $F(x)$	Diff
1	3.1	0.045455	−1.69062	3.1	0.025192	−0.020260
2	4.1	0.090909	−1.33518	4.1	0.053251	−0.037660
3	5.2	0.136364	−1.0968	5.2	0.107989	−0.028370
4	6.5	0.181818	−0.90846	6.5	0.214194	0.032376
5	6.5	0.181818	−0.90846	6.5	0.214194	0.032376
6	6.7	0.272727	−0.60459	6.7	0.234705	−0.038020
7	7.4	0.318182	−0.47279	7.4	0.314321	−0.003860
8	7.9	0.363636	−0.34876	7.9	0.377385	0.013749
9	8.1	0.409091	−0.22988	8.1	0.403677	−0.005410
10	8.9	0.454545	−0.11419	8.9	0.512052	0.057507
11	9.1	0.500000	0	9.1	0.539323	0.039323
12	9.3	0.545445	0.114185	9.3	0.566410	0.020956
13	9.5	0.590909	0.229884	9.5	0.593189	0.002280
14	9.6	0.636364	0.348756	9.6	0.606425	−0.029940
15	9.9	0.681818	0.472789	9.9	0.645346	−0.036470
16	10	0.727273	0.604585	10.0	0.658011	−0.069260
17	11	0.772727	0.747859	11.0	0.773256	0.000528
18	11	0.772727	0.747859	11.0	0.773256	0.000528
19	12	0.863636	1.096804	12.0	0.862623	−0.001010
20	13	0.909091	1.335178	13.0	0.924321	0.015230
21	13	0.909091	1.335178	13.0	0.924321	0.015230

矩量法也可用于估算正态分布的参数,参考式(3.35)。基于矩量法求得的平均数和标准差分别为 $\mu = 8.66, \beta = 2.69$,与概率图法和非线性最小二乘法的结果接近。σ 估值的差异可能是由于样本的数量较少(21个)。矩量法可以作为非线性回归的初始估值。

3.5 其他性质及参数估计

3.5.1 中心极限定理和置信限

若有相互独立的随机变量 $x_1, x_2, \cdots, x_n$,服从平均数为 μ 标准差为 σ 的分布,则样本平均数 $\overline{X}_n$ 也变为随机变量,其平均数和方差为:

$$E[\overline{X}_n] = \mu \tag{3.36}$$

$$V[\overline{X}_n] = \frac{\sigma^2}{n} \tag{3.37}$$

式(3.36)和式(3.37)即为大数定律,且对任何分布都成立。需要注意的是,虽然总体的平均数为常量,然而样本的平均值仍为随机数。平均数的标准差也称为标准误差。

另一个著名的统计学结果为中心极限定理,即当 n 足够大时,不同分布的样本平均数收敛于正态分布(Davis,2002),其平均值和标准差如式(3.36)和式(3.37)。换言之,大量独立观测数据的全体逼近于正态分布。类似地,大量独立观测数据的乘积逼近于对数正态分布。上述定理对于任意的分布都成立。如图3.17所示,对于均匀分布(对称分布)、指数分布(中等偏态)和对数正态分布(强偏态),随着样本数的增加,分布逐渐逼近于正态分布。需要注意的是,偏态越强,平均数逼近正态分布所需的样本数越大。

上述定理在基于样本估计总体的参数时,基于样本数量来确定估计的置信区间(confidence interval,CI)时是十分有用的。例如,假设总体的方差与样本的方差相同时,样本平均数的 $100(1-\alpha)\%$ 的置信区间如下:

$$CI = \left(\overline{X}_n \pm z_{\alpha/2} \frac{\sigma}{\sqrt{n}}\right) \tag{3.38}$$

其中,z 为标准正态分布 $N(0,1)$;当 $\alpha = 0.05$ 时,$z_{0.025} = 1.96$。需要说明的是,$\alpha = 0.05$ 的显著性水平表示20次中有1次结果可能不正确。虽然在实验统计中常常使用 $\alpha = 0.05$ 或 $\alpha = 0.01$ 的显着性水平(即百分之一的误差率),但这些阈值是任意给定的,分析人员在开展具体的统计学分析时可以根据自己的需要确定合理的显著性水平。

当样本数 n 很大时,σ 可以用样本标准差 s 代替。对于小样本量(通常 $n < 30$),样本估计的 s 可能变化较大,X_n 可能不符合正态分布。如果总体大致符合正态分布,仍然可以使用 $\dfrac{\overline{X}_n - \mu}{s/\sqrt{n}}$,但其不再符合正态分布,而是符合学生 t 分布,自由度为 $(n-1)$(Davis,2002)。

特殊地,若 $x_1, x_2, x_3, \cdots, x_n$ 是符合正态分布的总体的一系列随机变量,则标准化的变量 t 定义为:

$$t = \frac{\overline{X}_n - \mu}{s/\sqrt{n}} \tag{3.39}$$

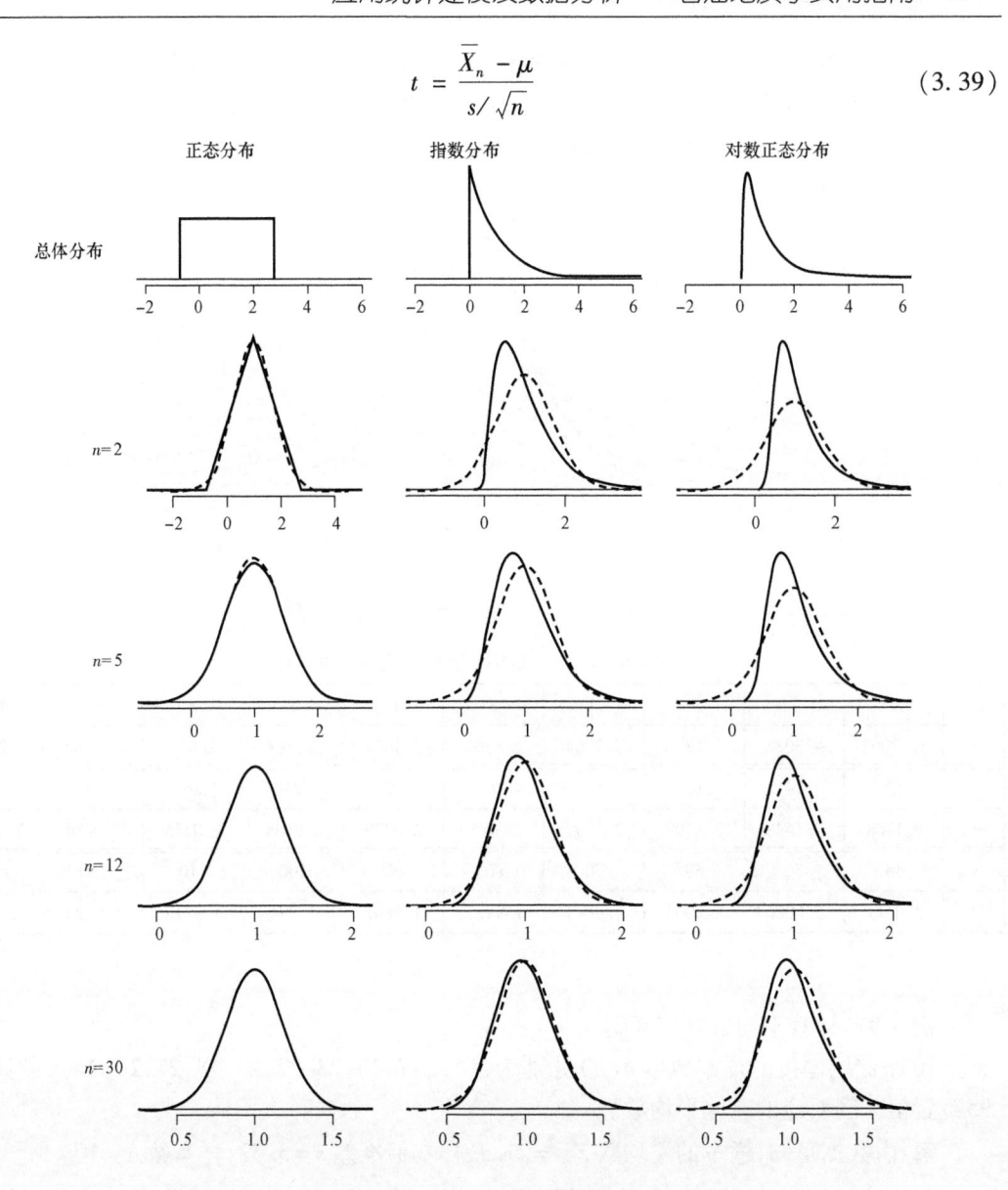

图 3.17 不同分布的样本平均数随样本数增加的变化趋势

From Boundless. "Examining the Limit Theorem." OpenIntro Statistics Boundless, 20 Sep 2016.
来源//www.boundless.com/users/233402/textbooks/openintro-statistics/foundations-for-inference-4/examining-the-central-limit-theorem-36/examining-the-central-limit-theorem-176-13789/

t 曲线的分布受自由度($v = n - 1$)的影响,随着自由度的增加,t 曲线逐渐逼近于 Z 分布(标准正态分布)如图 3.18 所示。

回到小样本量的置信区间问题,样本平均数(当总体方差未知时)的 $100(1 - \alpha)\%$ 置信区间由式(3.40)给出:

$$CI = \left(\overline{X}_n \pm t_{n-1,\alpha/2} \frac{s}{\sqrt{n}}\right) = \left(\overline{X}_n \pm t_{n-1,\alpha/2} s_e\right) \tag{3.40}$$

式中，s^2为样本方差，s_e是平均数的标准误差。如前所示，t分布在形状上与标准正态分布非常相似，相似度与样本的大小有关。表3.5为$\alpha=0.05$水平下部分有用的t统计量。t统计量也可以通过Microsoft Excel的内置函数T.INV和T.DIST来计算。

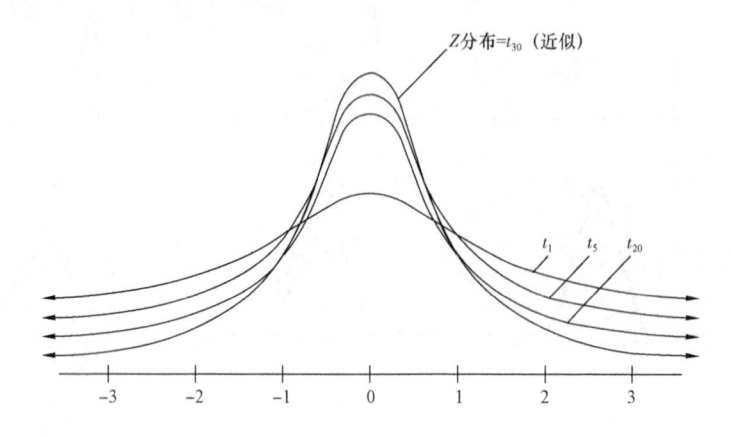

图3.18 t分布与标准正态分布对比图

表3.5 t统计量的部分关键值（$\alpha=0.05$）

v	1	2	3	4	5	6	7	8	9	10
t	12.7062	4.3027	3.1824	2.7764	2.5706	2.4469	2.3646	2.306	2.2262	2.2281
v	12	14	16	18	20	22	24	26	28	30
t	2.1788	2.1448	2.1199	2.1099	2.086	2.0739	2.0639	2.0555	2.0484	2.0423
v	40	50	60	70	80	90	100	110	130	150
t	2.0211	2.0086	2.0003	1.9944	1.9901	1.9867	1.984	1.9818	1.9784	1.9759

例3.9 计算平均数置信区间

10个储层厚度的样本数据$h(ft)$分别为：(13,17,15,23,27,29,18,27,20,24)，试计算95%置信区间对应的总体平均数。

解：由数据可知，样本的平均数$\overline{X}_n=21.3$，样本标准差$s=5.52$，样本数$n=10$

标准误差 $s_e = s/\sqrt{n} = 5.53/\sqrt{10} = 1.75$

当$n=10$且$\alpha=0.05$，$t_{9,0.025}=2.26$

$CI=[21.3\pm 2.26\times 1.75]$；$CI_t=[17.35, 25.25]$

假设总体和样本的标准差相同，根据标准正态分布有$CI=[21.3\pm 1.96\times 1.75]$，$CI_z=[17.88, 24.72]$。

3.5.2 自助法采样

通常，除了平均数，还对样本的一些其他的统计数据如标准差或尾部的百分位数（如$q=0.95$）感兴趣。用简单的表达式来计算这统计数据的置信区间往往是不可靠的，需要采用模拟的方法来获得参数的估值。自助法采样(bootstrap)是一种常用的模拟方法(Efron 和 Tibisharini,1993),可以模拟任何统计样本的分布,并计算其平均数、标准差和相关的置信区间。自助法采样已成为计算统计学中的常用工具。

有容量为 n 的数据,自助法采样模拟的流程为:(1)假定感兴趣量的分布;(2)从样本数据随机抽取 r 个数据,作为样本的替代值;(3)计算 r 个数据的统计量。步骤(1)的三个常见选项包括:① 重采样实际数据本身;② 采用分段近似线对样本累积分布函数进行采样;③ 拟合数据的参数模型(正态分布和对数正态分布)。步骤(3)结束以后,可以根据 r 个样本的值估计原始样本分布的统计量的置信区间。

例 3.10 采用自助法采样估计样本分布

对于例 3.9 中的 10 个样本数据,计算其平均数、标准差,计算样本平均数的 95% 置信区间。

解:采用自助法采样提取 200 个样本参数,作为原始 10 个样本数据的替代值。图 3.19 为平均数自助法分布的直方图。

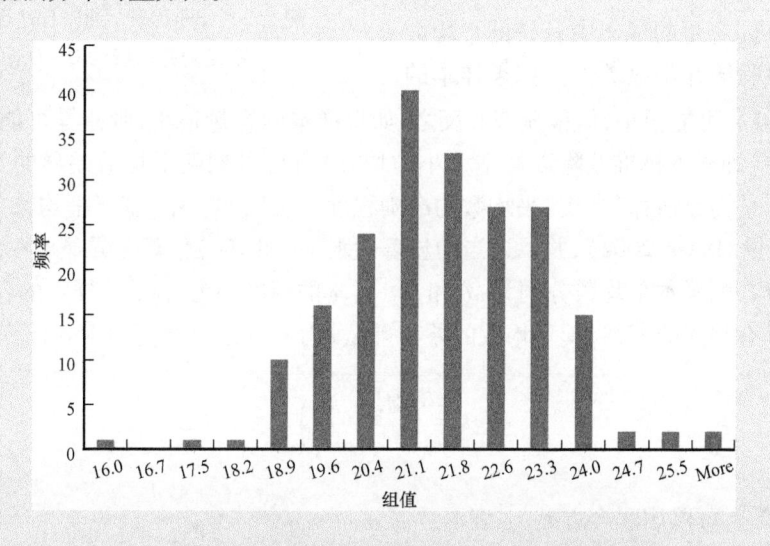

图 3.19 样本平均数的自助法采样衍生分布(数据来自例 3.9)

自助法采样计算的统计量为:(1)平均数 = 21.35;(2)标准差 = 1.60;(3)置信区间 = [18.50,24.73]。

3.5.3 比较两个分布

通常需要确定两个不同分布的平均数是否相同,以此作为两个分布相似性判断的一种方法。比较概率密度函数或累积分布函数则是判断两个分布相似性更为可靠的方法。这种方法也可用于比较实测数据与分布模型的概率密度函数或累积分布函数,从而确定拟合的准确程度。下面分别介绍这两种比较方法。在此之前,通常需要比较分位图,又称为 Q - Q 图。

3.5.3.1 Q-Q图

Q-Q图是指通过绘制对应的分位数来比较两个分布的图。直方图和汇总统计量会显示粗略的差异,而Q-Q图则可以揭示分布之间细微的差异。两个相同分布的Q-Q图为斜率等于1的直线(即,$x=y$)。如果Q-Q为斜率不等于1的直线,则这两个分布具有相同的形状,但位置和分布存在差异。如果Q-Q图为非直线,则这两个分布不同。图3.20为Salt Creek油田(图3.2有过讨论)的自然伽马(GR)和密度测井(RHOB)的Q-Q图。通过Q-Q图能够识别出数据偏态的差异。

3.5.3.2 比较平均数的差异

从两个不同容量的样本中获得的平均数的差异可以检验统计学显著性。如果样本的

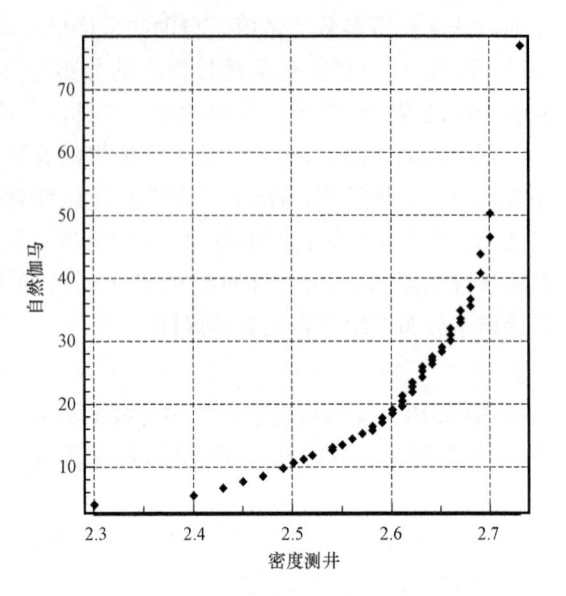

图3.20 Salt Creek油田自然伽马和密度测井曲线的Q-Q图

容量很大,则差异可能很小,但很显著。反之,如果样本的容量很小,则差异可能很大,但不显著。标准误差(即样本标准差除以样本大小的均方根)可以刻度平均数差异的显著性。标准误差表示样本平均数估算"真实"平均数的准确程度。在该方法中,基于平均数差异的标准误差计算 t 统计量(Davis,2002),并以适当的显著性水平(如5%)估算差异显著性。

令两个分布的样本平均数分别为 M_1 和 M_2,样本的标准差为 s_1 和 s_2,样本的容量为 n 和 m。若两个样本具有相同的方差,其平均数的差异遵循 t 分布,t 统计量可由下式计算:

$$t = \left(\frac{M_1 - M_2}{s_e} \right) \tag{3.41}$$

其中,标准误差 s_e 可以用联合方差 s_p^2 表示:

$$s_e = s_p \sqrt{\frac{1}{n} + \frac{1}{m}} ; s_p^2 = \frac{(n-1)s_1^2 + (m-1)s_2^2}{n+m-2} \tag{3.42}$$

t 统计量与自由度的临界值 t_{critical} 和置信水平 $t_{n+m-2,\alpha/2}$ 进行比较。仅当计算的 t 统计量大于 t_{critical} 时,两个分布的平均数(即两个分布)不同。

若样本的方差不相等,则标准误差 s_e 用线性方差表示如下:

$$s_e = \sqrt{\frac{s_1^2}{n} + \frac{s_2^2}{m}} \tag{3.43}$$

其余部分的计算步骤保持不变。

例3.11 计算平均数差异显著性

室内实验测得某油田的气油比为275ft³/bbl。10口井的生产数据的油气比平均为295ft³/bbl,标准差为33.6ft³/bbl。气油比的增加是否具备统计学显著性(5%置信区间),表明开始有自由气流动?

解:假设实验值有最小误差,则

$s_e = s_e(油田) = 33.6/10 = 10.6 \text{ft}^3/\text{bbl}$

$M_1 = 295\text{ft}^3/\text{bbl}, M_2 = 275\text{ft}^3/\text{bbl}$

$t = (M_1 - M_2)/s_e = (295 - 275)/10.6 = 1.882$

假设 $\alpha = 0.05, n = 10, t_{\text{critical}} = t_{9,0.025} = 2.262$

由于 $t < t_{\text{critical}}$,因此生产气油比与实验气油比无明显差异,不能判断已经有自由气流动。

3.5.3.3 测试分布的差异性

用于评估两种分布之间差异的两种常用测试方法是:(1)对于分组数据的卡方检验;(2)连续数据的Kolmogorov–Smirnov检验(Davis,2002)。这两种方法的主要特征简要描述如下。

在卡方检验中,将数据离散化为具有相等概率的分组,并且将每个分组内的观察数据的数量与预期数据点的数量进行比较。如果 N_i 是在第 i 个区间中的观测数据的数量,n_i 是根据某些已知分布预期的样本数量,那么卡方统计量由式(3.44)给出:

$$\chi^2 = \sum_i \frac{(N_i - n_i)^2}{n_i}; i = 1, \cdots, k \tag{3.44}$$

将该统计量与卡方的列表值进行比较,以得到具有 $(k-1)$ 自由度的指定置信水平的分布。如果 χ^2 大于所选水平显著性和适当自由度的列表临界值(表3.6),则认为两个分布不相似。

表3.6 $\alpha = 0.05$ 下不同自由度 v 和 χ^2 的临界值

v	1	2	3	4	5	6	7	8	9	10
χ^2	3.84	5.99	7.81	9.49	11.07	12.59	14.07	15.51	16.92	18.31
v	12	14	16	18	20	22	24	26	28	30
χ^2	21.03	23.68	26.30	28.87	31.41	33.92	36.42	38.89	41.34	43.77
v	35	40	50	60	70	80	90	100	110	120
χ^2	49.77	55.76	67.50	79.08	90.53	101.88	113.15	124.34	135.48	146.57

例3.12 根据卡方检验比较两个分布

某电缆测井队由于设备故障导致的时间损失见下表(第二行)。各班次的表现是否存在显著差异?

解:由于缺乏相关数据,可以假定设备故障的分布满足均匀分布。则分析表(3~5行)如下:

项目	白天	晚上	凌晨	合计
时间损失	60	72	63	195
期望	75	75	75	225
偏差	-15	-3	18	0
χ^2	3.00	0.12	4.32	7.44

由表 3.6 可知,χ^2 = 7.44 大于显著性水平为 5%,自由度为 2 的临界值(5.99),表明三个班次存在差异。

Kolmogorov – Smirnov 检验涉及两个累积分布函数之间的比较。两者都可以是实测数据的累积分布函数或假定分布的累积分布函数。用于测试两个累积分布函数 $P(x)$ 和 $Q(x)$ 之间差的绝对值的最大值,如图 3.21 所示:

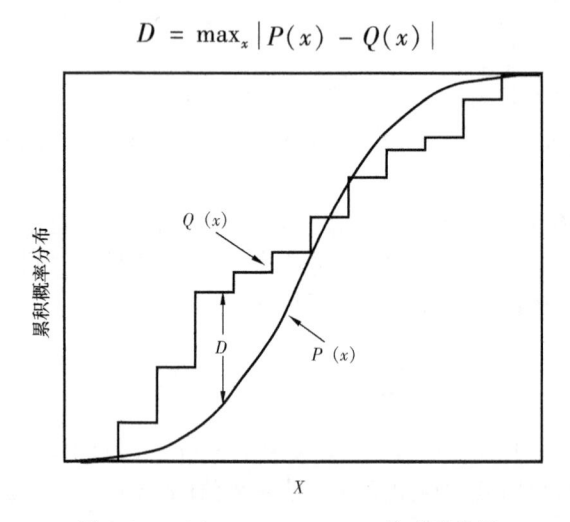

$$D = \max_x |P(x) - Q(x)| \tag{3.45}$$

图 3.21 Kolmogorov – Smirnov 检验示意图

对于所选择的显著性水平和样品数量,将计算的 D 值与测试统计量的表格值(表 3.7)进行比较。

表 3.7 α = 0.05 下 K – S 检验的临界值

n	1	2	3	4	5	6	7	8	9	10
D	0.995	0.7592	0.6389	0.5627	0.5088	0.4681	0.436	0.4097	0.3877	0.3689
n	12	14	16	18	20	22	24	26	28	30
D	0.3385	0.3145	0.2951	0.2789	0.2651	0.5232	0.2428	0.2335	0.2253	0.2179
n	35	40	45	50	55	60	70	80	90	100
D	0.2021	0.1894	0.1788	0.1698	0.1621	0.1533	0.144	0.1348	0.1272	0.1208

例 3.13 K – S 检验比较两个分布

用均匀分布拟合例 3.2 中的孔隙度数据,用 K – S 检验确定是否能够代表数据。

解：样本的矩分别为 $\mu=8.66, \beta=2.69$，据此可求得均匀分布的参数为 $a=4, b=13.32$（参考例 3.1）。理论的累积分布函数可以由式（3.10）求得，并可以与实测数据的分布概率比较。比较结果及其差值如下：

ϕ	q	$F(x)$	$Diff$
3.1	0.045455	−0.096420	−0.141880
4.1	0.090909	0.010902	−0.080010
5.2	0.136364	0.128960	−0.007400
6.5	0.181818	0.268484	0.086665
6.5	0.181818	0.268484	0.086665
6.7	0.272727	0.289949	0.017221
7.4	0.318182	0.365076	0.045895
7.9	0.363636	0.418739	0.055103
8.1	0.409091	0.440204	0.031113
8.9	0.454545	0.526065	0.071519
9.1	0.500000	0.547530	0.047530
9.3	0.545455	0.568995	0.023540
9.5	0.590909	0.590460	−0.000450
9.6	0.636364	0.601193	−0.035170
9.9	0.681818	0.633390	−0.048430
10.0	0.727273	0.644123	−0.083150
11.0	0.772727	0.751448	−0.021280
11.0	0.772727	0.751448	−0.021280
12.0	0.863636	0.858774	−0.004860
13.0	0.909091	0.966099	−0.057008
13.0	0.909091	0.966099	−0.057008

由上表可知，$D = \max[\text{abs}(Diff)] = 0.142$。

对于显著性水平 $\alpha = 0.95$ 及样本数 21，临界值 D 为 0.259。由于统计值小于该值，因此无法断定数据满足均匀分布。

值得注意的是，当样本数达到 75 以上时，能够得到相反的结论。这也体现了对小容量数据拟合的不确定性，即小样本数据可以同时满足多个分布。在这样的情况下，通常选择吻合度（最小均方根）最好的模型，用于进一步分析。

3.5.3.4 比较分布的其他方法

用于比较两个分布的其他方法包括：

F 检验，比较方差相等性；

Mann – Whitney 检验,比较中位数相等性;
Kruskal – Wallies 检验,比较多个样本相等性;
Wilcoxon 秩和检验,比较两个分布的相等性。
相关内容请参考 Davis(2002)的专著。

3.6 小结

本章首先引入直方图和分位图来描述观测数据。随后,分别介绍了描述数据的参数模型,如均匀分布、三角形分布、正态分布、对数正态分布、泊松分布、指数分数、二项式分布、Weibull 分布和 Beta 分布。随后介绍了拟合数据分布的方法。最后,结合实际问题介绍了中心极限定理、置信区间、自助法采样,以及如何比较两个分布等内容。

习　题

1. 将图 3.2 中的 lg(MSFL)、RHOB、GR 取倒数,从而获得新的一组变量。绘制新变量的直方图和分位图。从图中可以获得变量分布的哪些信息?

2. 对于均匀分布,试证明分布的参数与其矩有如下关系:$a = \mu - \sqrt{3}\sigma$,$b = \mu + \sqrt{3}\sigma$

3. 某岩心样品的孔隙直径 R 呈双峰分布,双峰分别对应于互不重合的对数三角分布 R_1 和 R_2。两个分布的参数(nm)如下:$R_1, a = 10, c = 30, b = 200; R_2, a = 200, c = 2000, b = 10000$。试求 $\lg(R)$ 的平均数和标准差[提示:将概率密度函数分成4段,根据式(2.7)求积分]。

4. 设风险井的成功率符合正态分布,平均数为 12.5,标准差为 3.31。试求:(1)大于 20 次成功的概率是多少? (2)小于 10 次成功的概率是多少?

5. 某岩石属性 η 的期望值为 30,某样品的 $CV[\eta] = 0.12$,试分别计算样品符合均匀分布、对称三角形分布、正态分布情况下,样品属性 η 的值介于 20~40 的概率是多少?

6. 试判断下列论断的正确性:
(1)随机变量 $X \sim N(5,1)$ 的值为非负;
(2)对于 $X \sim N(8,2)$,68% 的值位于区间 $6 \leq X \leq 10$;
(3)对于 $\ln X \sim N(6,2)$,95% 的值位于区间 $e^2 \leq X \leq e^{10}$;
(4)对于 $X \sim N(7,2)$,16% 的数据大于 5。

7. 过去 100 年间海上飓风的出现频率符合 Poisson 分布。假设在此期间发生了 13 次严重的飓风,试计算:(1)3 年中发生 2 次严重飓风的概率;(2)10 年中不发生严重飓风的概率。

8. 井下工具失效的概率符合 Weibull 分布,特征参数为 2.8 年,形状因子为 1.6。则何时 90% 的工具需要更换?

9. 现有如下渗透率数据 $K(\text{mD}) = \{40.5, 49.5, 70, 90, 110, 141, 182, 245, 405\}$。(1)通过概率图法将上述数据拟合到对数正态分布,并计算几何参数 α 和 β;(2)计算几何平均数的 95% 置信区间。

10. 随机生成 [0,1] 之间均匀分布的 1000 个随机变量。绘制这些随机变量的直方图。将随机变量分成 $K = 10$ 组,每组有 $N = 100$ 个数据,计算每组的平均数和方差,绘制平均数的直方图,该分布的形状如何? 分布的平均数和方差是多少? 是否符合中心极限定理? 若改成

$K=100$,$N=10$,结果有什么变化?

11. 现需要测量某原油样品的平均黏度,且要求误差在3%以内。已知黏度符合正态分布且平均数为50,标准差为5。试问,需要多少次测量才能保证结果符合要求?

12. 已知数量为25的样本的平均数为30,标准偏差为3,试计算总体95%置信区间的平均数。若忽略由样本求得的标准差,结果有什么变化?

13. 已知18个样品的渗透率数据为$K_{0.16}=165\text{mD}$,$K_{0.84}=500\text{mD}$,假设渗透率符合对数正态分布,试确定渗透率几何平均数的95%置信区间。

14. 对于例3.8中的数据,进行1000次自助法重采样。计算并绘制自助法平均数的直方图。与基于样本矩的中心极限定理估值有何差异?计算并绘制自助法第10和第90分位数的直方图,分布的形状如何?

15. 已知某样本孔隙度为13%、17%、15%、23%和27%,是否可以断定(95%置信水平)这些样本孔隙度的总体满足平均数为18%,标准差为5%?

16. 已知两组储层厚度数据满足$\bar{X}_1=50\text{ft}$,$\bar{X}_2=48\text{ft}$,$s_1^2=5$,$s_2^2=3$,$n_1=25$,$n_2=30$,是否可以断定(95%置信水平)两组数据具有相同的平均数?

17. 对于例3.8中的数据,根据3.4.2节中介绍的方法用Weibull分布进行拟合。试将Weibull分布和本章中介绍的对数分布和均匀分布进行比较,并用K-S检验方法来判断分布的吻合程度。

参 考 文 献

[1] Ang, A. H.-S., Tang, W. H., 1975. Probability Concepts in Engineering Planning and Design. John Wiley and Sons, New York, NY.

[2] D'Agostino, R. B., Stephens, M. A. (Eds.), 1986. Goodness-of-Fit Techniques. Marcel Dekker, New York, NY.

[3] Davis, J. C, 2002. Statistics and Data Analysis in Geology. John Wiley & Sons, New York, NY.

[4] Efron, B., Tibishaarini, R., 1993. An Introduction to the Bootstrap. Chapman and Hall, New York, NY.

[5] Harr, M. E., 1987. Reliability-Based Design in Civil Engineering. McGraw-Hill, New York, NY.

[6] Iman, R. L., Conover, W. J., 1983. A Modern Approach to statistics. John Wiley & Sons, New York, NY.

[7] Jensen, J., Lake, L. W., Corbett, P., Goggin, D., 2000. Statistics for petroleum engineers and geoscientists. Elsevier, New York, NY.

[8] Mishra, S., 2012. A new approach to reserves estimation in shale gas reservoirs using multiple decline curve analysis models. Society of Petroleum Engineers. https://doi.org/10.2118/161092-MS.

[9] Mishra, S., Brigham, W. E., Orr Jr., F. M., 1991. Tracer and pressure test analysis for characterization of areally heterogeneous reservoirs. SPE Form. Eval. 6(1), 45-54.

[10] Morgan, M. G., Henrion, M., 1990. Uncertainty: a guide to dealing with uncertainty in quantitative risk and policy analysis. Cambridge University Press, New York, NY.

[11] Venables, W. N., Ripley, B. D., 1997. Modern applied statistics with S-PLUS, second ed. Springer, New York.

[12] Willhite, G. P, 1986. Waterflooding. Society of Petroleum Engineers, Richardson, TX.

第 4 章 回归建模与分析

回归建模是探索和寻找因变量（响应）与自变量（预测）之间关系使用最广泛的工具之一。当这个关系可以表示成线性关系时（即，直线及其在多维空间的推广），就叫作线性回归。本章从简单的单个预测变量和响应变量的线性回归开始，根据残差、变量选择、模型参数和模型预测的置信区域来分析回归模型。然后，将概念推广到多元回归，包含多个预测变量的回归和采用灵活的数据驱动方法得到函数关系的非参数回归。

4.1 引言

在石油地质学中，许多问题可以用线性回归及其变换来解决。这些问题包括测井资料中预测渗透率（Wendt et al, 1986; Datta-Gupta et al, 1999）、井连通性和流型分析（Albertoni and Lake, 2013）、井动态模拟（Voneiff et al, 2013）和生产数据分析（LaFollette et al, 2014）。线性回归的变换通常涉及响应和（或）预测变量的简单变换（例如，取对数）来线性化它们之间的关系。通常，连续数据的回归建模概念也可应用于地质相等分类数据。此外，利用任意光滑函数（散点图平滑器）进行数据变换，可以扩展回归模型，以识别响应变量与预测变量之间固有的非线性关系。广义线性模型（Generalized Linear Models, GLM）和交替条件期望（Alternation Conditional Expectation, ACE）是使用数据变换进行这种推广的例子。

线性参数回归方法是模型驱动的，因为它们需要预先知道响应变量和预测变量之间的函数关系。然而这种函数关系往往很难获得，在石油地质中尤其如此。作为一种替代方法，数据驱动非参数方法如广义线性模型和交替条件期望等技术广泛应用于油气藏描述和非常规油气藏数据分析。本章向读者介绍广义线性模型和交替条件期望方法，并以一个基于交替条件期望方法，利用碳酸盐岩油藏测井数据预测渗透率的现场应用实例结束本章。

4.2 简单的线性回归

4.2.1 线性回归问题建立和求解

给定数据，$(X_1, Y_1), (X_2, Y_2), \cdots, (X_n, Y_n)$，考虑如下形式的模型：

$$Y = a + bX + \varepsilon, \varepsilon \sim (0, \sigma^2) \tag{4.1}$$

其中，a 和 b 为回归系数，ε 为随机误差，包括测量误差和模型误差。如果模型被数据充分描述，误差是独立的，其平均数为零，方差为常数。图 4.1 为线性回归的基本概念图，包括平均数 $\bar{X}$ 和 $\bar{Y}$，观测数据 X_i 和 Y_i，以及预测数据 $\hat{Y}_i$。

如何估算回归系数 a 和 b？参考图 4.1，一个直观的标准是使观测值 Y 和预测值 $\hat{Y}$ 之间的偏差最小化。这通常是通过最小二乘法实现的，目标是使剩余误差平方和最小化：

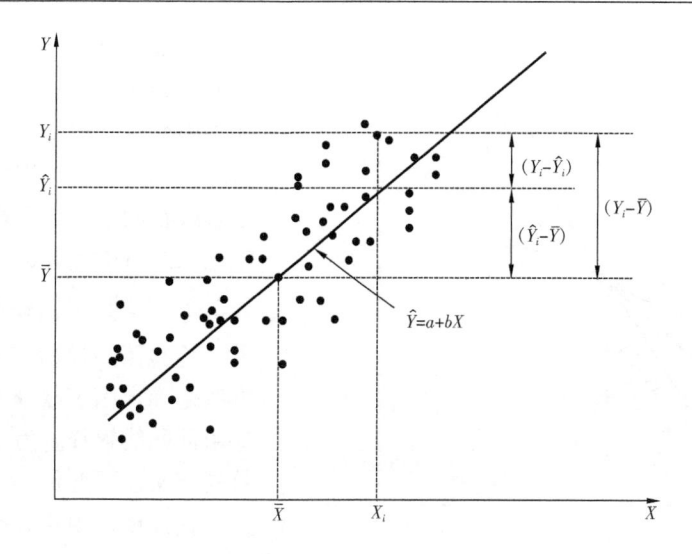

图 4.1　线性回归模型及模型分析的相关变量

$$\min S(\hat{a},\hat{b}) = \sum_{i=1}^{n}(Y_i - \hat{Y}_i)^2 \tag{4.2}$$

其中，$\hat{Y}_i = \hat{a} + \hat{b}X_i$。

取函数 S 对估计参数的偏导数，并令其等于零，可得最小值。该流程可得出最小二乘法的回归参数，如下（Haan，1986）：

$$\begin{cases} \hat{a} = \overline{Y} - \hat{b}\overline{X} \\ \hat{b} = \dfrac{S_{XY}}{S_{XX}} \end{cases} \tag{4.3a}$$

其中：

$$\overline{X} = \frac{1}{N}\sum_{i=1}^{n}X_i ; \overline{Y} = \frac{1}{N}\sum_{i=1}^{n}Y_i \tag{4.3b}$$

$$S_{XX} = \sum_{i=1}^{n}(X_i - \overline{X})^2 ; S_{XY} = \sum_{i=1}^{n}(X_i - \overline{X})(Y_i - \overline{Y}) \tag{4.3c}$$

式（4.1）给出的回归线（Y 对 X 回归）假设自变量 X 已知且无偏差。当 X 对 Y 回归时，其中 Y 假定已知，且无偏差，这条线将呈现出更陡的特征（图 4.2）。斜率的差异是由于 Y 对 X 回归使平行于 Y 轴的平方偏差最小化造成的，反之亦然。在实际应用中，特别是假设变量之间的函数关系是基于物理解释已知时，当所有误差都归因于一个变量或另一个变量时，可以将两条回归线视为包络限制。压轴（Reduced Major Axis，RMA）回归线位于两条直线之间，假设两个变量的误差方差之比由它们各自的方差之比给出。通过最小化点与最佳拟合线之间的面积，得到压轴回归线，线的斜率由两个变量的标准差之比给出。三条线都穿过点（$\overline{X}$，$\overline{Y}$）。当存在完全相关时，这三条线都重合。

一般来说，最佳拟合线的选择取决于具体的应用。如果目标是根据一个变量的可用测量值简单地预测另一个变量,那么一条简单的回归线就足够了,将被预测的变量作为因变量。但是,如果目标是确定变量之间的函数或结构依赖性,那么最佳拟合线在两个变量中都包含噪声,而压轴回归线可能是首选(Doveton,1994)。

4.2.2 线性回归模型的评价

检验回归模型充分性的一种常用方法是确定因变量 Y 中有多少变化能够由回归线解释。为了回答这个问题,首先定义以下变量(参考图4.1)。

描述模型观测数据与预测的残差:

$$e_i = Y_i - \hat{Y}_i$$

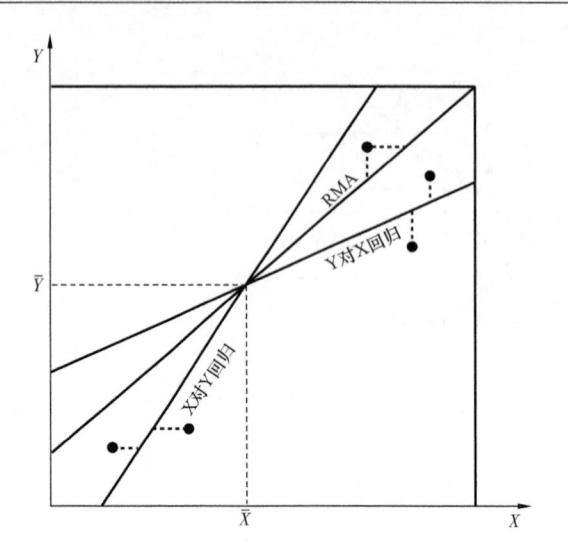

图 4.2 不同回归线的示意图——Y 对 X 回归,X 对 Y 回归,及压轴回归线

来自 Doveton J H,1994. Geologic log analysis using computer methods. American Association of Petroluem Geologists,Tulsa,OK,P. 169,有修改

残差平方和:

$$SS_E = \sum_{i=1}^{n} (Y_i - \hat{Y}_i)^2 = \sum_{i=1}^{n} e_i^2$$

回归平方和:

$$SS_R = \sum_{i=1}^{n} (\hat{Y}_i - \overline{Y}_i)^2$$

总平方和或关于平均数的平方和:

$$S_{YY} = \sum_{i=1}^{n} (Y_i - \overline{Y}_i)^2 \tag{4.4}$$

可以证明[推导过程见 Haan(1986)]:

$$S_{YY} = SS_E + SS_R \tag{4.5}$$

因此,总平方和有两个组成部分:残差平方和与回归平方和。显然,如果 SS_R 远远大于 SS_E,那么回归线可以解释因变量的大多数变化。相关判定是决定系数 R^2,其定义如下:

$$R^2 = \frac{SS_R}{S_{YY}} = 1 - \frac{SS_E}{S_{YY}} \tag{4.6}$$

R^2 为回归平方和占总平方和的比例。R^2 的范围在 0 到 1 之间,其中存在一个完美的拟合模型可解释因变量的所有变化($SS_E = 0$)。这里要注意区别决定系数和相关系数 ρ,两者经常可以互换使用。如果 X 和 Y 都是随机变量,那么 R^2 等于 X 和 Y 的相关系数的平方。实际上,相关系数常用作 X 和 Y 联合正态分布的总体的参数估计,而 R^2 没有对变量的基本分数作这

样的假设(Jensen et al,1997)。

回归的标准误差,也称为估计的标准误差,由公式(4.7)给出:

$$\hat{\sigma} = \sqrt{\frac{SS_E}{(n-2)}} \qquad (4.7)$$

请注意,回归标准误差的平方 $\hat{\sigma}^2$ 是对 $\varepsilon_i(0,\sigma^2)$ 中误差方差的无偏估计。这些是 Y 中无法用回归模型解释的部分,可以在数据中描述为"真实"噪声。在式(4.7)中,残差平方和除以 $(n-2)$,以说明在估计回归模型中的斜率和截距参数时,已经使用了两个误差自由度。回归模型中一个重要的基本假设是: Y 中无法解释的波动是独立的(例如,非相关),方差为常量。这将在下一节中进一步讨论。

值得指出的是,式(4.6)中的决定系数不是一个无偏估计。它需要按照式(4.7)中回归标准误差的计算方法,对自由度损失进行调整(用于计算 S_{YY} 平均值需要调整一个自由度,用于计算 SS_E 斜率和截距参数需要调整两个自由度)。调整后的 R^2 由公式(4.8)给出:

$$\text{调整后的 } R^2 = 1 - \frac{(n-1)}{(n-2)}(1-R^2) \qquad (4.8)$$

注意,如果 R^2 为零,调整后的 R^2 可以为负,因此 X 没有预测值。在这种情况下,均值模型显然是比回归模型更好的选择。

4.2.3 回归参数和置信限属性

为了建立回归模型和预测的置信区间形式,假设观测数据与未知"真实"模型之间的偏差 ε_i 服从平均数为零、方差为 σ^2 的正态分布,即 $\varepsilon \sim N(0,\sigma^2)$。可以使用残差 e_i 的诊断图来验证这一假设,并确保 $e \sim N(0,\sigma^2)$。这种诊断图在分析回归模型和检验其有效性方面非常有用。下面的示例中将说明这一点。

现在可以估计与回归参数 a 和 b 相关的标准误差[有关推导请参考 Haan(1986)]:

$$\hat{\sigma}_a = \hat{\sigma}\sqrt{\frac{1}{n} + \frac{\overline{X}^2}{S_{XX}}} \qquad (4.9a)$$

$$\hat{\sigma}_b = \frac{\hat{\sigma}}{\sqrt{S_{XX}}} \qquad (4.9b)$$

式中, S_{XX} 与式(4.3c)中定义相同。注意,参数的标准误差与回归的标准误差 $\hat{\sigma}$ 成正比。换句话说,数据(据 $\hat{\sigma}^2$ 估算)中的噪声将同样影响所有回归参数。值得注意的是,当获得更多的数据时,回归的标准误差 $\hat{\sigma}$ 的估计将变得更加准确,但不能保证误差本身会减少。然而,增加数据点的数量将减少回归系数的标准误差,如式(4.9a)所示。

此外,前述式(4.9a),式(4.9b)分母中的 S_{XX} 描述了自变量 X 的分布范围。因此,在其他条件相同的情况下,使用更宽的 X 范围进行的实验将导致回归系数的不确定性更小,回归模型更精确。

如果回归模型是正确的,那么参数 $\hat{a}/\hat{\sigma}_a$ 和 $\hat{b}/\hat{\sigma}_b$ 将以自由度 $(n-2)$ 的 t 分布形式分布(Navidi,2008)。这允许在回归参数中设置置信区间,并检查回归方程的意义。选择具有

($n-2$)自由度以及期望置信水平α下的合理的t值,可计算回归系数的置信下限和置信上限,如下所示:

$$\begin{cases} L = \hat{a} - \hat{\sigma}_a t_{(1-\alpha/2),(n-2)} \\ U = \hat{a} + \hat{\sigma}_a t_{(1-\alpha/2),(n-2)} \end{cases} \quad (4.10a)$$

和

$$\begin{cases} L = \hat{b} - \hat{\sigma}_b t_{(1-\alpha/2),(n-2)} \\ U = \hat{b} + \hat{\sigma}_b t_{(1-\alpha/2),(n-2)} \end{cases} \quad (4.10b)$$

值得指出的是,t分布与标准正态分布非常相似,但方差较大,尾部较重(见第3章)。在计算t值时(与标准正态分布中的z值相同)用样本方差替换了总体方差,从而合并了来自样本的额外变异,这将导致产生更大的方差。事实上,随着自由度的增加,t分布将接近标准正态分布。

4.2.4 平均响应和预测的置信空间估计

回归线上的置信区间可以通过计算给定X的平均响应的标准误差来确定,$\hat{Y} = \hat{a} + \hat{b}X$。这是与给定位置回归线高度相关的误差(图4.1)。平均响应的标准误差估计如下(Haan,1986):

$$\hat{\sigma}_{\bar{Y}} = \hat{\sigma}\sqrt{\frac{1}{n} + \frac{(X-\bar{X})^2}{S_{XX}}} \quad (4.11)$$

注意,$\hat{\sigma}_{\bar{Y}}$在$X=\bar{X}$时最小,当偏离平均数时,它会增加。现在可以使用式(4.11)中具有适当t值[$(n-2)$自由度的适当t值以及期望的置信水平α]的标准误差来估计平均响应的置信区间,如下所示:

$$\begin{cases} L_{\bar{Y}} = \hat{a} + \hat{b}X - \hat{\sigma}_{\bar{Y}} t_{(1-\alpha/2),(n-2)} \\ U_{\bar{Y}} = \hat{a} + \hat{b}X + \hat{\sigma}_{\bar{Y}} t_{(1-\alpha/2),(n-2)} \end{cases} \quad (4.12)$$

Y的单个预测值的置信区间,也称为预测的标准误差,将包括由式(4.7)中回归的标准误差$\hat{\sigma}_{\bar{Y}}$给出的Y的不可预测的可变性和估计平均值的误差:

$$\hat{\sigma}_F = \sqrt{\hat{\sigma}^2 + \hat{\sigma}_{\bar{Y}}^2} = \hat{\sigma}\sqrt{1 + \frac{1}{n} + \frac{(X-\bar{X})^2}{S_{XX}}} \quad (4.13)$$

现在,可以使用式(4.13)中合理的t值和置信水平(如前所述)下预测的标准误差和来估计给定X的Y预测的置信下限和置信上限:

$$\begin{cases} L_F = Y - \hat{\sigma}_F t_{(1-\alpha/2),(n-2)} \\ U_F = Y + \hat{\sigma}_F t_{(1-\alpha/2),(n-2)} \end{cases} \quad (4.14)$$

请注意,平均响应和预测的置信区间都是针对 X 的特定值给出的。通过计算 X 的几个值的置信区间,并将这些点用平滑曲线连接,可以得到回归模型的置信区间和预测区间。对于典型的回归问题($n>30$),置信区间一般等于95%置信水平下预测结果加减两个标准误差。

4.2.5 线性回归建模和分析实例

考虑来自某油藏的 31 个样本数据集(LINREG_FIG4.3.DAT),即井潜力(井的生产能力,因变量)与净产层厚度(生产层的净厚度,自变量)。如图 4.3 所示,线性模型由式(4.15)给出:

$$\begin{cases} \hat{Y}_i = \hat{a} + \hat{b}X_i \\ \hat{a} = 2.063; \hat{b} = 97.937 \end{cases} \quad (4.15)$$

这个模型如何?虽然图 4.3 给了一个关于模型数据和捕获整体趋势程度的可视化结果,观察残差的特征能够提供更好的诊断信息。回想一下,线性模型假设:(1)残差是随机的和独立的;(2)残差平均数为零,方差为常量;(3)残差符合正态分布。

图 4.4 显示了本例残差的诊断图。在图 4.4(a)中,期望残差关于零对称,并均匀分布于预测变量的所有值中(由于常方差或同方差),事实上是这样的。图 4.4(b)是残差的正态分位数图。线性趋势表明残差实际上是正态分布的。

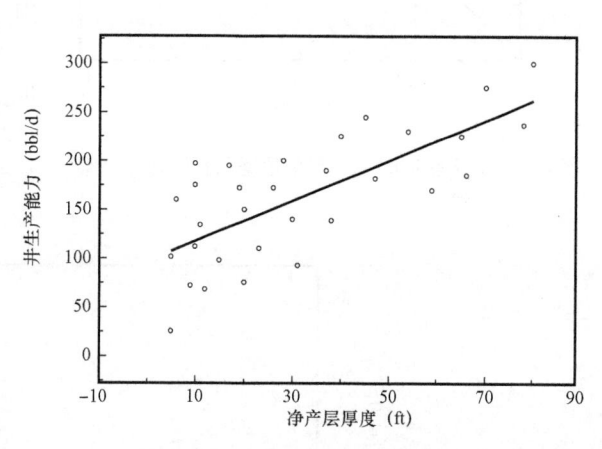

图 4.3 数据和线性拟合模型

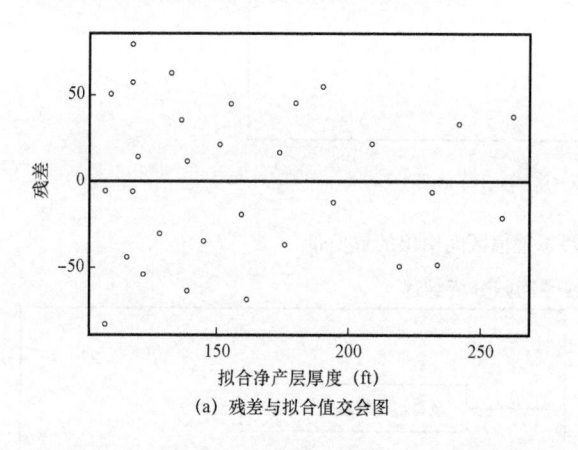

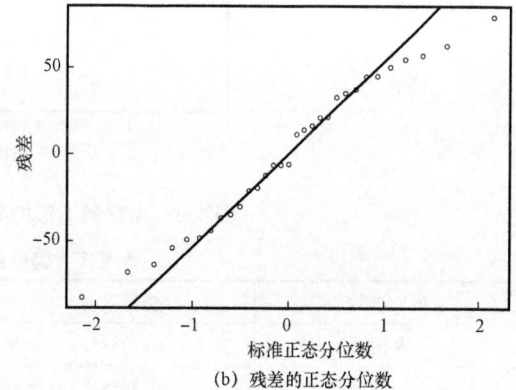

(a) 残差与拟合值交会图

(b) 残差的正态分位数

图 4.4 残差诊断图

另一个有用的诊断是观察的和预测的响应变量的交会图(图 4.5)。该图可用于检测模型中的任何系统偏差,如数据范围的整体预测过高或预测过低。通常期望交会图分布在单位斜率直线的两侧,从而说明数据无法解释的波动是随机的,不具备深层的结构性,如图 4.5 所示。

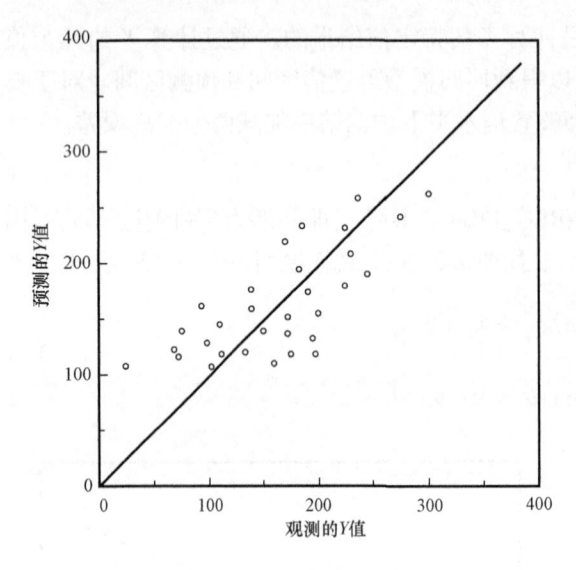

图 4.5　交叉验证图——观察数据与预测数据交会

可以使用式(4.14)为拟合回归线上的每个点建立置信区间,并将它们平滑地连接起来,生成图 4.6 所示的置信区间。正如式(4.13)所预期的那样,预测的不确定性在平均数处最小,随着偏离平均数而增加。

最后,表 4.1 对简单线性回归分析进行了总结。如前所述,R^2 和调整后的 R^2 给出了线性回归模型解释的 Y 的总方差的比例。回归的标准误差是对模型未解释的数据变化的无偏估计。回归系数的标准误差提供了估计回归系数的不确定性度量。相关的 t 统计和 P 值用于评估样本数据中是否有足够的统计证据使回归模型总体上有效。在分析回归模型时,斜率的参数 P 值尤为重要。如果 P 值足够小,可以推断出斜率为零的可能性非常小,此时线性模型是一个合理的选择。

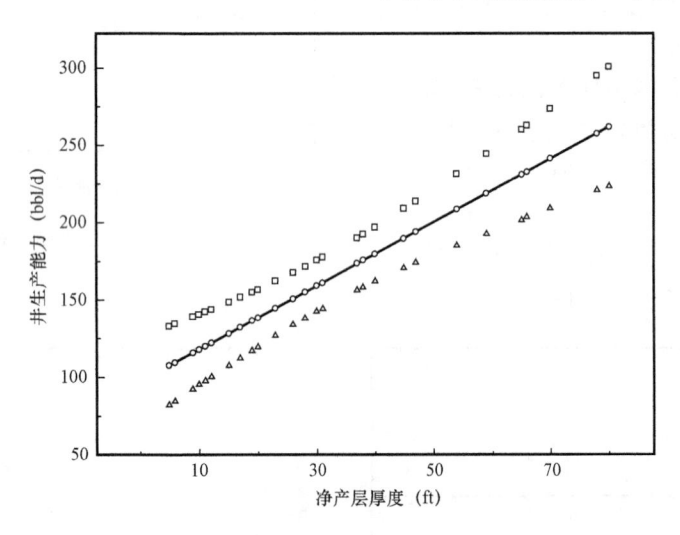

图 4.6　由预测 Y 值的 95% 置信区间给出的置信带

表 4.1　简单线性回归分析综述

回归参数	统计数据
R 值	0.733851
R^2	0.538538
调整后 R^2	0.522625
标准误差	44.71329
观测点	31

R^2 ← 模型解释的总方差分数

标准误差 ← 回归误差项的估计标准差≌RMSE

续表

	系数($Coeff$)	标准误差(SE)	t统计	P值	95%下限	95%上限
截距	97.397	13.844	7.035	9.75E-8	69.082	125.711
变量X	2.063	0.355	5.818	2.63E-6	1.337	2.788

- 回归系数的平均数和标准差
- =$Coeff/SE$，越大越好
- 越小越好（$Coeff$不等于零的可能性）
- ≌ $Coeff \pm 2SE$

4.3 多元回归

4.3.1 多元回归模型的建立和求解

多元回归是指几个自变量与单个因变量相关的情况。假设变量 Y 与 P 个自变量有关,且有 n 个度量。最简单的多元线性回归模型为:

$$Y_i = \beta_0 + \sum_{j=1}^{p} \beta_j X_{ij} + \varepsilon_i, i = 1, 2, \cdots, n \quad (4.16)$$

多元回归模型还可以包括自变量的幂和描述变量交互作用的乘积项:

$$Y_i = \beta_0 + \beta_1 X_{1i} + \beta_2 X_{2i} + \beta_3 X_{1i}^2 + \beta_4 X_{1i}^2 + \beta_5 X_{1i} X_{2i} + \varepsilon_i, i = 1, 2, \cdots, n \quad (4.17)$$

即使式(4.17)包含非线性项,也称为线性模型。这里的线性指回归系数 β_j 的线性关系。与简单线性回归一样,多元线性回归模型的系数可以通过最小化残差平方和得到。即:

$$\text{Minimize} \sum_{i=1}^{n} e_i^2 \quad (4.18a)$$

残差 e_i 由式(4.18b)给出:

$$e_i = Y_i - \left(\hat{\beta}_0 + \sum_{j=1}^{p} \hat{\beta}_j X_{ij}\right), i = 1, 2, \cdots, n \quad (4.18b)$$

以常规的方式进行最小化过程,即取式(4.18a)关于$(\hat{\beta}_0, \hat{\beta}_1, \cdots, \hat{\beta}_p)$的偏导数,并将其设为零。可建立$(p+1)$个方程求解$(p+1)$个回归系数。详细的推导,读者可参考相关文献(Haan,1986)。显然,与简单线性回归相比,多元回归的结果更加复杂,但可方便地用矩阵向量形式表示,如下所示:

$$\hat{\boldsymbol{\beta}} = (\boldsymbol{H}^T\boldsymbol{H})^{-1}\boldsymbol{H}^T\boldsymbol{Y} \quad (4.19)$$

$\hat{\boldsymbol{\beta}}$ 为回归系数向量;$\boldsymbol{Y}$ 为观测因变量向量;$\boldsymbol{H}$ 为包含观测自变量的矩阵。
注意,$\boldsymbol{H}$ 矩阵的具体结构将取决于多元回归模型的形式。

多元回归模型是一种非常强大的数据分析工具,使用该技术可以处理许多的问题。通常,涉及因变量非线性的非线性回归问题可以通过适当的变量变换,归结为多元线性回归问题。这些变换可以是参数变换或非参数变换。特别是,多元回归的非参数变换方法提供一种灵活的数据驱动方法,在缺乏可靠的基础物理模型的情况下可解释变量之间的复杂关系(Hastie and Tibshirani,1990)。非参数回归方法将在本章后面讨论。

4.3.2 多元回归模型的评价

多元回归模型的评估与之前的简单线性回归非常相似,并使用与简单线性回归相同的平方和进行评估。

描述观测数据与模型预测的残差:

$$e_i = Y_i - \hat{Y}_i$$

残差平方和:

$$SS_E = \sum_{i=1}^{n} (Y_i - \hat{Y}_i)^2 = \sum_{i=1}^{n} e_i^2$$

回归平方和:

$$SS_R = \sum_{i=1}^{n} (\hat{Y}_i - \overline{Y}_i)^2$$

总平方和或关于平均数的平方和:

$$S_{YY} = \sum_{i=1}^{n} (Y_i - \overline{Y}_i)^2$$

此外,与简单线性回归一样,以下方程成立(Navidi,2008):

$$S_{YY} = SS_E + SS_R \tag{4.20}$$

式(4.20)称为方差一致性分析。这些结果会以多元回归方差分析表的形式进行总结,下文将会述及。

定义 R^2(描述多元回归拟合优度统计的决定系数):

$$R^2 = \frac{SS_R}{S_{YY}} = 1 - \frac{SS_E}{S_{YY}} \tag{4.21}$$

R^2 描述了由多元回归模型解释的总方差的比例,其方法与简单线性回归相同。

回归的标准误差由式(4.22)给出:

$$\hat{\sigma} = \sqrt{\frac{SS_E}{n - p - 1}} \tag{4.22}$$

同样式,多元回归的标准误差表达式与标准线性回归的标准误差表达式相似。现在的自由度为$(n-p-1)$,因为估计的是$(p+1)$回归系数,而不仅仅是2个。

在简单线性回归中,可发现 t 统计和 P 值可以用来接受和评估斜率参数 β_1 在统计上是否与零无法区分,从而检验线性模型的有效性。多元回归的一个类似统计是由式(4.23)给出的 F 统计:

$$F = \frac{SS_R/p}{SS_E/(n-p-1)} \tag{4.23}$$

F 统计可以用来检验假设,$\beta_1 = \beta_2 = \cdots = \beta_n = 0$。在实践中,如果多元回归模型是合理的,必须根据数据的证据(如由 F 统计的较大观察值或较小的 P 值给出)否定这个假设。

多元回归的有效性也可以通过残差与拟合值的诊断图来验证,正如在简单线性回归中看到的那样。一般期望残差是具有零均值和正态分布的独立随机变量。另外一个建议是绘制残差与每个自变量的对比图,以排除任何系统性趋势。

4.3.3 回归模型的项数

在多元回归模型中,确定自变量的个数通常被称为模型选择问题。模型选择过程遵循精简原则,即模型应包含适合数据所需的最小变量数。这需要在模型复杂性(自由度)和拟合优度之间进行平衡。

最广泛使用的模型选择过程是逐步回归,该方法一次评估一个自变量。选择的模型应有较好的拟合精度,但根据 Akaike 信息标准(Akaike Information Criteria,AIC)不鼓励使用过多参数(Navidi,2008):

$$AIC = n\lg(SS_E/n) + 2p \tag{4.24}$$

其中:n 为观测数据数量;p 为模型参数数量;SS_E 为残差平方和。

这里的目标是选择让 Akaike 信息标准达到最小值的自变量组合。还有其他相关的简约性措施,例如 Navidi(2008)给出的贝叶斯信息准则(Bayesian Information Criteria,BIC):

$$BIC = n\lg(SS_E/n) + p\lg n \tag{4.25}$$

本章后面将讨论使用逐步回归的变量选择实例(见4.5节)。

4.3.4 方差分析(Analysis of Variance,ANOVA)表

方差分析表(表4.2)是常用的多元回归结果的汇总。它显示了平方和的划分以及相关的自由度。它类似于表4.1所示的简单线性回归总结。回归的自由度等于自变量的数目。残差的自由度将是观测次数减去估计参数个数(自变量系数加上截距参数)。因此,总自由度将是观测次数减去1。均方是平方和除以各自的自由度,用于计算 F 统计,F 统计可用于检验自变量的所有系数都可以为零的假设。较大的 F 统计值和较小的 P 值将否定这一假设,并确立线性模型的有效性。

表4.2 方差分析表

来源	自由度	平方和	均方	F 统计	P 值
回归	p	SS_R	$MS_R = SS_R/p$	$F_{p,(n-p-1)} = MS_R/MS_E$	$0 \leq P \leq 1$
残差	$n-p-1$	SS_E	$MS_E = SS_E/(n-p-1)$		
合计	$n-1$				

4.3.5 多元回归模型与分析实例

本例使用的数据集如图4.7(a)(MULTREG_FIG4-7.DAT)所示。因变量是渗透率(PERM)的对数,而自变量是测井响应,即伽马射线(GR)和体积密度(RHOB)。伽马射线反

映砂或泥的岩相体积密度反映储层孔隙度。因此,渗透率可能与这些测井曲线相关。多元回归结果如图4.7(b)所示。回归模型由以下方程给出:

$$\ln(\text{Perm}) = -0.0215(\text{GR}) - 13.39(\text{RHOB}) + 35.175$$

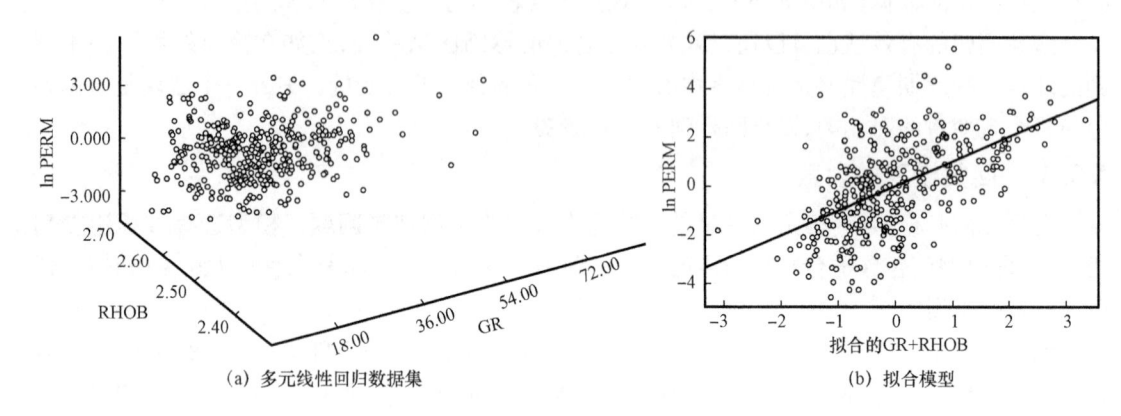

(a) 多元线性回归数据集

(b) 拟合模型

图4.7 多元回归诊断图

图4.8显示了残差与拟合模型的诊断图。对于简单的线性回归,通常期望残差在零附近对称,并均匀分布于预测变量的所有值中(同方差)。图4.8(b)是残差的正态分位数图。同样,线性趋势表明残差确实是正态分布的。图4.8表明结果符合回归模型的假设。

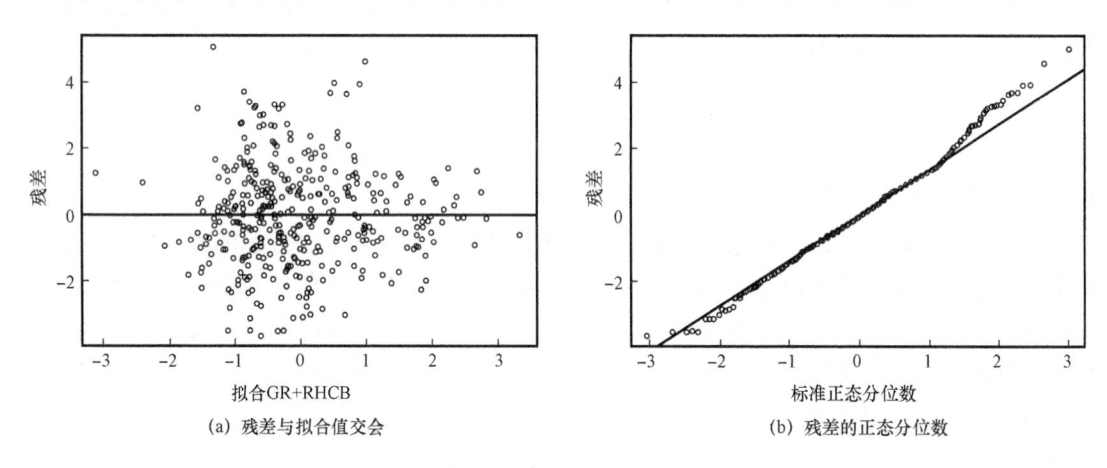

(a) 残差与拟合值交会

(b) 残差的正态分位数

图4.8 多元回归诊断图

多元回归的另一个有用的诊断图是残差与自变量交会图,如图4.9所示,以检测残差中任何无法解释的结构。对于一个好的模型,残差应该是不相关的随机噪声,没有系统的趋势。

最后,表4.3总结了多元线性回归分析。对于简单线性回归,R^2和调整后的R^2给出由多元线性模型解释的Y的总方差的比例。回归的标准误差是对模型未解释的数据变化的无偏估计。

方差分析表显示了平方和的比例以及相关的自由度。较大的F值和较小的P值表明了所有的自变量都与因变量呈显著的线性相关。回归系数的标准误差提供了估计回归系数的不确定性度量。由于相关的t统计很大,且P值对所有参数都足够小,因此可以推断自变量的系数为非零,在这种情况下,多元线性回归模型是一种合理的选择。

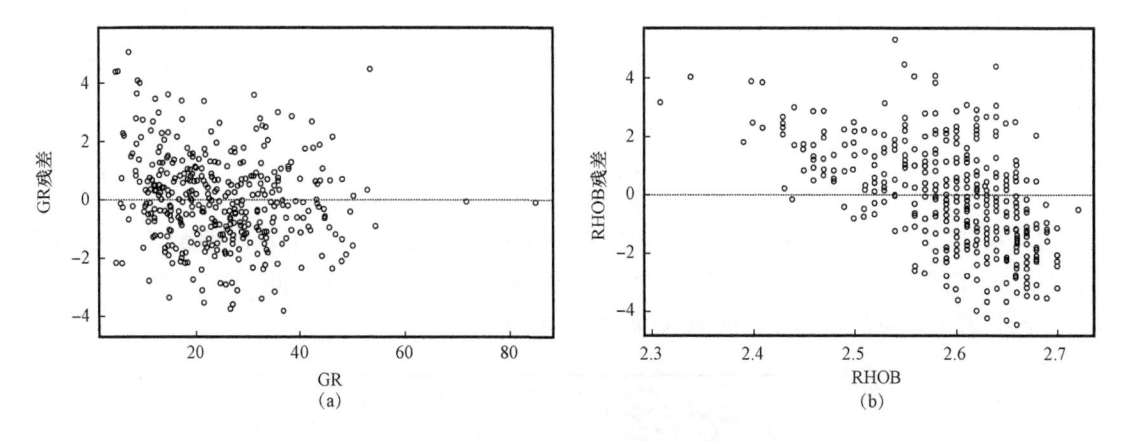

图4.9 多元回归诊断图——残差与自变量交会

表4.3 多元线性回归分析总结

回归统计	
R^2	0.309191667
调整后 R^2	0.305737625
标准误差	1.483332723
观测点	403

ANOVA					
	v	SS	MS	F 统计	P 值
回归	2	393.9193904	196.9597	89.51591	7.43898×10^{-33}
残差	400	880.1103867	2.200276		
总计	402	1274.029777			

	系数	标准误差	t 统计	P 值
截距	35.17517182	2.862046273	12.29022	1.13×10^{-29}
变量 X_1	-0.02151192	0.00666908	-3.22562	0.00136
变量 X_2	-13.3902369	1.115334064	-12.0056	1.44×10^{-28}

4.4 非参数变换与回归

4.4.1 条件期望和散点图平滑器

一般来说,回归问题涉及一组预测因子,例如 p 维随机向量 X 和称为响应变量的随机变量 Y。回归分析的目的是估计平均响应或条件期望,$E(Y|X_1,X_2,\cdots X_p)$。多元回归方法需要一个先验假设,回归函数形式为曲面,从而将问题减少到估计一组参数的问题。假设模型是合理的,则这种参数化方法是可以获得成功。当响应与预测变量之间的关系未知或不确定时,正如石油地质科学应用中经常出现的情况一样,参数回归可能会产生错误甚至误导的结果。这是发展非参数技术的主要动机,非参数技术仅对回归面作少量的一般假设(Friedman and Stuetzle,1981)。

非参数变换技术通过使用散点图平滑器以灵活的数据定义方式生成回归关系,并让数据可视化。最广泛研究的非参数回归技术基于某种局部的加权平均,其形式如下(Friedman and Silverman,1989):

$$E(Y\mid X) \approx \sum_{i=1}^{N} H(X, X_i) Y_i \qquad (4.26)$$

其中 $H(X, X')$ 是局部平均值或核函数,其最大值通常为 $X = X'$,其绝对值随 $|X' - X|$ 的增加而减小。局部求平均中的一个关键参数是跨度或带宽 $s(X)$,它表示间隔的大小,以 X' 为中心,大部分求平均值的点都在该间隔内,如图 4.10 所示。

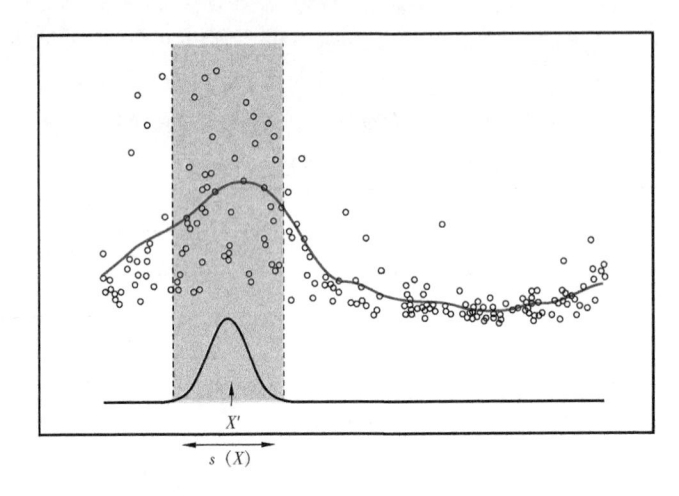

图 4.10 利用高斯核函数进行散点图平滑的示意图

表 4.4 给出了平均函数的一些例子。

实际上,跨度或带宽的选择比平均函数本身的选择要重要得多(Hastie and Tbshirani,1990)。较大的带宽将产生一个"更平滑"的曲线(即,更多的偏差),而较小的带宽将引入更多的可变性(即,更大的方差)。因此,偏差增加,而方差随着带宽的增加而减小。如图 4.11 所示。通过在偏差和方差之间进行折中,以获得带宽的最佳选择(Hastie and Tibshirani,1990)。

表 4.4 一些局部平均函数的例子

核函数	表达式	范围
矩形	$K(x) = 1$	$\|x\| < 1$
三角形	$K(x) = 1 - \|x\|$	$\|x\| < 1$
埃帕内切尼科夫	$K(x) = 1 - x^2$	$\|x\| < 1$
双平方	$K(x) = (1 - x^2)^2$	$\|x\| < 1$
三立方	$K(x) = (1 - x^3)^3$	$\|x\| < 1$
三权重	$K(x) = (1 - x^2)^3$	$\|x\| < 1$
高斯	$K(x) = \exp[-(2.5x)^2/2]$	

非参数回归方法可以大致分为不变换响应变量的方法(广义加性模型)和变换响应变量的方法(交替条件期望算法及其变异)。下面简要讨论这些技术。欲了解更多详情,读者可参考相关文献(Hastie and Tibshirani,1990;Buja et al,1989;Xue et al,1997)。

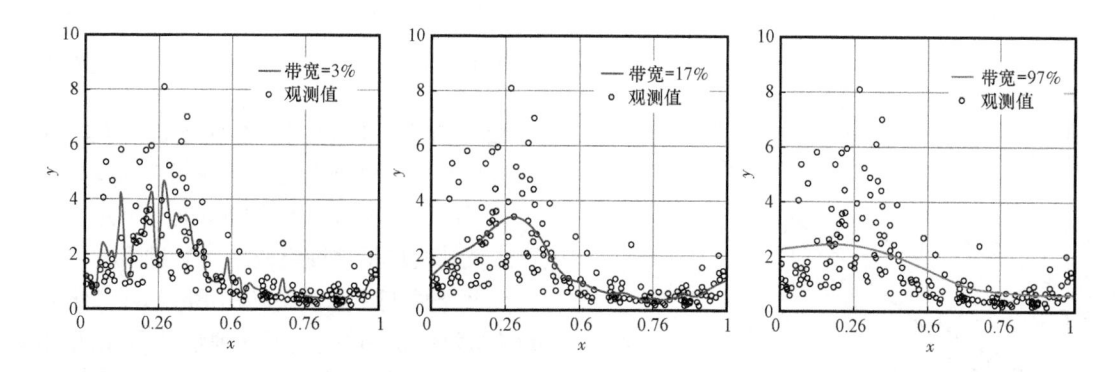

图 4.11 跨度选择对散点图平滑的影响的示意图

基于偏差和方差间权衡,17% 的 X 范围带宽是最佳带宽

4.4.2 广义加性模型

加性回归模型具有一般形式:

$$E(Y \mid X_1, X_2, \cdots, X_p) = a + \sum_{l=1}^{p} \phi_l(X_l) + \varepsilon \tag{4.27}$$

其中,X_l 是预测因子,ϕ_l 是预测因子的函数。这可以看作是式(4.16)中线性模型的延伸。因此,加性模型将 p 维变量 X 的函数估计问题替换为 p 个单独的一维函数估计问题,即 ϕ_l。如果这些模型能够充分地拟合数据,那么它们是有吸引力的,因为它们通常比 p 维多元曲面更容易解释。

估计 ϕ_l 的技术称为局部评分算法,并使用散点图平滑器,例如移动平均数、移动中位数、移动最小二乘线、核估计或样条曲线(有关平滑技术的讨论,请参考 Buja 等人在 1989 年发表的文章)。为了解释这个算法,可考虑以下简单模型:

$$E(Y \mid X_1, X_2) = \phi_1(X_1) + \phi_2(X_2) \tag{4.28}$$

给定一个初始估计值 $\phi_1(X_1)$,一种估计 $\phi_2(X_2)$ 的方法是平滑 X_2 上的残差 $R_2 = Y - \phi_1(X_1)$。有了 $\phi_2(X_2)$ 的这个估计,就可以通过对 X_1 的残差 $R_1 = Y - \phi_2(X_2)$ 进行平滑处理得到 $\phi_1(X_1)$ 一个改进的估计。由此产生的迭代平滑过程称为回修(Hastie and Tibshirani,1990),形成了加性模型的核心。

一般来说,一种拟合广义加性模型(GAM)的算法由三个模块的层次结构组成:(1)可被视为拟合响应和预测变量之间函数关系的一般回归工具的散点图平滑器;(2)一种反向算法,该算法循环遍历加性模型中的各个项,并通过平滑合理定义的部分残差迭代更新每个项;(3)利用迭代加权最小二乘法生成新的加性预测因子的局部评分算法,对每一个模型进行迭代更新。Hastie 和 Tibshirani(1990)提供了一个 GAM 的逐步迭代的流程。

4.4.3 响应变换模型:交替条件期望算法及其变异

响应变换模型允许对响应变量 Y 进行变换,从而实现加性模型的泛化。这些模型具有以下一般形式:

$$\theta(Y) = \sum_{l=1}^{p} \phi_l(X_l) + \varepsilon \qquad (4.29)$$

通常简单的加性模型不适合 $E(Y|X_1, X_2, \cdots, X_p)$,但可能非常适合 $E\{\theta(Y)|X_1, X_2, \cdots, X_p\}$,这是响应变换背后的主要动机。交替条件期望算法及其改进是这种模型的一个例子。

交替条件期望算法最初由 Breiman 和 Friedman(1985)提出,它提供了一种估计多元回归的最优变换的方法,这种回归使得响应随机变量和多个预测随机变量具有最大相关性。如图 4.12 所示,将变换后的响应变量与变换后的预测变量之和进行回归,通过最小线性关系的方差,可以得出这种最优变换。

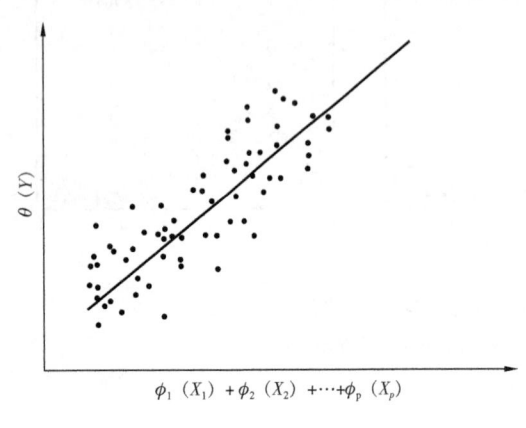

图 4.12 多元回归的最优变换

对于给定的一组响应变量 Y 和预测变量 $X_1, \cdots, X_p$,交替条件期望算法首先定义任意可测量的零均值变换 $\theta(Y), \phi_1(X_1), \cdots, \phi_p(X_p)$。变换后因变量和自变量之和的回归不能解释误差 e^2,但 e^2 受 $E[\theta^2(Y)] = 1$ 约束:

$$e^2(\theta, \phi_1, \cdots \phi_p) = E\left\{[\theta(Y) - \sum_{i=1}^{p} \phi_l(X_l)]\right\}^2 \qquad (4.30)$$

e^2 相对于 $\phi_1(X_1), \cdots, \phi_p(X_p)$ 和 $\theta(Y)$ 的最小化是通过一系列单函数最小化来实现的。这里涉及两个基本数学运算:条件期望和迭代最小化。因此,称该方法为交替条件期望。最终的 $\phi_l(X_l), l = 1, \cdots, p$ 和 $\theta(Y)$ 最小化后是最优变换的估计 $\phi_l^*(X_l), l = 1, \cdots, p$ 以及 $\theta^*(Y)$。在变换空间中,响应变量和预测变量的关系如下:

$$\theta^*(Y) = \sum_{l=1}^{p} \phi_l^*(X_l) + \xi \qquad (4.31)$$

最佳变换仅基于数据集推导,并且可以证明在变换空间中产生最大相关性(Breiman and Friedman, 1985)。对于响应或预测,变换不需要任何函数形式的先验假设。假设变换是严格单调的(因此是可逆的),并使用散点图平滑器近似条件期望。在 Breiman 和 Friedman(1985) 以及 Hastie 和 Tibshirani(1990) 发表的文献中可以找到交替条件期望模型及其逐步改进的流程。

4.4.4 非参数变换数据关联

非参数变换技术提供了一种灵活的数据驱动方法,无须预先假设因变量和自变量之间的函数关系。对于涉及 p 个自变量的任何给定数据点 $\{X_{1i}, X_{2i}, \cdots, X_{pi}\}$,以下方程用于估计或预测因变量,$Y_i^{\text{pre}}$:

$$Y_i^{\text{pre}} = \theta^{*-1}\left[\sum_{l=1}^{p} \phi_l^*(X_{li})\right] \qquad (4.32)$$

计算涉及 p 个正向变换：$\{X_{1i}, X_{2i}, \cdots, X_{pi}\}$ 到 $\{\phi_1^*(X_{1i}), \cdots, \phi_p^*(X_{pi})\}$，以及一个反向变换[式(4.32)]。通过将响应变量的变换限制为单调的，可以保证 θ^* 是可逆的。

非参数变换作为相关性工具的作用还体现在它们处理混合类型变量的能力。例如，可以很容易地将岩石类型和岩相等分类变量合并到相关性中，而无需额外的复杂因素(Datta Gupta et al,1999)。非参数变换的另一个重要应用是使用多元回归对数据相关性进行函数识别，如下面的实例所示。

该例子由 Breiman 和 Friedman(1985)设计，展示了非参数变换在多元回归中识别函数关系的能力。由以下模型中模拟具有 200 个观测值的数据集：

$$y_i = \exp[\sin(2\pi x_i) + \varepsilon_i/2] \quad (1 \leqslant i \leqslant 200) \tag{4.33}$$

其中，从均匀分布 $U(0,1)$ 中提取 x_i，ε_i 独立地从标准正态分布 $N(0,1)$ 中提取(SCATTER_FIG4-13.DAT)。

图4.13 是 y_i 与 x_i 的散点图。图中本身并没有揭示自变量和因变量之间的函数关系。此时，直接使用参数回归很困难，需要反复试验。如果对式(4.33)两侧取对数，则得到 $\ln(y_i)$ 和 $\sin(2\pi x_i)$ 之间的线性关系，如下：

$$\ln(y_i) = \sin(2\pi x_i) + \varepsilon_i/2 \tag{4.34}$$

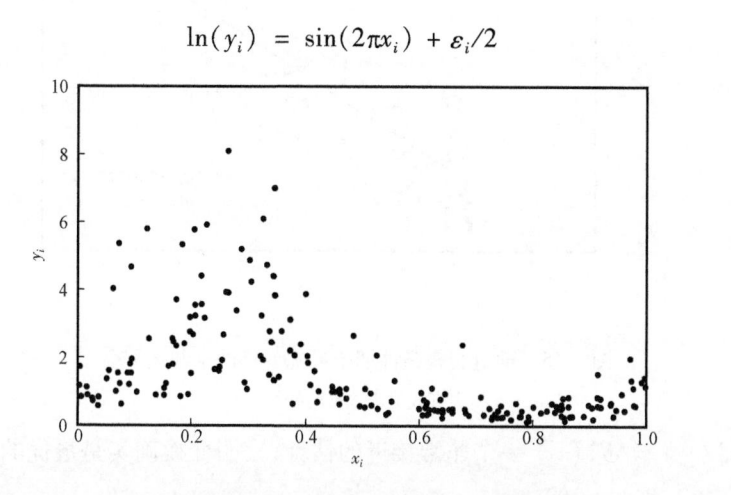

图4.13　采用式(4.33)生成 y_i 与 x_i 的散点图

因此，线性回归的最佳变换形式如下：

$$\begin{cases} \theta^*(y_i) = \ln(y_i) \\ \phi^*(x_i) = \sin(2\pi x_i) \end{cases} \tag{4.35}$$

为了证明交替条件期望算法能够估计上述最优变换，将该算法应用于图4.13中的合成数据集。图4.14(a)和(b)给出了交替条件期望算法得到的 y_i 和 x_i 的最优变换。显然，交替条件期望能够识别对数函数作为自变量的最优变换。图4.15 显示了 $\theta^*(y_i)$ 与 $\phi^*(x_i)$ 关系的一个对比图。对变换后的数据进行线性回归，得出以下结果：

$$\theta^*(y_i) \approx 1.093\phi^*(x_i) \tag{4.36}$$

(a) x_i 通过交替条件期望的最优变换

(b) y_i 通过交替条件期望的最优变换

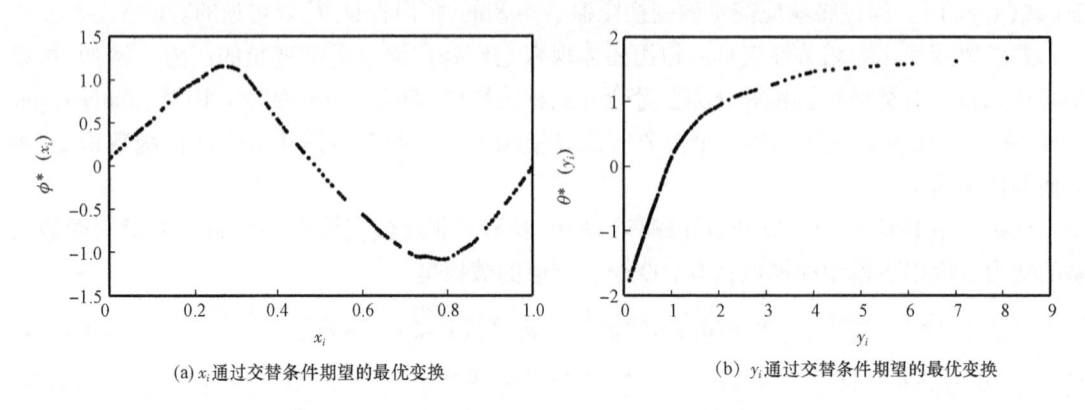

图 4.14　交替条件期望算法对 x_i 和 y_i 的最优变换

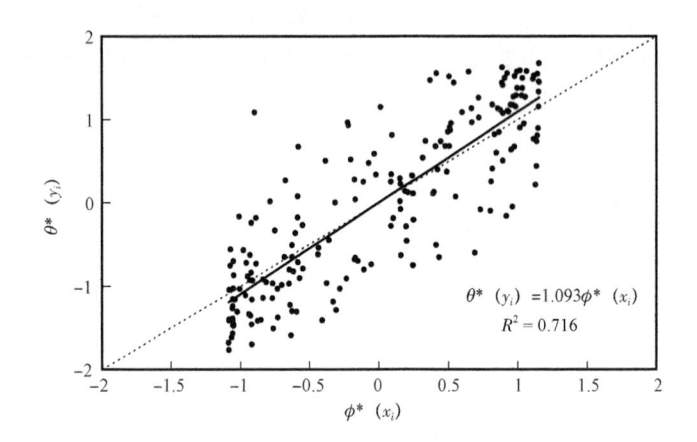

图 4.15　通过交替条件期望最优变换的 y_i 与 x_i 交会图

实直线代表数据的线性回归

这是对 $\theta^*(y_i) = \phi^*(x_i)$ 一个非常接近的估计，表明变换确实是最优的。

4.5　非参数回归应用：Salt Creek 数据集

4.5.1　数据集描述

现在用一个实例来说明非参数回归（特别是交替条件期望方法和变量选择）的应用。目标是利用位于西德克萨斯州二叠纪盆地的强非均质性碳酸盐岩储层——Salt Creek Field Unit（SCFU）中的一套测井资料预测渗透率（图 4.16）。本分析中使用的数据来自 7 口具有岩心的井，并测量了岩心层段的渗透率（Lee et al, 2002）。一套由 7 组测井参数（GR、LLD、MSFL、DT、NPHI、RHOB 和 PEF）组成的测井资料用于建立岩心渗透率与测井响应的关系。在七口取心井外，预留出一口井（G517），以通过盲测验证相关性。这种应用非常适合于非参数回归，因为渗透率和测井曲线之间的函数关系通常不是先验的。如本例所示，非参数回归方法可用于以数据驱动方式寻找这种函数关系。

4.5.2 变量选取

从 7 口井的全套测井数据开始,采用逐步回归法选择适当的自变量组合,见表 4.5。逐步算法包括反向淘汰和正向选择。反向淘汰是所有变量选择过程中最简单的一种,用于本例。流程如下:(1)将数据与测井曲线拟合,计算 AIC;(2)逐项删除变量,重新计算 AIC。如果存在较小的 AIC 值,选择具有最小 AIC 值的模型,然后重复步骤(2)。如果没有一个模型的 AIC 小于初始模型,停止逐步过程,选择初始模型作为最佳模型。

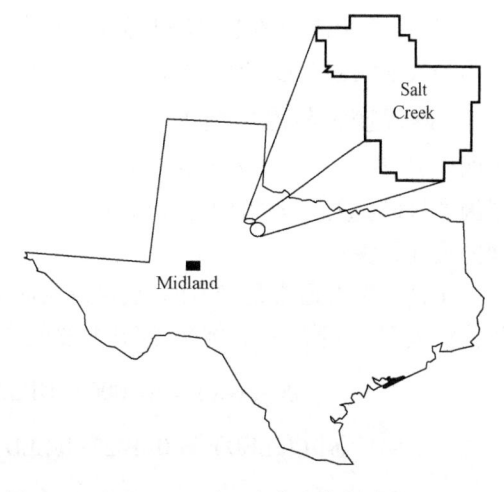

图 4.16 Salt Creek 油田在德克萨斯肯特县的位置

表 4.5 采用逐步算法的变量选取

步骤	增加/删减	GR	LLD	MSFL	DT	NPHI	RHOB	PEF	RSS	AIC
步骤1	全选	X	X	X	X	X	X	X	1073	383.7
步骤2	初始	X	X	X	X	X	X	X	1073	383.7
	−GR		X	X	X	X	X	X	1153	420.5
	−LLD	X		X	X	X	X	X	1082	386.2
	−MSFL	X	X		X	X	X	X	1078	384.0
	−DT	X	X	X		X	X	X	1074	381.8
	−NPHI	X	X	X	X		X	X	1292	482.4
	−RHOB	X	X	X	X	X		X	1093	391.8
	−PEF	X	X	X	X	X	X		1114	402.1
步骤3	初始	X	X	X		X	X	X	1074	381.8
	−GR		X	X		X	X	X	1151	417.5
	−LLD	X		X		X	X	X	1085	385.7
	−MSFL	X	X			X	X	X	1076	381.2
	−NPHI	X	X	X			X	X	1343	501.4
	−RHOB	X	X	X		X		X	1098	392.2
	−PEF	X	X	X		X	X		1114	400.0
步骤4	初始	X	X			X	X	X	1076	381.2
	−GR		X			X	X	X	1156	418.1
	−LLD	X				X	X	X	1087	384.6
	−NPHI	X	X				X	X	1353	503.8
	−RHOB	X	X			X		X	1099	390.7
	−PEF	X	X			X	X		1119	400.4
最优解		X	X			X	X	X	1076	381.2

注意，在开始使用的七组测井数据中，有两组测井数据（DT 和 MSFL）被逐步回归移除。这是因为其他测井参数（RHOB、NPHI 和 LLD）已经包含了等价的信息。

4.5.3 最优变换与最优相关

图 4.17 显示了使用交替条件期望算法获得的一些测井曲线的最佳变换。图 4.18 中还显示了因变量（对数渗透率）的变换以及式（4.31）中给出的变换后的因变量与变换自变量之和之间的最佳相关性。

由于这些变换通常是光滑的，故可以用简单的多项式来拟合它们，以建立渗透率和测井曲线的预测模型，如下所示。例如，测井曲线的变换可以用以下方程拟合：

$$\phi^*(GR) = 0.0007(GR)^2 - 0.0605(GR) + 0.9493$$

$$\phi^*(lgLLD) = 0.1422(lgLLD)^2 - 0.2344lg(LLD) - 0.0948$$

$$\phi^*(NPHI) = 1.7479(NPHI)^2 - 5.1772(NPHI) + 0.3306$$

$$\phi^*(PEF) = -0.0058(PEF)^2 + 0.0355(PEF) + 0.0152$$

$$\phi^*(RHOB) = -3.5349(RHOB)^2 + 6.9223(RHOB) + 5.8344$$

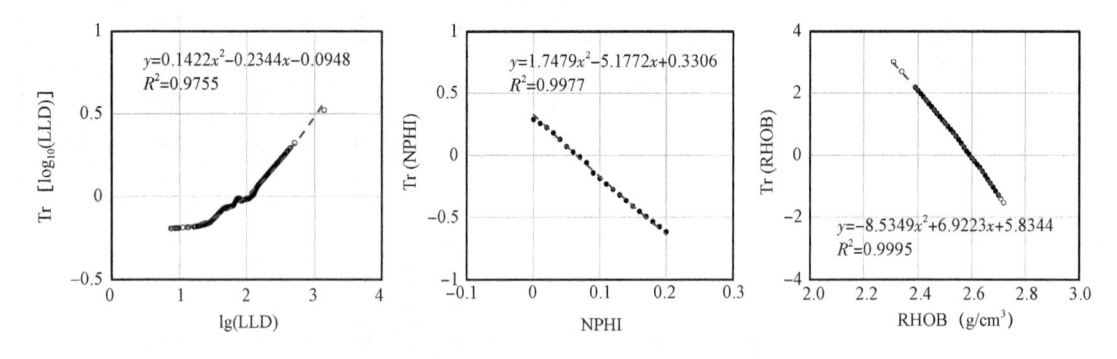

图 4.17 由交替条件期望算法得到的一些自变量的最优变换

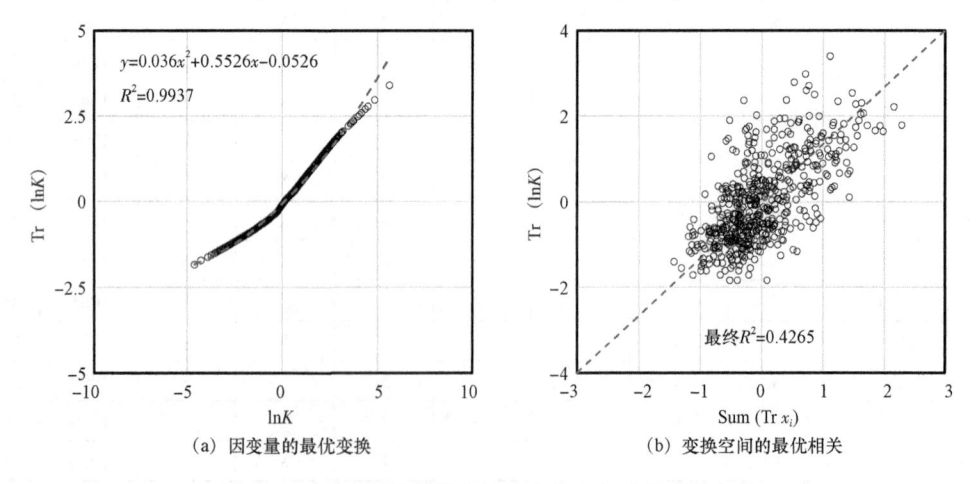

(a) 因变量的最优变换　　　　(b) 变换空间的最优相关

图 4.18 因变量的最优变换和变换空间中的最优相关

可按以下方法计算一组测井数据的对数渗透率。首先根据上述方程计算特征相对变换，将变换值相加，用式(4.32)进行逆变换，逆变量如图4.19所示，表达式如下：

$$\ln K = -0.2097 \left[\sum \phi^*(x_i) \right]^2 + 1.8979 \sum \phi^*(x_i) + 0.094 \quad (4.37)$$

利用式(4.37)预测的Salt Creek油田的渗透率如图4.19(b)所示。图4.19(c)显示了盲井(G517)的测井和计算渗透率的交会图。测量值和预测值似乎均匀分布在单位斜率线周围，表明回归模型中没有系统偏差。

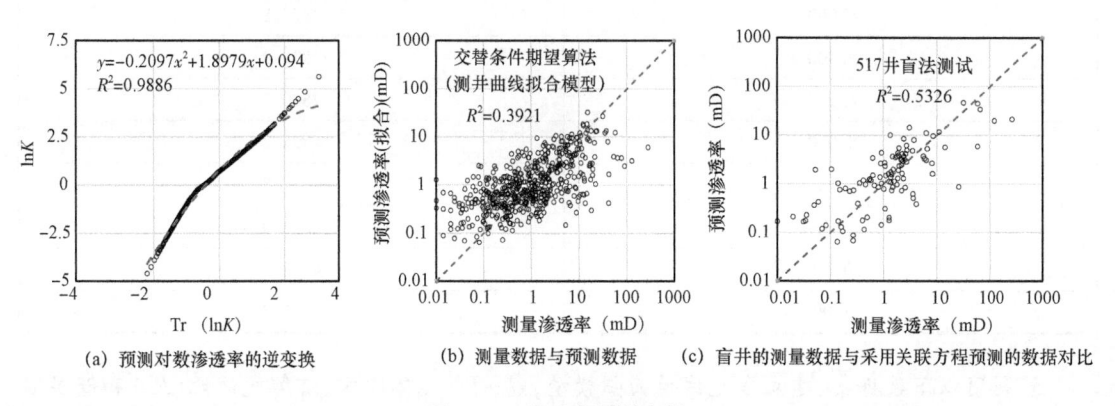

(a) 预测对数渗透率的逆变换　　(b) 测量数据与预测数据　　(c) 盲井的测量数据与采用关联方程预测的数据对比

图4.19　渗透率预测实例

非参数回归的优势在于它不需要因变量和自变量之间的函数形式的先验假设。这特别适用于地质学应用，因为地质学中函数的形式通常是未知的。可以看到，交替条件期望算法以数据驱动的方式生成变换，并且这些变换可以与简单的方程相匹配以生成预测方程。读者可以使用GRACE软件和本书在线资源中提供的Salt Creek油田数据(SALT-CREEK.DAT)来重现这个实例的结果。

4.6　小结

本章介绍了使用线性回归、多元回归以及以数据驱动的方式生成回归关系而无需预先假设函数形式的非参数回归开展数据建模和分析。尽管给出了建模和解释结果所需的相关方程，但本章的重点是应用和分析，而不是方程推导。本章用简单的例子说明了回归建模的优势和实用性。最后，非参数回归的现场应用证明了该方法作为预测工具的通用性。

习　题

1. 证明式(4.5)中的下列关系成立。

$$S_{YY} = SS_E + SS_R$$

(提示：$(Y_i - \overline{Y}) = (Y_i - \hat{Y}_i) + (\hat{Y}_i - \overline{Y})$。两边平方，所有观测值求和并进行处理)

2. 用恒速压降试井的压力数据估算的渗透率—厚度的95%置信区间。本例中，由于很难将压降控制为常数，压力数据会有波动。注意，井底压力与对数时间之间的斜率为

$-162.6qB\mu/Kh$。另外,$q=1000\text{bbl/d}$,$B=1.0$,$\mu=1\text{mPa}\cdot\text{s}$,计算 R^2、调整后的 R^2 并进行线性回归。

Δt (h)	P_{wf} (psi)
0	5000.0
1.000	4841.9
2.000	4839.3
3.000	4826.0
4.000	4824.8
5.000	4835.3
6.000	4830.7
8.000	4825.2
12.000	4822.8
16.000	4813.0
20.000	4812.2
24.000	4793.7

3. 利用以下数据集,建立多元线性回归模型,以 API、气体比重、溶解气油比(R_s)和储层温度(T_{res})为自变量,预测泡点压力(因变量)。根据自变量绘制残差。是否存在一些可能的异常点?残差图是否有一些模式表明拟合回归模型是不合适的?

油的比重(API)	气的比重(SG)	T_{res}(℉)	R_s(ft³/bbl)	p_b(psi)
48.0	0.801	215	1512	3384
42.7	0.808	299	1138	3699
42.5	0.809	297	1472	4125
45.6	0.835	244	1534	3187
50.4	0.789	275	1194	3005
41.8	0.815	280	1567	4264
38.8	0.752	230	1492	4433
47.2	0.852	255	1966	3424
35.2	0.844	216	448	1704
26.2	0.705	192	1007	5297
34.4	0.617	215	957	4918
42.2	0.861	220	739	2421

4. 计算练习3的 R^2 和调整后 R^2 值、回归标准误差和 F 统计。

5. 计算示例2中多元线性回归的 AIC。另外,通过一次删除一个自变量,重复如下所示的多元线性回归。评价使用这四个独立变量是否是合适的。

油的比重	气的比重	T_{res}	GOR	SSE (psi^2)	AIC
x	x	x	x	8.70×10^5	66.3
x	x	x		4.00×10^6	72.3
x	x		x	1.33×10^6	66.5
x		x	x	3.65×10^6	71.8
	x	x	x	2.50×10^6	69.8

6. 使用数据集"SCATTER_FIG4-13.DAT",针对如图4.11所示的三种不同的跨度尺寸测试三种不同的平滑器(移动平均、移动中位数和高斯)。

7. 使用数据集"SALT-CREEK.DAT",使用交替条件期望算法执行非参数回归。

(1) 绘制岩心渗透率($\ln K_g$)与岩心孔隙度(por)的关系图,并进行线性回归。你认为在本例中仅仅根据孔隙度来预测渗透率可靠吗?

(2) 选择表4.5中的变量,进行多元线性回归。

(3) 对于表4.5中选择的变量,使用交替条件期望算法进行非参数回归,并重现图4.17至图4.19的结果。

(4) 使用盲法试验数据集(SALT-CREEK-G517.DAT),用三个模型预测渗透率:线性回归、多元线性回归和非参数回归。请查看并比较R^2值。

8. 考虑表示初始油气潜力和净产层厚度关系的数据集(LINREG_FIG4-3.DAT)。

(1) 以井初始潜力为响应变量,以净产层为预测变量,拟合线性回归模型。

(2) 当净产层增加10ft时,该模型预测油井初始潜力大约增加多少?

(3) 50ft和100ft净产层的油井初始潜力估计值是多少?

(4) 误差方差的估计值是多少?

(5) 斜率参数的标准误差是多少?

(6) 为斜率参数构造一个双边95%置信区间?

(7) 为50ft和100ft净产层的初始井潜力估计建立一个双边95%置信区间。

参考文献

[1] Albertoni, A., Lake, L. W., 2003. Inferring Interwell Connectivity Only From Well-Rate Fluctuations in Waterfloods. Society of Petroleum Engineers. https://doi.org/10.2118/83381-PA.

[2] Breiman, L., Friedman, J. H., 1985. Estimating optimal transformations for multiple regression and correlation. J. Am. Stat. Assoc. 80, 580.

[3] Buja, A., Hastie, Trevor, Tibshirani, Robert, 1989. Linear smoothers and additive models. Ann. Stat. 17, 453-510.

[4] Dtta-Gupta, A., Xue, Guoping, Lee, Sangheon, 1999. Non-parametric transformations for data correlation and integration: from theory to practice. In: Schatzinger, R., Jordan, J. (Eds.), Recent Advances in Reservoir Characterization. American Association of Petroleum Geologists, Tulsa.

[5] Doveton, J. H., 1994. Geologic Log Analysis Using Computer Methods. American Association of Petroleum Geologists, Tulsa, OK. p. 169.

[6] Friedman, J. H., Silverman, B. W., 1989. Flexible parsimonious smoothing and additive modeling. Technometrics 31(1), 3-20.

[7] Friedman, J. H. , Stuetzle, W. , 1981. Project pursuit regression. J. Am. Stat. Assoc. 76(376), 817 – 823.

[8] Haan, C. T. , 1986. Statistical Methods in Hydrology. Iowa University Press, Ames. 376.

[9] Hastie, T. , Tibshirani, R. , 1990. Generalized Additive Models. Chapman and Hall, London. 335.

[10] Jensen, J. L. , Lake, L. W. , Corbett, P. W. M. , Goggin, D. J. , 1997. Statistics for Petroleum Engineers and Geoscientists. Prentice Hall, New Jersey. 390.

[11] LaFollette, R. F. , Izadi, G. , Zhong, M. , 2014. Application of MultivariateStatistical Modeling and Geographic Information Systems Pattern – Recognition Analysis to Production Results in the Eagle Ford Formation of South Texas. Society of Petroeluem Engineers. https://doi.org/10.2118/16828 – MS.

[12] Lee, S. H. , Khraghoria, A. , Datta – Gupta, A. , 2002. Electrofacies characterization and permeability predictions in carbonate reservoirs: role of multivariate analysis and non – parametric regression. SPE Reserv. Eval. Eng. 5 (3).

[13] Navidi, W. , 2008. Statistics for Engineers and Scientists. McGraw – Hill, Boston. 901.

[14] Voneiff, G. , Sadeghi, S. , Bastian, P. , Wolters, B. , Jochen, J. , Chow, B. , et al. , 2013. A Well Performance Model Based on Multivariate Analysis of Completion and Production Data from Horizontal Wells in the Montney Formation in British Columbia. Society of Petroleum Engineers. https://doi.org/10.2118/167154 – MS.

[15] Wendt, W. A. , Sakurai, S. , Nelson, P. H. , 1986. Permeability prediction from well logs using multiple regression. In: Lake. , L. W. , Carroll Jr. , H. B. , (Eds.), Reservoir Characterization. Academic Press, Inc. , Orlando, FL, p. 659.

[16] Xue, G. , Datta – Gupta, A. , Valko, P. , Blasingame, T. , 1997. Optimal transformations for multiple regression: application to permeability estimation from well logs. SPE Form. Eval. 12(2), 85 – 94.

第5章 多元数据分析

本章将介绍多元数据分析技术,包括:主成分分析、聚类分析、在数据分类和模式识别背景下进行多元回归的判别分析。在用简单的例子介绍了这些概念之后,本章详细讨论这些技术在上一章介绍的 Salt Creek 油田中的应用。

5.1 引言

前一章中介绍了涉及两个或多个变量的多元回归技术。在开始涉及大量变量的分析之前,首先需要检查是否可以利用一些底层数据结构或模式,以改进甚至简化分析。一种常见的方法是以图形化的方式可视化不多于三个变量的数据云。通常,可以通过改变符号的类型和尺度来添加第四个维度,而这已经是图形可视化的极限了。对于高维数据集,另一种方法是在不显著降低诸如数据方差等重要属性的前提下降低数据维度。多元数据分析技术能够实现这些目标。本质上,定义了少量原始数据的线性组合,称为主成分,允许在降维的空间中进行数据可视化和模式识别。模式识别或分类技术可以是"监督的"或"无监督的"。在无监督的分类技术中,通常称为聚类分析,可根据数据的特点将数据划分为相对"同质的"实体,而不借助于先验信息。有监督的模式识别方法也被称为判别分析,根据先验的分类将一组样本分配给给定的数据集。多元数据分析本身是一个庞大的主题,在这个主题上有许多优秀的参考文献(Hastie et al,2008;Davis,1986;Mardia et al,1979)。多元数据分析在石油工程和地质学中有着广泛的应用。在储层评价(Hempkins,1978)、油井钻探(Hempkins et al,1987)、地球物理数据分析(Mwenifumbo,1993)、完井优化(Nitters et al,1995)、储层表征(Scheevel and Payrazyan,2001)和提高采收率方案选择(Siena et al,2016)等方面均有一些应用实例。

5.2 主成分分析

主成分分析(Principal Component Analysis,PCA)的主要动机是减少包含大量观测数据的多维数据的维数,而不会造成潜在信息内容的显著损失。主成分定义了一个方差最大化的相互正交坐标系,为可视化和分析数据提供了方便的机制。通常,前几个主要成分足以解释数据中的大部分可变性,因此,主成分分析用于表示降低维度的独立空间中的数据。主成分载荷将主成分与原始数据联系起来。它们总结了原始变量对主成分的影响,并为使用主成分解释数据提供了有用的基础。主成分构成了显示数据的另一种形式,从而允许在不改变信息的情况下更好地了解其结构。

5.2.1 计算主成分

在新定义的正交坐标系中,主成分可以看作是通过坐标变换和数据投影得到的相互独立的替代变量。坐标系由数据协方差矩阵的特征向量表示,主成分是原始数据的加权线性组合。假设有一个数据集 $X_{n \times p}$,其中元素 x_{ij} 对应于第 i 行和第 j 列的数据($i=1,\cdots,n;j=1,\cdots,p$)。正如在前几章中看到的,在处理方差和协方差时,使用表示偏离各自平均数的变量更为方便。设 $Z_{n \times p}$ 为 $X_{n \times p}$ 中每列平均数的偏差矩阵。数据集 X 的协方差矩阵可由式(5.1)定义：

$$\Sigma = Z^T Z/(n-1) \tag{5.1}$$

请注意，数据集的总方差 S 将由协方差矩阵的对角元素之和给出，即 $S = \text{Trace}(\Sigma)$。同时，协方差矩阵是对称的非负阵，其特征值将大于或等于 0。主成分的推导来自矩阵的对称性质，非奇异矩阵 Σ 可通过谱分解法分解成对角矩阵和正交矩阵的组合(Strang, 1998)：

$$\Sigma = Q^T \Lambda Q \tag{5.2}$$

其中 $\Lambda = \text{diag}(\lambda_1, \cdots, \lambda_p)$，$\Sigma$ 和 Q 的特征值对角矩阵是 $p \times p$ 正交矩阵，其列向量分别由与特征值相关的特征向量 $\lambda_1, \cdots, \lambda_p$ 组成。

注意，多维数据 X 的行向量可以表示为 p 维空间中的一个点；因此，X 在多维空间中形成一个点云。特征向量是云的主轴，矩阵 Q 用于将原始数据变换为主要成分 $Y_{n \times p}$：

$$Y = ZQ \tag{5.3}$$

如果用列向量 $Y = [y_1, y_2, \cdots, y_p]$，$Z = [z_1, z_2, \cdots, z_p]$，和 $Q = [q_1, q_2, \cdots, q_p]$ 表示式(5.3)，那么主成分的一些重要性质可以总结如下：

(1) 对于 $i \neq j$，y_i 和 y_j 是独立的(不相关)。
(2) 矩阵 Σ 的特征值的大小由 $\lambda_1 \geq \lambda_2 \geq \cdots \geq \lambda_p$ 给出。
(3) 主成分的方差由下式给出：$\text{Var}(y_i) = \lambda_i$。
(4) 所有主成分的总方差由式(5.4)得出：

$$\sum_{i=1}^{p} \text{Var}(y_i) = \sum_{i=1}^{p} \lambda_i = \text{Trace}(\Sigma) = S \tag{5.4}$$

从(3)和(4)可以看出，比值 $\lambda_i / \Sigma \lambda_i$ 描述了主成分 i 解释的总数据方差 S 的比例。

主成分不是尺度不变的，这取决于它们是使用无标度协方差矩阵还是标度相关矩阵计算的。一般来说，当原始观测值在同一尺度上时，可以使用协方差矩阵。然而，通常的做法是使用相关矩阵，通过减去平均数并除以标准偏差来重新调整变量，特别是当观测类型不同时，例如，反映不同地下性质的测井变量。图 5.1 说明了使用由两个变量 x_1 和 x_2 组成的数据集的主成分的概念。

从图 5.1 可以看出，主成分分析涉及坐标旋转和新坐标中数据的投影。主成分的加权因子由原变量相关矩阵的特征向量给出，主成分的相对方差由相关矩阵的特征值给出。主分量变换的加权因子或系数称为"主成分载荷"，加权因子描述了原始变量对主成分的影响，为数据解释提供了有用的依据。由于特征值通常衰减很快，前几个主成分通常足以解释数据集的可变性。因此，主成分分析提供了一种减少原始数据集维数的机制，而不会造成显著的数据方差损失。有几个标准可用于决定保留用于数据分析的主成分的数量。一种常见的做法是预先指定要保留的一定百分比的方差（例如，>90%），并选择足够的主成分以满足要求。另一种方法是排除与小于所有特征值平均数的特征值相关的主成分。下面的一个简单例子可说明主成分分析的步骤。

5.2.2 主成分分析的实例

考虑图 5.2 中显示的数据集（MULTIVAR_FIG5-2.DATA）。这里有 29 个数据点，有三个变量 X_1、X_2、X_3。

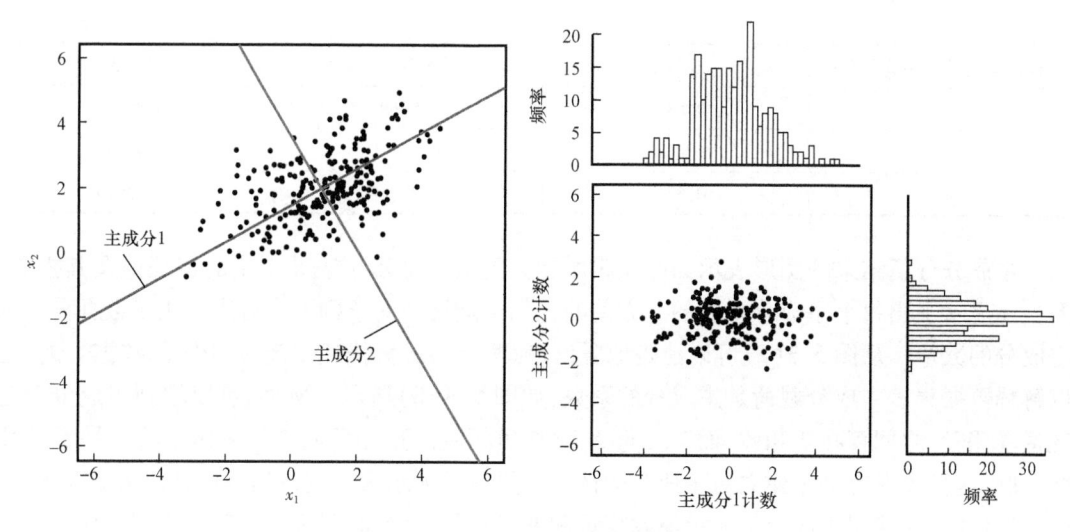

图 5.1 主成分分析的示意图

它涉及一个坐标旋转,第一个主成分与数据中最大可变性的方向一致

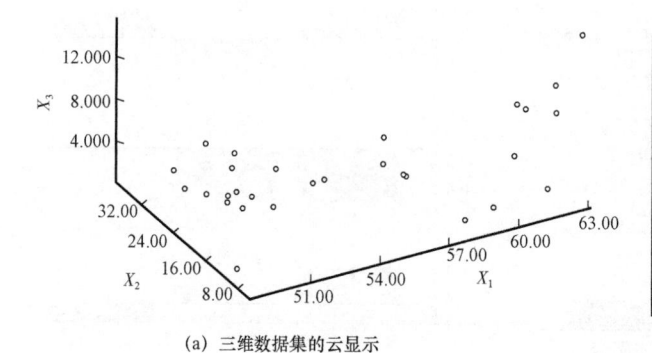

(a) 三维数据集的云显示

(b) 云中的一些示例数据值

X_1	X_2	X_3
59.31	7.44	1.472
57.63	5.21	2.027
60.25	5.59	10.879
61.69	5.98	9.562
63.19	7.86	15.802
…	…	…

图 5.2 三个变量的数据集

主成分分析的第一步是重新缩放数据。通过减去平均数和除以标准差来规范化每个变量。这一步将所有变量置于一个同等的地位,使其无量纲化,平均值为零,方差为一。接下来,构造相关矩阵。然后对相关矩阵进行谱分解,以获得特征值和相关特征向量。结果汇总在表 5.1 中。

表 5.1 实例数据的关联矩阵及谱分解

数据关联矩阵	X_1	X_2	X_3
X_1	1.000	-0.731	0.726
X_2	-0.731	1.000	-0.669
X_3	0.726	-0.669	1.000
特征值及相关方差	特征值	百分比(%)	累计百分比(%)
λ_1	2.42	80.5857	80.5857
λ_2	0.33	11.0426	91.6282
λ_3	0.25	8.3718	100.0000

续表

特征向量定义的主成分系数	$EV-1$	$EV-2$	$EV-3$
X_1	0.5879	0.0269	0.8085
X_2	-0.5727	-0.6920	0.4395
X_3	0.5713	-0.7214	-0.3915

主成分分析结果的图形表示如图 5.3 所示。陡坡图显示了表 5.1 中的特征值及其指数。图中还显示了由每个主成分解释的总方差的比例。陡坡图的急剧下降可决定用于数据分析的主成分的数量。从图 5.3(a)可以清楚地看出，前两个主成分描述了超过 90% 的数据方差，足以解释数据集。主成分载荷是主成分的系数，如图 5.3(b)所示。例如，可以看到主成分 1 与变量 X_1 和 X_3 之间存在正相关，而与变量 X_2 存在负相关。正如后面现场应用中将要展示的那样，理解这种关系有助于建立对主成分的认识。另一种显示这种关系的方法是使用图 5.3(c)中的双标图，它使用主成分轴显示原始变量和变换变量。例如，双标图清楚地表明主成分 2 和变量 X_1 之间的依赖性很小。这可以通过图 5.3(b)所示的主成分 2 的载荷进行验证。

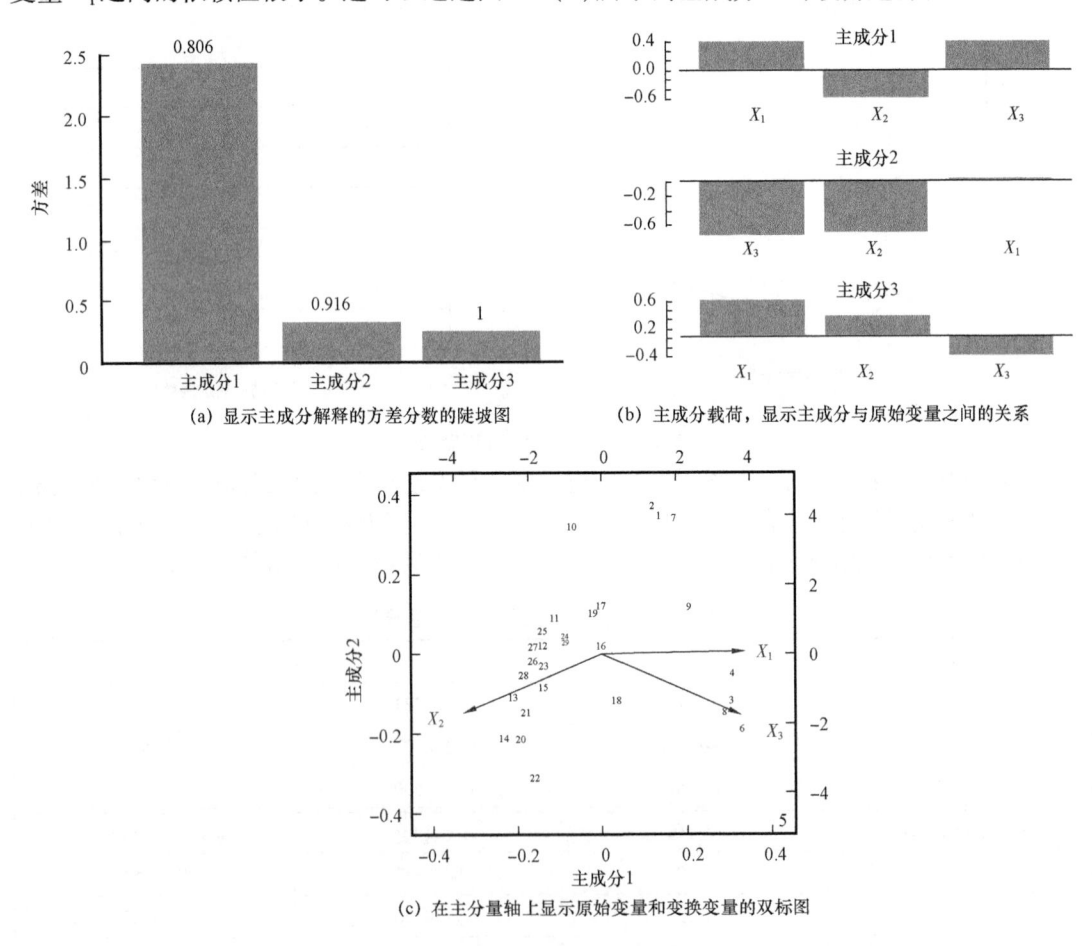

(a) 显示主成分解释的方差分数的陡坡图

(b) 主成分载荷，显示主成分与原始变量之间的关系

(c) 在主分量轴上显示原始变量和变换变量的双标图

图 5.3　主成分分析结果

5.3 聚类分析

聚类分析的目标是将数据集划分为内部相同和外部不同的组(Davis,1986;Kaufman and Rousseeuw,1990;Johnson and Wichern,1992)。分类是根据组内和组间的相似性或差异性进行的。聚类分析可以看作是一种无监督的模式识别方法,因为该操作通常不受先验假设或外部模型的影响。变量选择十分重要,不同的选择可能导致截然不同的结果。例如,如果聚类分析的目的是通过从一组测井响应中识别电相类来表征储层,那么应该选择对岩性敏感的测井参数(Doveton and Prensky,1992)。经验和用户干预对于正确解释聚类分析结果至关重要。在二维或三维中,聚类可以可视化。在超过三个维度的情况下,需要某种分析帮助来减少数据的维度,而不会造成显著的信息损失。其中一种方法是上面讨论的主成分分析。一般来说,聚类算法分为三类:分区或重定位、层次聚类和基于模型的聚类算法。

5.3.1 k 均值聚类

分区或重定位方法要求用户指定簇或聚类的初始数目,并且算法迭代地在各簇之间重新分配观测值,直到达到预定义的收敛标准。大多数聚类算法依赖于数据点之间的某种距离或相异度量来将它们分类(Mahalanobis,1936)。最简单和最常见的度量是数据向量 x_1 和 x_2 之间的欧氏距离:$d(x_1,x_2) = ||x_1 - x_2||$。最常用的重定位方法之一是 k 均值算法。在此程序中,用户将 k 值定义为与初始矩心位置有关的聚类数。然后计算 n 个数据点和 k 个矩心之间的相似度矩阵,并将每个观测值分配给具有最近矩心的类。计算每个类的新矩心或多维平均数,并重复该过程。每次迭代,矩心都会朝着过程中形成的局部类的实际中心移动。通过最小化 k 组的聚类内平方和距离来分配类标识,也就是说:最小化 $\sum_{g=1}^{k} N_g \sum_{x \in C_g} d(x, \bar{x}_g)^2$。其中,$N_g$ 是第 g 个聚类 C_g 的大小。

图 5.4 显示了 k 均值聚类的步骤。在每次迭代中使用两个步骤进行迭代细化:(1)分配步骤,其中每个观测被分配到最接近的平均数;(2)更新步骤,该步骤将计算出新的平均数作为聚类中观测数据的矩心。重复进行计算,直到式(5.4)中的聚类内平方和距离最小。使用最小二乘最小化方法的一个缺点是 k 均值容易受到异常值的影响。此外,内存需求是观察次数的二次方。该方法需要预先指定聚类的数量和聚类的矩心才能开始。结果可能对这个初始选择很敏感,并且通常可以使用先验知识来定义初始聚类。对于使用不同数据类型的聚类,需要规范化变量以获得稳定和一致的结果。k 均值算法的主要优点是计算效率高,因为它在相对较小的相异矩阵上运行。

继续分析图 5.2 中的数据集。在图 5.5(a)中,使用所有三个主成分显示数据。图 5.5(b)显示了使用前两个主成分的 k 均值方法进行聚类分析的结果。两个数据聚类已根据不同的符号进行识别。通过对数据云的目视检查和比较,可以看出聚类分析是如何揭示底层数据结构的。表 5.2 总结了 k 均值聚类的主要结果。

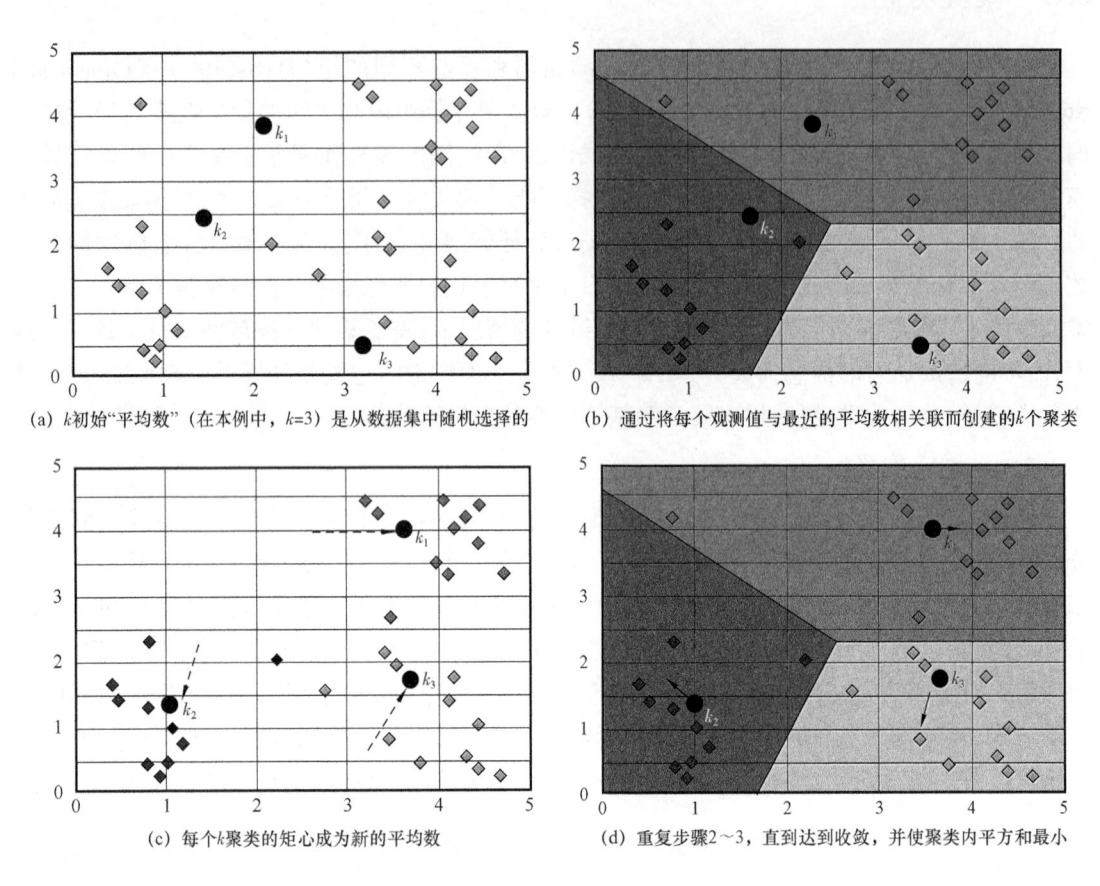

(a) k初始"平均数"（在本例中，$k=3$）是从数据集中随机选择的

(b) 通过将每个观测值与最近的平均数相关联而创建的k个聚类

(c) 每个k聚类的矩心成为新的平均数

(d) 重复步骤2~3，直到达到收敛，并使聚类内平方和最小

图5.4　k均值聚类的图解过程

(a) 使用三个主成分表示的数据云

(b) $k=2$时使用前两个主成分表示的k均值聚类

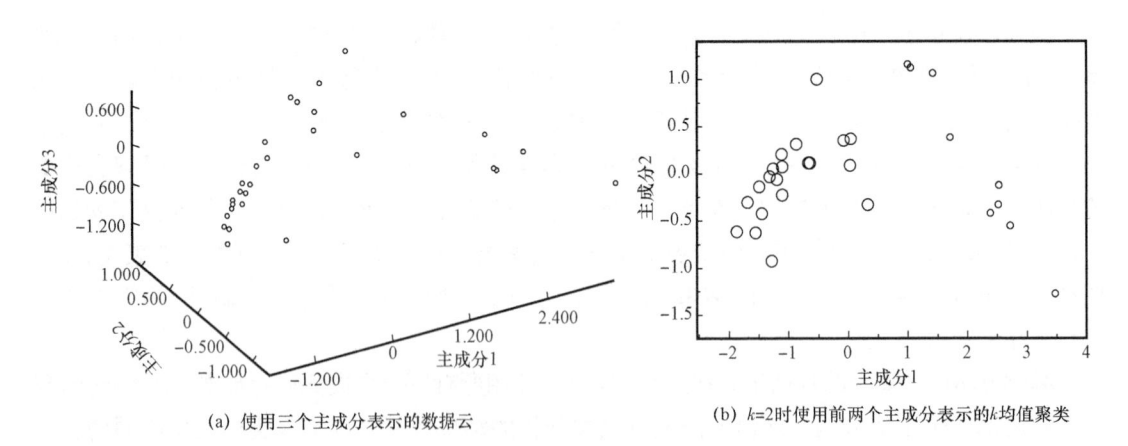

图5.5　k均值聚类的一个实例

表 5.2 k 均值聚类的结果

聚类矩心	主成分 1	主成分 2
聚类 1	2.090	0.114
聚类 2	−0.941	−0.051
聚类大小和平方和	聚类内平方和	聚类大小
聚类 1	11.62	9
聚类 2	10.89	20

5.3.2 层次聚类

层次聚类方法分阶段生成一系列分区,每个分区对应不同数量的聚类(Mardia et al,1979)。算法可以是聚凝的,即将多个组合并,也可以是分裂的,即在每个阶段对其中一个或多个组进行拆分。层次算法描述了一种为给定的数据集生成完整的聚类层次结构的方法。最常见的层次算法是聚集嵌套,也被称为沃德(Ward)方法,它从将每个观测数据分成独立的组开始,并持续进行聚类,直到所有的观察组都在一个单一的组中。计算过程为迭代合并两个具有最小相异性的聚类,然后重新计算新聚类其余聚类的相异性。树状图显示了整个分层过程图形表示,即数据如何在算法的各个阶段合并到聚类中(图5.6)。在聚集过程结束时,将所有数据点合并为一个集群,通常使用距离或相异性准则来识别树中的自然分割点,以识别不同的聚类。在实际应用中,这也可以基于检验或一些可用于验证聚类的先验知识来完成。

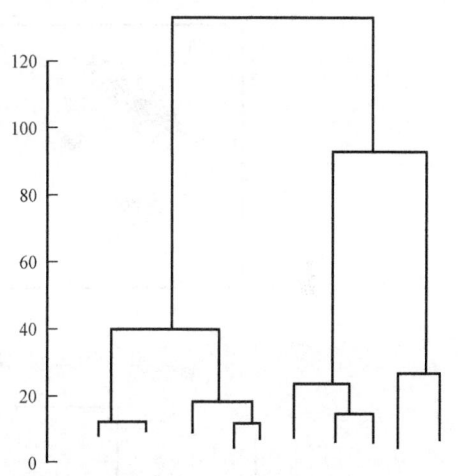

图 5.6 层次聚类中凝聚算法树状图,使用距离准则对树进行切割并识别聚类

在分裂法中,所有的点都从一个统一的组开始(即 $k=1$),并且随着 k 组的数目增加,不同聚类被分开。分割的一些标准可以是选择直径最大的聚类或选择簇对内距离最大的聚类。算法流程如图 5.7 所示。

与 k 均值聚类不同,层次方法不需要在开始时指定聚类数量,尽管它仍然需要在结束时根据一些数学或外部标准选择集群。该方法的一个主要缺点是当数据点数目较大时,计算成本较高。这需要操纵一个潜在的巨大的相似矩阵。例如,对于 n 个观测点,有 $n(n-1)/2$ 个相似性,聚类分析将涉及 $(n-1)$ 个步骤,计算成本随着观测点的增加而迅速增加。为了缓解这种情况,聚类分析通常与主成分分析(PCA)结合进行。利用主成分在降维空间中进行聚类。

现在,使用实例数据集演示层次聚类。图 5.8 显示了树状图。如前所述,从 29 个观测点每个点作为一个聚类开始,这些聚类逐渐合并,最终形成单个聚类。然后来决定聚类的数量,在树上放置一个截止点,将数据分配给聚类或组。图 5.8 显示了两个聚类和三个聚类的截止点。对于两个聚类的情况,可以看到数据集被分为 9 个点和 20 个点的聚类,与上面的 k 均值聚类相同。

图 5.7　使用分裂法的层次聚类图

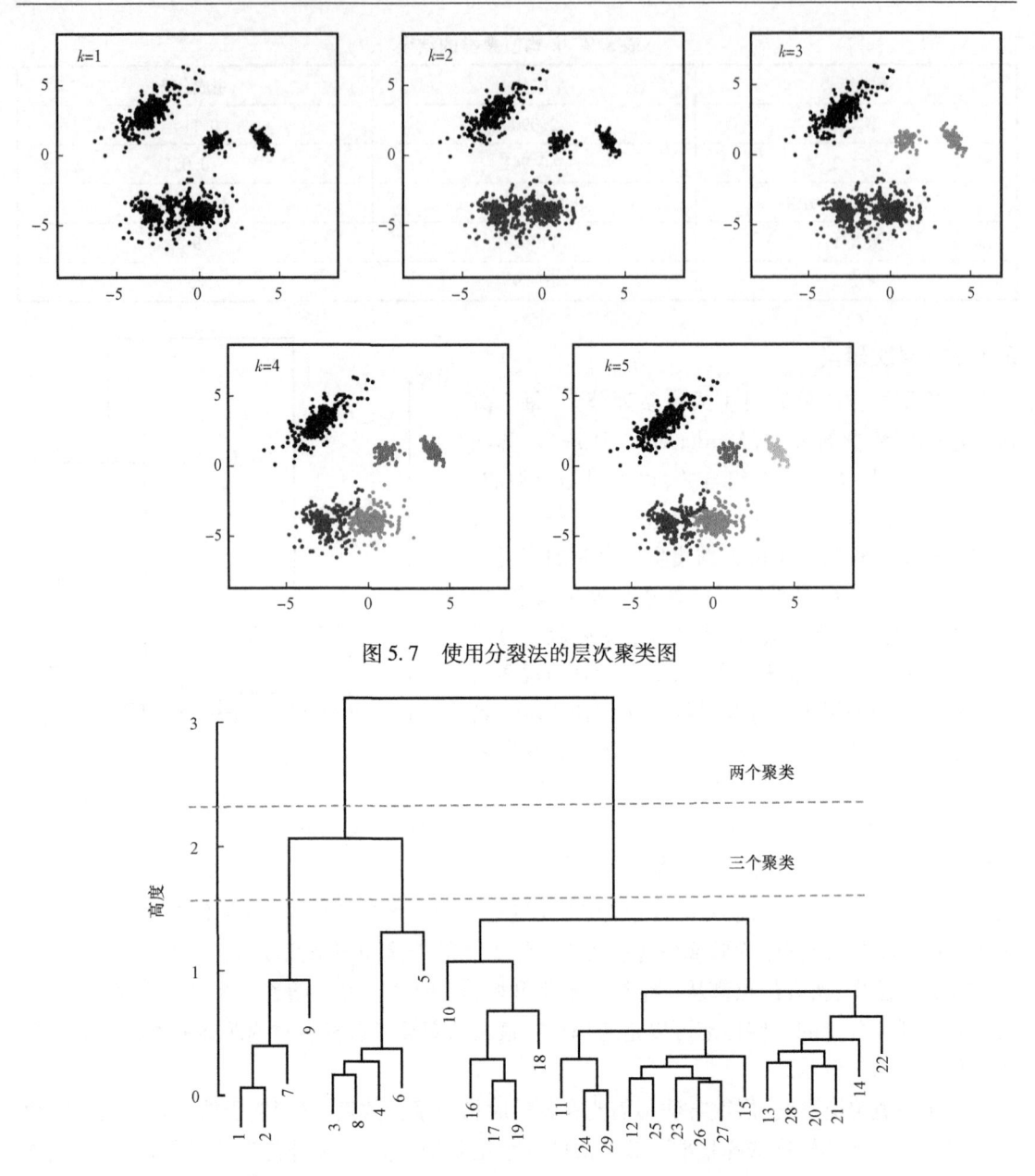

图 5.8　表示两个和三个集群的截止点的示例数据集的树状图

5.3.3　基于模型的聚类

层次法和重定位法都无法直接确定数据聚类数量。然而,有许多同时确定聚类数量和聚类成员的策略,其中一种方法是基于模型的聚类技术,如期望最大化算法(Expectation Maximization,EM)。这种方法可以提供比传统的过程(如层次和 k 均值聚类)更好的性能,因为层次和 k 聚类通常无法识别重叠或大小和形状不同的聚类。基于模型的方法的另一个优点是有一个相关的贝叶斯准则来评估模型。如下文所讨论的,该方法不仅提供了一种选择模型参数化的方法,而且还提供了不需要主观判断的聚类数量确定方法,这是其他传统聚类分析技术不具备的。

基于模型的聚类的关键思想是,数据是由潜在概率分布的混合生成的。假设的 p 维观测数据 X 的第 k 组概率密度函数是某个未知参数向量 θ 的函数 $f_k(x,\theta)$。给出观察结果 $D=(x_1,\cdots,x_n)$,令 $\gamma=(\gamma_1,\cdots,\gamma_n)^T$ 表示分类的标识组标签。确定参数 θ 和 γ 使得以下似然属性最大化:

$$L(D;\theta,\gamma) = \prod_{i=1}^{n} f_{\gamma_i}(x_i;\theta) \tag{5.5}$$

注意,如果 x_i 来自第 k 个组,则 $\gamma_i=k$。

一般来说,每个聚类都由多元高斯模型表示:

$$f_c(x_i \mid \mu_c,\Sigma_c) = (2\pi)^{-\frac{p}{2}} |\Sigma_c|^{-1/2} \exp\left[-\frac{1}{2}(x_i-\mu_c)^T \Sigma_c^{-1}(x_i-\mu_c)\right] \tag{5.6}$$

其中 x_i 表示数据,c 表示指定一个特定聚类的下标值。聚类为椭球形,以平均数 μ_c 为中心,协方差 Σ_c 决定聚类的几何特征。例如,聚类的方向由 Σ_c 的特征向量给出,聚类的大小或方差由 Σ_c 的最大特征值给出,其他特征值与最大特征值之比决定聚类的形状。从式(5.6)可以看出,如果将每个聚类的协方差矩阵简化为对角线和相同的协方差矩阵,($\Sigma_c = \sigma^2 I$,其中,I 是单位矩阵),那么式(5.5)中的最大似然与最小化集群内的平方和距离相同,算法简化为上文讨论的常用的沃德方法。因此,沃德方法假设这些聚类是具有相同大小或方差的球形。

5.4 判别分析

判别分析是一种多元变量方法,用于根据测量结果将单个观测向量分配给两个或多个预先确定的组。与聚类分析不同,判别分析是一种有监督的技术,需要一个带有预定义组的训练数据集。这项技术基于一个假设,即一个单独的样本来自 g 个群($\Pi_1,\cdots,\Pi_g,g>2$)中的一个。如果每一组的特征是一组特定的概率密度或似然函数 $f_c(x)$,并且已知该组 π_c 的先验概率,那么根据贝叶斯定理,给定观测数据 x 的类的后验分布是:

$$p(c \mid x) = \frac{\pi_c p(x \mid c)}{p(x)} = \frac{\pi_c f_c(x)}{p(x)} \propto \pi_c f_c(x) \tag{5.7}$$

观察结果应位于具有最大后验概率 $p(c|x)$ 的组。假设 c 组的分布可以用式(5.6)表示,使用贝叶斯最大后验准则将未来观测数据 x 分配给 c 组,该组的式(5.7)中的函数是最大的,或它的负量式(5.8)是最小的:

$$Q_c = -2\log f_c(x) - 2\log \pi_c = (x-\mu_c)^T \Sigma_c^{-1}(x-\mu_c) + \log|\Sigma_c| - 2\log \pi_c \tag{5.8}$$

式(5.8)的第一项为从 x 到组平均数 μ_c 的距离,称为马哈拉诺比斯距离(Mahalanobis,1936)。组群之间的 Q_c 差是 x 的二次函数,因此该方法称为二次判别分析,决策区域的边界是 x 空间的二次曲面。如果各组群有一个共同的协方差 Σ,则 Q_c 间的差异就是 x 的线性函数,并在具有相似大小和方向的组之间创建线性决策边界。

线性判别分析的概念由图5.9做了很好的诠释(Doveton and Prensky,1992)。在图中,可以看到当两个数据组以每个轴上的频率曲线展示时,它们之间有相当大的重叠。鉴于这些数据是训练数据,给其中某些测试数据分配组群将变得困难,特别是对于重叠区域。对于这个例子,在二元交叉图中,A 组和 B 组之间有明显的分离;但是,在实践中,更可能的是会有重叠的区域。线性判别或分配函数由数据云之间的距离最大化,而每个云内的扩散最小的直线方程给出。如图 5.9 所示。所有数据点现在都可以投影到这条线上。判别指数作为数据组平均值在这条线上投影的中点进行计算。然后将判别指示用作数据组之间的边界,以便为其中一个组分配新的观测值。

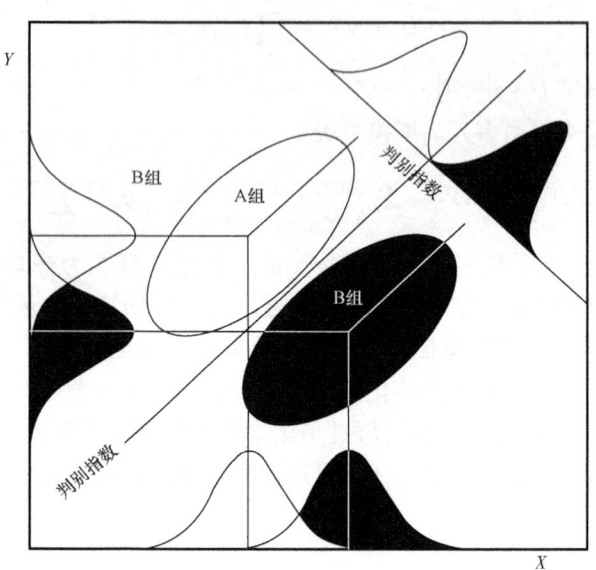

图 5.9　二元数据集判别函数的示意图

经 AAPG 版权许可转载:Doveton,J. H. ,Prensky,S. E. ,1992. Geological applications of wireline logs—a synopsis of developments and trends. Log Anal. 33(1992)286

　　判别分析要求训练数据以先验分类的形式进入相对均质的子群,其特征可以通过与每个子群相关的分组变量的统计分布来描述。通常,根据测量的独特特性或应用已知的外部标准来划分不同的组。然而,在许多情况下,往往不容易获得分类完全正确的训练数据集,因此通常将基于模型的聚类分析方法用于分类。

　　现在用样本数据集来说明线性判别分析。目标是确定因 k 均值方法(图 5.5)得到的两个聚类的分类边界,并建立判别函数的线性方程,从而有效地识别两个聚类。由线性判别分析确定的分类边界如图 5.10 所示。给定一组新的 X_1、X_2 和 X_3,可以使用分类边界或判别函数将每个数据分配给两个组中的一个。请注意,这是一个有监督的分类,因为它依赖于从先前的分析中建立的分类模式。

5.5　现场应用:Salt Creek 数据集

5.5.1　数据集描述

　　现在用一个现场实例来阐述多元数据分析,即 PCA、聚类分析和判别分析的应用(Lee et al,2002)。目标是使用第 4 章(SALT – CREEK. DAT)中介绍的 Salt Creek 油田单元(Salt Creek Field Unit,SCFU)数据的一套测井记录来预测渗透率。本分析中使用的数据来自 7 口有

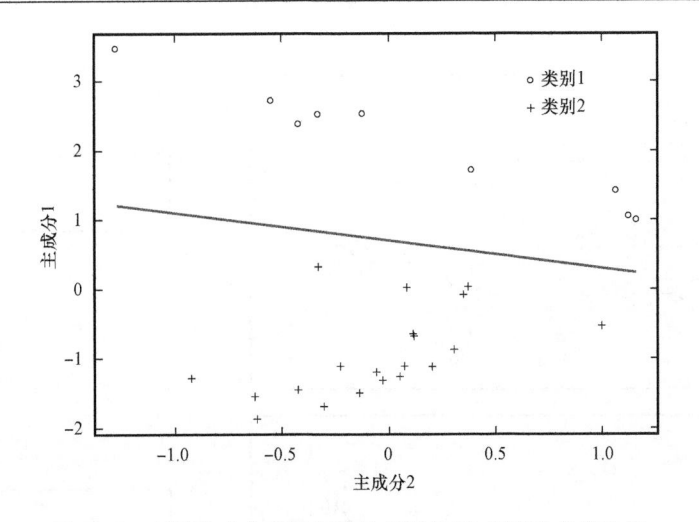

图 5.10　利用主成分轴进行线性判别分析,识别出分类边界

经 AAPG 版权许可转载:Doveton,J. H. ,Prensky,S. E. ,1992. Geological applications of wireline logs—
a synopsis of developments and trends. Log Anal. 33(1992)286

岩心的井,并测量了取心层段的渗透率。在德克萨斯州二叠纪盆地,一套由 7 组测井曲线(GR、LLD、MSFL、DT、NPHI、RHOB 和 PEF)组成的测井资料用于预测这一强非均质性碳酸盐岩储层的渗透率。在七口取心井中,预留两口(井 G517 井和 G520 井),用于盲测相关性。

数据关联重要的第一步是数据分区,通过这个分区,可以将数据细分为组或类,这些组或类相对于某些预定义的度量是均质的。数据分区的一种常见方法是前面讨论过的聚类分析。对于具有高维数据集的现场应用,通常需要降维数据集中执行聚类分析。聚类分析通常在主成分空间进行,前几个主成分解释了大部分数据方差。这不仅降低了计算成本,而且有助于消除数据中杂散噪声的影响。

当集群从测井曲线中衍生出来时,它们通常被称为"电相"。因此,电相可由一组类似的测井响应来定义,这些响应表征特定的岩石类型,并允许将其与其他类型区分开来(Serra and Abbott,1982)。一旦测井数据与一组电性相关联,就可以建立岩心的渗透率测量值与每个电相的不同测井值之间的相关性。本例中,将使用第 4 章讨论的非参数回归方法,即交替条件期望算法(ACE)来建立这种相关性,而不需要预先假设渗透率和测井曲线之间的函数形式。最后,首先利用判别分析法对"盲"井进行了电相划分,然后利用适用于电相的具体相关性预测渗透率。这一过程的步骤如图 5.11 所示。下面讨论分析中涉及的步骤。

5.5.2　主成分分析

采用主成分分析法(PCA)对归一化测井资料处理,得到主成分 $PC_j(j=1,\cdots,7)$。图 5.12 所示为陡坡图,是由 $\sum_{i=1}^{j} \lambda_i / \text{Trace}(\Sigma)$ 标记的主要成分方差的柱状图,这经常为识别重要的主成分提供了一种方便的可视化方法。在本例中,前四个主成分解释了数据集中大约 90% 的变化。

在图 5.13 所示的散点图中,探讨了储层性质与七组测井曲线产生的三个主成分之间的关系。第一主成分(PC_1)似乎与地层的孔隙度有关,而第二主成分(PC_2)显示与伽马射线有很强的相关性。

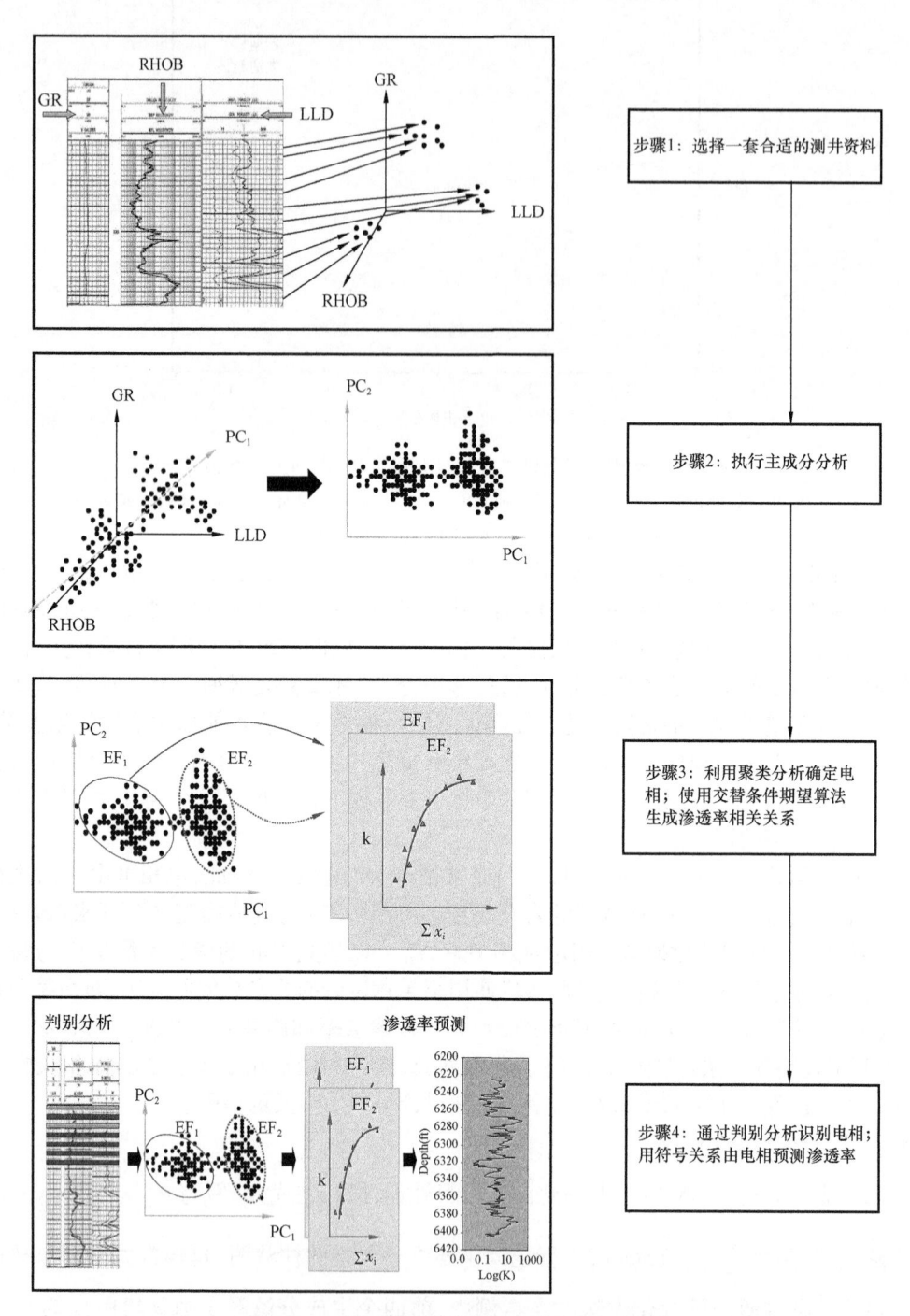

图 5.11　基于电相特征的渗透率预测示意图

经 SPE 版权许可转载:Lee,S. H. ,Khraghoria,A. ,Datta – Gupta,A. ,2002.
Electrofacies characterization and permeability predictions in carbonate reservoirs:
role of multivariate analysis and non – parametric regression. SPE Reserv. Eval. Eng. 5(3)

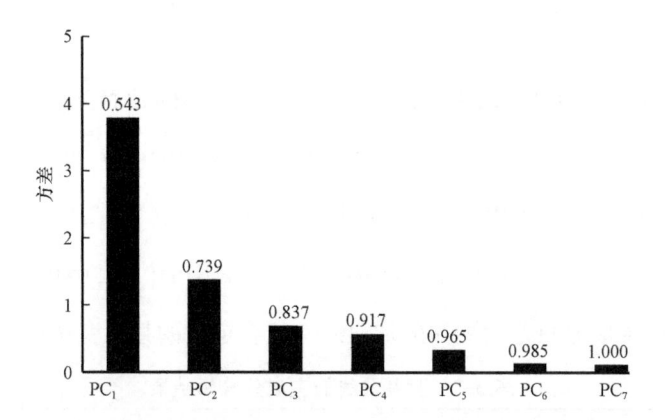

图 5.12 陡坡图,一种标注了主成分解释的总方差分数的条形图
经 SPE 版权许可转载:Lee,S. H. ,Khraghoria,A. ,Datta‐Gupta,A. ,2002. Electrofacies characterization and permeability predictions in carbonate reservoirs:role of multivariate analysis and non‐parametric regression. SPE Reserv. Eval. Eng. 5(3)

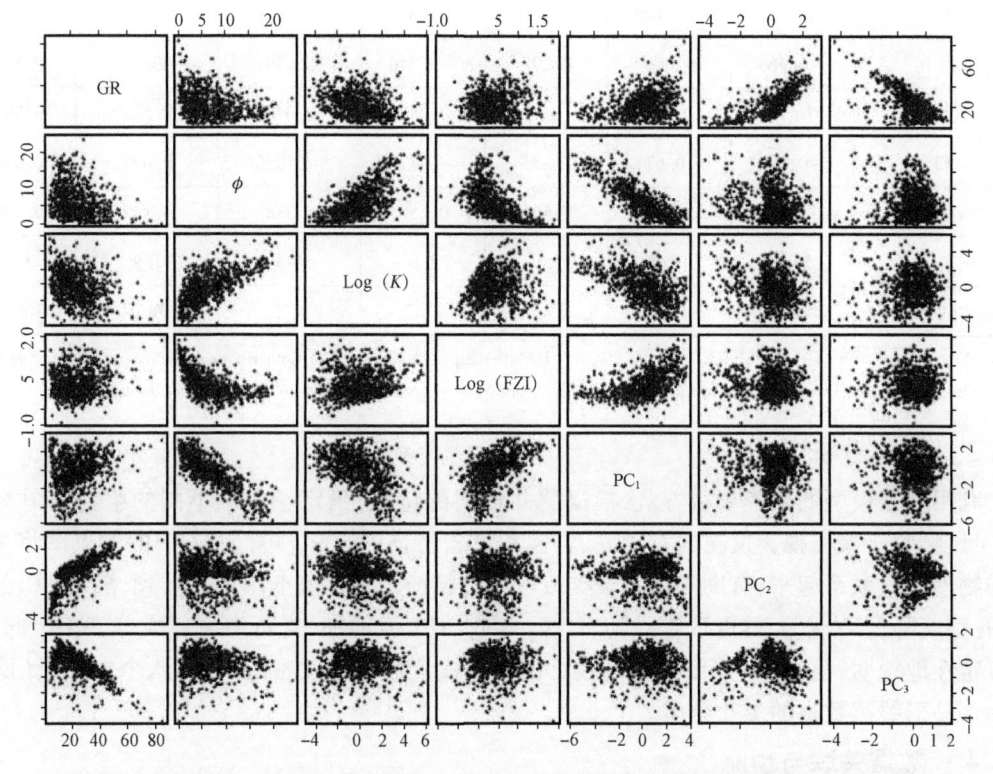

图 5.13 测井曲线 GR、岩心孔隙度、岩心渗透率、流动带指数(FZI)、PC_1、PC_2、PC_3 的陡坡图
经 SPE 版权许可转载:Lee,S. H. ,Khraghoria,A. ,Datta‐Gupta,A. ,2002. Electrofacies characterization and permeability predictions in carbonate reservoirs:role of multivariate analysis and non‐parametric regression. SPE Reserv. Eval. Eng. 5(3)

相关矩阵的特征向量提供主成分变换的系数或载荷(表5.3)。例如,PC_1和PC_2由下式给出:

$$PC_1 = -0.12GR - 0.38\log(LLD) - 0.41\log(MSFL)$$
$$+ 0.47DT - 0.46RHOB + 0.48NPHI - 0.09PEF$$
$$PC_2 = 0.63GR - 0.29\log(LLD) - 0.13\log(MSFL)$$
$$- 0.14DT + 0.09RHOB - 0.09NPHI - 0.68PEF$$

现在可以看到,主成分只是由测井的加权线性组合定义的替代变量。

表5.3 测井曲线的主成分分析结果

	PC_1	PC_2	PC_3	PC_4	PC_5	PC_6	PC_7
GR	-0.122	0.628	-0.761	-0.027	0.096	-0.015	0.033
Log(LLD)	-0.379	-0.293	-0.119	0.567	0.654	-0.072	-0.043
Log(MSFL)	-0.412	-0.127	-0.144	0.483	-0.742	-0.046	0.084
DT	0.470	-0.140	-0.198	0.161	-0.068	-0.805	-0.206
RHOB	-0.464	0.089	0.205	-0.340	0.079	-0.553	0.554
NPHI	0.476	-0.089	-0.124	0.283	0.040	0.172	0.799
PEF	-0.092	-0.684	-0.537	-0.472	-0.036	0.095	0.043
特征值	3.800	1.380	0.685	0.558	0.338	0.135	0.107
贡献率(%)	54.3	19.7	9.8	8.0	4.8	1.9	1.5
累积贡献率(%)	54.3	74.0	83.7	91.7	96.5	98.5	100.0

经SPE版权许可转载:Lee, S. H., Khraghoria, A., Datta - Gupta, A., 2002. Electrofacies characterization and permeability predictions in carbonate reservoirs:role of multivariate analysis and non - parametric regression. SPE Reserv. Eval. Eng. 5(3)。

5.5.3 聚类分析

利用基于模型的聚类分析方法,根据测井资料的特点,确定了8个不同的组。在图5.14中,可以将每个聚类视为反映岩石物理、岩性和成岩特征的电相。图5.13中的散点图将主成分与物理变量联系起来,有助于识别聚类或电相的特征。根据散点图可以看到,随着PC_1的增加,孔隙度降低,岩石变得更致密。随着PC_2增加,GR值增加,岩石中泥质成分变多。此外,可以定性地说明,第一个电相组(EF_1)表示伽马射线读数低的致密储层,第八个电相组(EF_8)表示伽马射线读数高的多孔介质。

5.5.4 数据关联与预测

将测井响应划分为电相组后,应用非参数回归交替条件期望算法对各组的渗透率与测井响应之间的相关性进行建模。表5.4比较了用于建立相关性的模型的回归误差。这些误差在回归过程中以均方误差(Mean Squared Error, MSE)和平均绝对误差(Mean Absolute Error, MAE)进行了汇总。

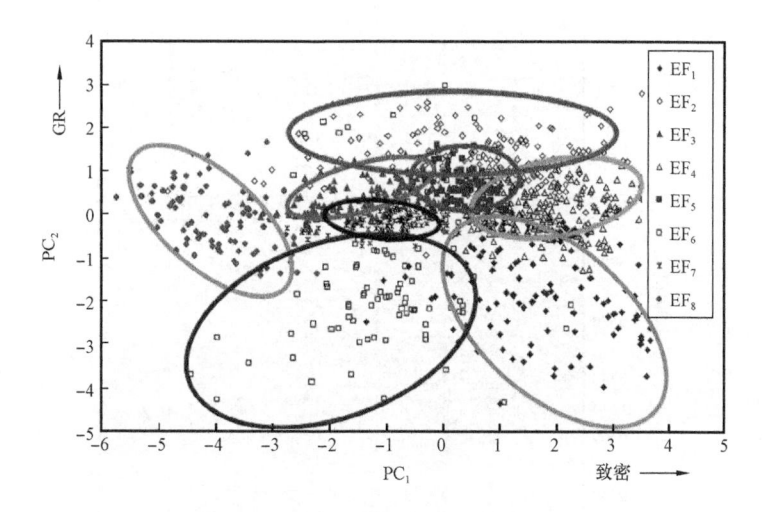

图 5.14 采用测井曲线的前两个主成分绘制的电相数据的分布图

表 5.4 三个模型的回归和预测误差比较

	误差	ACE
回归误差(5 口井,904 个样本点)	MAE	0.97
	MSE	1.58
预测误差(G517 井,174 个样本点)	MAE	1.15
	MSE	2.25
预测误差(G520 井,183 个样本点)	MAE	1.04
	MSE	1.74

经 SPE 版权许可转载:Reprinted from Lee, S. H., Khraghoria, A., Datta-Gupta, A., 2002. Electrofacies characterization and permeability predictions in carbonate reservoirs: role of multivariate analysis and non-parametric regression. SPE Reserv. Eval. Eng. 5(3)。

　　现在预测 G517 井的渗透率,这是两口留作盲测的取心井之一。第一步是根据 G517 井中的测井响应确定不同深度的电相。根据步骤 2 中定义的八个组,通过判别分析确定分配函数。通过分配函数,可以定义这些井中测井响应的组成员。图 5.15 显示了 G517 井的电相剖面。利用步骤 3 得到的各相的相关模型计算渗透率,并将结果与图 5.16(a)中的测量数据进行了比较。总体而言,根据 G517 井中的测井数据预测的渗透率与岩心测量结果吻合得很好。为了阐明多元分析的价值,特别是通过电相分类进行的数据划分,将渗透率预测与基于地层分区的分类进行了比较[图 5.16(b)]。电相法似乎明显优于分区法。这在很大程度上是由于多元分析中模式识别的能力有所提高(Lee et al,2002)。

　　读者可以使用本书在线资源中提供的软件 EFACIES 和 Salt Creek 的数据(SALT-CREEK.DAT),重现本现场实例的结果。

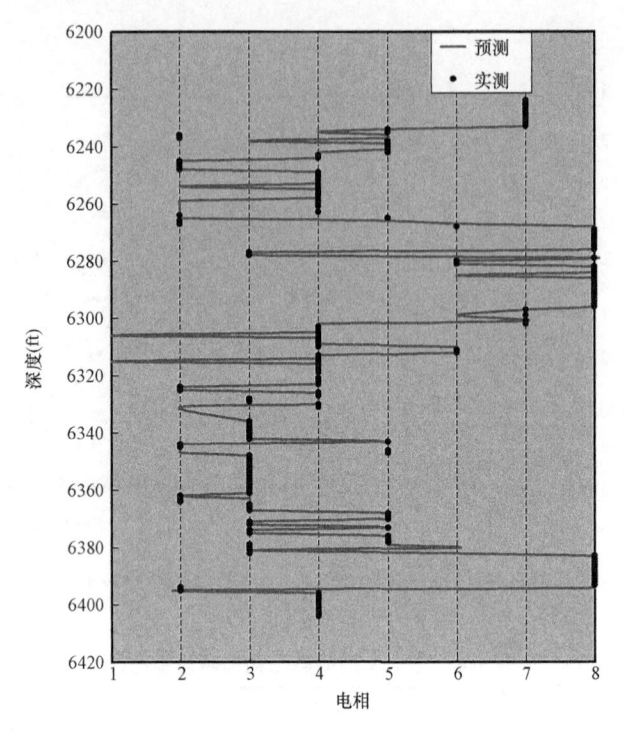

图 5.15　通过判别分析确定了 G517 井八个电相剖面

"实测"对应所有分析井在聚类分析中所属的岩相。经 SPE 版权许可转载:Lee,S. H. , Khraghoria,A. ,Datta – Gupta,A. ,2002. Electrofacies characterization and permeability predictions in carbonate reservoirs:role of multivariate analysis and non – parametric regression. SPE Reserv. Eval. Eng. 5(3)

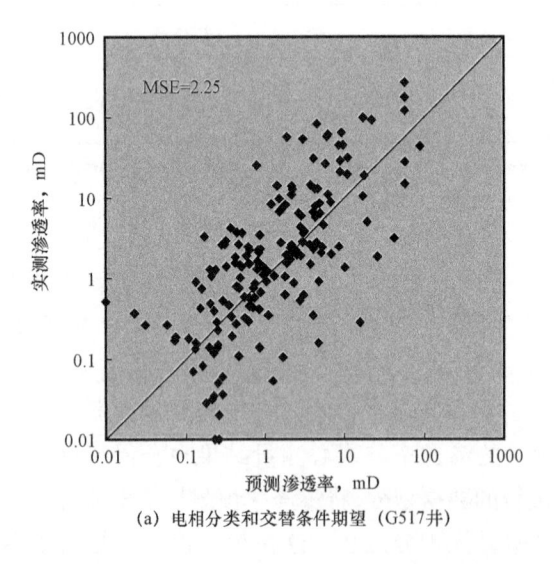

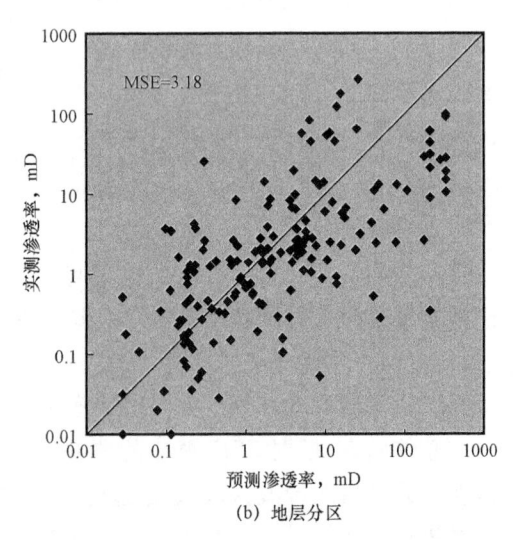

(a) 电相分类和交替条件期望（G517井）

(b) 地层分区

图 5.16　测量和预测渗透率的散点图

经 SPE 版权许可转载: Lee,S. H. ,Khraghoria,A. ,Datta – Gupta,A. ,2002. Electrofacies characterization and permeability predictions in carbonate reservoirs:role of multivariate analysis and non – parametric regression. SPE Reserv. Eval. Eng. 5(3)

5.6 小结

本章介绍了三种重要的多元数据分析技术,即主成分分析、聚类分析和判别分析,并阐述了这些方法在数据可视化、减少维数、了解内在数据结构、模式识别和回归分析的数据划分(分类)方法的优势。现场应用证明了多元分析在改善数据相关性和预测方面的作用。

习 题

1. 使用数据集"MULTIVAR_FIG5-2.DAT"进行主成分分析包括:

(1) 绘制三个图:① x_1 与 x_2,② x_2 与 x_3,③ x_3 与 x_1。检查变量之间的相关性。

(2) 分别计算与 x_1、x_2 和 x_3 对应的归一化(平均数为零,方差为一)变量 z_1、z_2 和 z_3。(提示:首先计算变量 x_1、x_2 和 x_3 的平均数和方差,然后,对每个变量减去其平均数并除以方差。)

(3) 计算协方差矩阵 $C = Z^T Z/(n-1)$,其中 $Z = [z_1 z_2 z_3]$,n 是数据个数。

(4) 对协方差矩阵($C = Q^T A Q$)进行奇异值分解,计算主成分。在保留数据中至少 90% 的方差的同时,需要多少个主成分来表示原始的三个变量?

(5) 绘制 PC_2 与 PC_1,并计算沿各轴的方差。如特征值所示,PC_1 的方差比 PC_2 大得多。

2. 使用示例 1 中的主成分 1 和 2,执行 k 均值聚类,并将数据划分为两个聚类。(提示:按照图 5.4 中的步骤,首先随机选择两个聚类方法,然后用最近的平均数将主成分分配给聚类。通过求每个聚类中 PC_1 和 PC_2 的平均数,计算两个聚类矩心的坐标。根据新的距离更新聚类编号。重复此步骤,直到收敛。)

3. 利用数据集"SALT-CREEK.DAT",采用测井数据基于非参数回归建立渗透率预测模型。

(1) 执行主成分分析并重现图 5.12 和表 5.3 中的结果。

(2) 使用主成分 1 和 2,采用 k 均值聚类建立三个不同聚类数量的聚类。通过检查每个聚类内的测井柱状图,确定合理的聚类数量。

(3) 利用交替条件期望算法建立各聚类的渗透率预测模型。

(4) 预测盲井 G517 井的电相和渗透率(SALT-CREEK-G517.DAT)。

(5) 将预测渗透率和测量渗透率之间的 R^2 值与第 4 章的实例 6 中没有考虑到电相的回归结果进行比较,电相分类是否提高了预测质量?

4. 使用数据集"Multivar_Exercise.xlsx",完成以下主成分分析。

(1) 计算五个独立变量($x_1 \sim x_5$)的数据相关矩阵。

(2) 计算相关矩阵的特征值和特征向量。

(3) 建立方差陡坡图。需要多少主成分解释 90% 的方差?

5. 使用数据集"Multivar_Exercise.xlsx",对五个独立变量($x_1 \sim x_5$)执行 k 平均聚类。(聚类数 k 指定为 3。)

6. 使用数据集"Multivar_Exercise.xlsx",绘制类似于图 5.13 的散点图矩阵,包括:

(1) 对于所有五个自变量($x_1 \sim x_5$),检查它们之间的相关性。

(2) 对前两个主成分用不同的颜色或符号表示 k 均值聚类的三种聚类。

(3) 对前两个主成分用不同颜色或符号表示给定数量的因变量 y。

(4) 根据可视化结果对聚类分析效果进行评价。

参 考 文 献

[1] Davis, J. C. ,1986. Statistics and Analysis in Geology, second ed. John Wiley & Son, New York. P. 527.

[2] Doveton, J. H. , Prensky, S. E. , 1992. Geological applications of wireline logs – a synopsis of developments and trends. Log Anal. 33, 286.

[3] Hastie, T. , Tibshirani, R. , Friedman, J. H. , 2008. The Elements of Statistical Learning: Data Mining, Inference, and Prediction, second ed. Springer, New York.

[4] Hempkins, W. B. , 1978. Multivariate Statistical Analysis in Formation Evaluation. Society of Petroleum Engineers. https://doi.org/10.2118/7144 – MS.

[5] Hempkins, W. B. , Kingsborough, R. H. , Lohec, W. E. , Nini, C. J. , 1987. Multivariate Statistical Analysis of Stuck Drillpipe Situations. Society of Petroleum Engineers. https://doi.org/10.2118/14181 – PA.

[6] Johnson, R. A. , Wichern, D. W. , 1992. Applied Multivariate Statistical Analysis. Vol. 4. Prentice hall, Englewood Cliffs, NJ.

[7] Kaufman, L. , Rousseeuw, P. 1990. Finding Groups in Data: An Introduction to Cluster Analysis. Wiley, New York.

[8] Lee, S. H. , Khraghoria, A. , Datta – Gupta, A. , 2002. Electrofacies characterization and permeability predictions in carbonate reservoirs: role of nultivariate analysis and non – parametric regression. SPE Resrv. Eval. Eng. 5(3), 237 – 248.

[9] Mahalanobis, P. C. , 1936. On generalize distance in statistics. Proc. Natl. Inst. Sci. India 12, 49.

[10] Mardia, K. V. , Kent, J. T. , Bibby, J. M. , 1979. Multivariate Analysis. Academic Press, London. p. 521.

[11] Mwenifumbo, C. J. , 1993. Kernel Density Estimation in the Analysis and Presentation of Borehole Geophysical Data. Society of Petrophysicists and Well – Log Analysts.

[12] Nitters, G. , Davies, D. R. , Epping, W. J. M. , 1995. Discriminant Analysis and Neural Nets: Valuable Tools to optimize Completion Practices. Society of Petroleum Engineers. https://doi.org/10.2118/69739 – PA.

[13] Scheevel, J. R. , Payrazyan, K. , 2001. Principal Component Analysis Applied to 3Dseismic Data for Reservoir Property Estimation. Society of Petroleum Engineers. http://doi.org/10.2118/21699 – PA.

[14] Serra, O. , Abbott, H. T. , 1982. The contribution of logging data to sedimentology and stratigraphy. SPEJ, 117 – 131. https://doi.org/10.2118/9270 – PA.

[15] Siena, M. , Guadagnini, A. , Della Rossa, E. , Lamberti, A. , Masserano, F. , Rotondi, M. , 2016. A Novel Enhanced – Oil – Recovery Screening Approach Based on Bayesian Clustering and Principal – Componet Analysis. Society of Petroleum Engineers. https://doi.org/10.2118/174315 – PA.

[16] Strang, G. , 1998. Introduction of Linear Algebra, third ed. Wellesley – Cambridge Press, Wellesley, MA, ISBN:0 – 9614088 – 5 – 5.

拓 展 阅 读

[1] Banfield. J. D. , Raftery. A. E. , 1993. Model – based Gaussian and non – Gaussian clustering. Biometrics 49, 803.

[2] Eto, K. , Suzuki, S. , Samizon, N. , Ichikawa, M. Electrical Facies: The Key to the Carbonate Reservoir Characterization. Personal Communications.

[3] James, G. , Witten, D. , Hasit, T. , Tibshirani, R. , 2013. An Introduction to Statistical Learning. Springer, New York Vol. 112.

第6章 不确定性量化

本章的主题是不确定性量化分析,是指通过分析模型输入参数的不确定性来确定模型输出结果的不确定性。本章系统讨论了如何表征不确定性,不确定性如何由输入参数传递到结果预测,并分析了不同不确定参数的相对重要程度。

6.1 引言

6.1.1 确定性方法与概率方法

油藏工程师或地质学家在涉及诸如油气藏、地下水、二氧化碳埋存、储气库、核废料处理等地下地质系统的流动问题时,常常需要面对由于认识不足(如数据缺失、测量误差、精度不够、采样偏差等)或天然随机性导致的不确定性。这些地质系统中的普遍存在的不确定性给分析和建模带来了挑战。传统确定性方法使用输入参数的最佳估计或最差估计来量化不确定性对模型预测能力的影响。或者用一系列乐观估计和悲观估计来提供参考方案的上下范围(Ovreberg et al,1992)。然而这种简单的方法不能处理系统响应为非线性或模型参数之间存在相关性的复杂问题。乐观估计和悲观估计的系统组合也可能导致置信区间过宽(会导致过度设计),并且其可靠性难以评估。

近年来,在前人研究的基础之上(例如,Walstrom et al,1967;MacDonald and Campbell,1986),人们重新关注使用概率方法量化油气系统的不确定性(例如,Murtha,1994;Bratvold and Begg,2010;Ma and LaPointe,2010;Caers,2011)。在概率方法中,模型参数的多个取值(取自参数值分布)通过模型产生多个结果(或输出分布)。与确定性方法相比,概率方法具有多重优势。首先,与确定性方法中仅使用最佳估计或最差估计相比,概率方法能够体现与不确定性和可变参数相关的所有信息。其次,可以量化所有可能结果的范围(以及每种结果的概率),而确定性方法不能提供所有组合的可能结果。最后,可以分析输入参数和输出结果之间的关系,从而识别关键的不确定输入参数并考虑模型输入之间的任何协同效应。因此,概率方法更适合在不确定性下做出合理的决策。

考虑如下示例。对于某新投产油藏未来收益预测的不确定性问题,不确定的变量分别是原油产量,资本支出和操作费用,以及原油价格。每个变量的不确定性为 ±10% 最佳估计。本例通过确定性范围分析和概率分析来量化这些不确定性的影响。图 6.1 展示了上述两种分析方法的结果。此处的确定性分析的参考结果是所有最佳估计的综合。同样地,悲观估计和乐观估计也分别是所有悲观值或乐观值的综合。确定性分析结果的范围在 $(15 \sim 135) \times 10^6$ 美元之间,除此之外没有有关上下范围或中间值概率的任何信息。而概率分析则能够通过概率曲线来显示此类信息。从图 6.1 中还可以清楚地看到,确定性方法还包含了小概率的极大值和极小值,这就解释了为什么概率方法的区间 $[(30 \sim 105) \times 10^6$ 美元] 更小,概率更高。虽然图中没有显示,但概率分析还表明石油产量和石油价格的不确定性对净收入预测范围的影响较大。

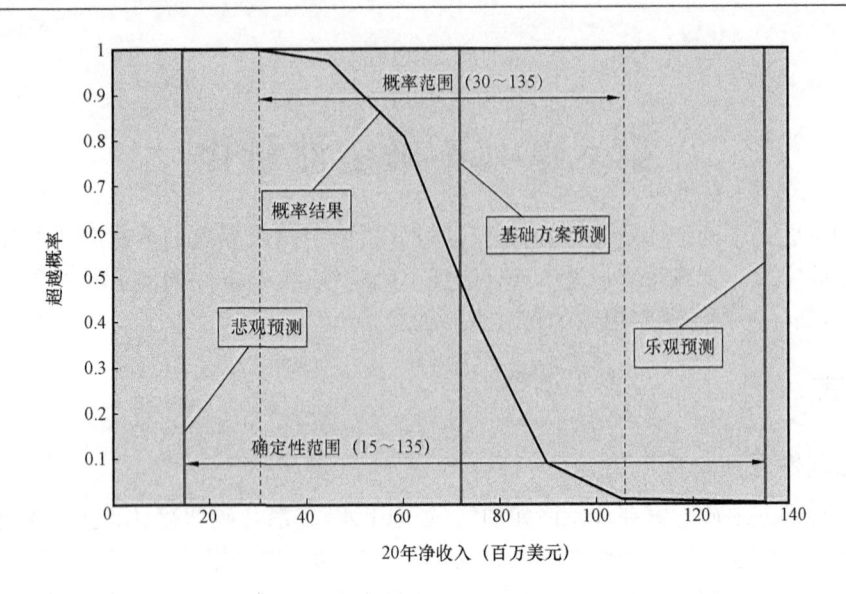

图 6.1　确定性分析与概率分析结果

6.1.2　系统框架的要素

作为不确定性建模的第一步,有必要概述不确定性量化系统框架的要素(Mishra,2009)。如图 6.2 所示,它们是:

(1)不确定性表征——通过拟合和(或)为不确定模型输入参数分配边际和联合分布来获取有关不确定因素和可变因素的所有信息;

(2)不确定性传播分析——通过将模型输入参数的不确定性映射到模型输出结果的相应不确定性来量化全部可能结果以及每个结果的概率;

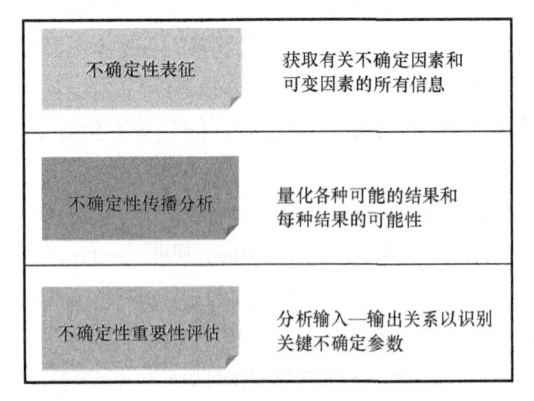

图 6.2　不确定性量化系统框架的关键要素

(3)不确定性重要性评估——分析输入-输出关系确定影响结果不确定性的关键因素(或"要素")。

应该注意的是,在地下地质系统建模和分析的相关文献中,术语"不确定性分析"通常同时包含上述的不确定性表征和不确定性传播,而术语"敏感性分析"指代不确定性重要性的评估(参见 Ma and LaPointe,2010)。换言之,不确定性分析是指获取关于不确定因素和可变因素的所有信息以及估计模型预测结果分布的过程。敏感性分析则是识别对模型预测结果不确定性影响最大的关键输入参数。本书中的不确定性表征是如图 6.2 所示的广义的不确定性分析表征。

6.1.3　蒙特卡罗模拟的作用

纵观与石油或环境地球科学相关的文献可以发现,不确定性分析通常被认为是蒙特卡罗模拟(Monte Carlo Simulation,MCS)的同义词。蒙特卡罗模拟可以广义地描述为通过随机抽样解决问题的数值方法(Morgan and Henrion,1990)。

如图 6.3 所示,蒙特卡罗模拟的概率建模方法允许将模型参数(输入)和未来系统状态(场景)中的不确定性通过概率分布完整映射到模型预测中的相应不确定性(同样用概率分布表示)。模型结果的不确定性通过从模型参数和未来状态的分布中随机抽样进行计算来量化。蒙特卡罗模拟也被称为统计判别的方法,因为它使用不同输入的多个实现(比如值的组合)来计算概率结果。

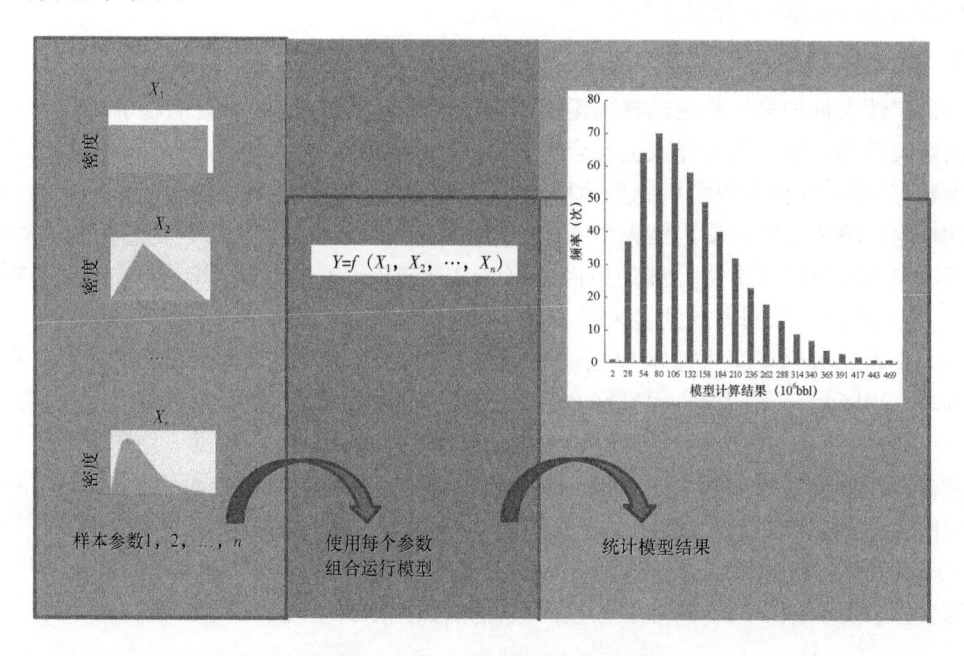

图 6.3 蒙特卡罗模拟过程示意图

蒙特卡罗模拟通常需要进行几百次模型计算,因此是一种十分耗费计算资源的方法。然而,如前所述,可能的概率分布也提供了确定性方法的"最佳估计"或"最坏估计"无法提供的重要信息。值得注意的是,尽管蒙特卡罗模拟在不确定性传播研究方面的功能十分强大,在下列几种情况时它可能不是最有效的:(1)参数的不确定性不明确;(2)正演模型需要耗费大量计算资源;(3)感兴趣的结果数量有限(Mishra,1998)。相关内容将在 6.5 节中进一步讨论。

本章提出了一种量化不确定性的系统化方法,即在蒙特卡罗模拟框架内按照图 6.2 所示的三个要素进行。本章的目的是说明蒙特卡罗模拟不仅仅是简单随机抽样、多次运行和结果汇总。本章介绍的蒙特卡罗模拟流程概括如下。

(1)不确定性表征。
① 选择需要抽样的模型的不确定参数。
② 为每个不确定参数构建概率分布函数。
(2)不确定性传播分析。
① 通过从每个分布中选择一个参数值来生成样本组合。
② 计算每个样本组合的模型结果并汇总所有样本组合的结果(等概率参数组合)。
(3)不确定性重要性评估。
① 分析概率计算结果以确定输入—输出关系。
② 判别关键的不确定参数。

6.2 不确定性表征

本节介绍如何选取输入参数中的不确定性参数,以及如何为每个不确定性参数分配取值范围和概率分布函数。本节还将讨论尺度问题,以及它如何影响分布的选择。这对于与空间平均模型相关的参数(例如储量估算)尤其重要。

6.2.1 筛选关键的不确定输入参数

不确定性表征的第一步是选择关键的不确定性输入参数,这些关键的不确定输入参数对结果的影响最为明显。从采样数据集合中消除冗余的不确定输入参数有助于聚焦需要重点收集的参数,并提高蒙特卡罗模拟结果的稳定性和可靠性。此外,它还能够促进在敏感性分析阶段构建稳定的输入参数—输出结果关系的统计模型,有助于明确输出不确定的关键驱动因素。关键不确定参数分析通常用标准的单因素(One Parameter at A Time,OPAT)敏感性分析法进行分析,结果通过蜘蛛网图或龙卷风图表示。

图 6.4 为二氧化碳注入盐水地层的单因素不确定性分析结果的蜘蛛网图(Ravi Ganesh and Mishra,2016)。X 轴为不同变量的归一化值(-1 表示低,0 表示参考值,1 表示高)。通常,在一个相同的范围内改变所有参数(例如平均数 ±2 倍标准差)有助于结果分析。Y 轴为敏感性参数对结果的影响程度。线条的斜率越陡峭,代表敏感性参数对结果的影响越显著。线条为曲线,表明模型是非线性的。在本例中,影响总埋存效率的最敏感参数为储层平均渗透率(K_R),渗透率各向异性(K_v/K_h),渗透率分层特征(K_r)和 CO_2 注入速率(Q_{inj})。因此,上述参数为蒙特卡罗模拟中的不确定性参数,而其他参数则取其平均数或中位数。

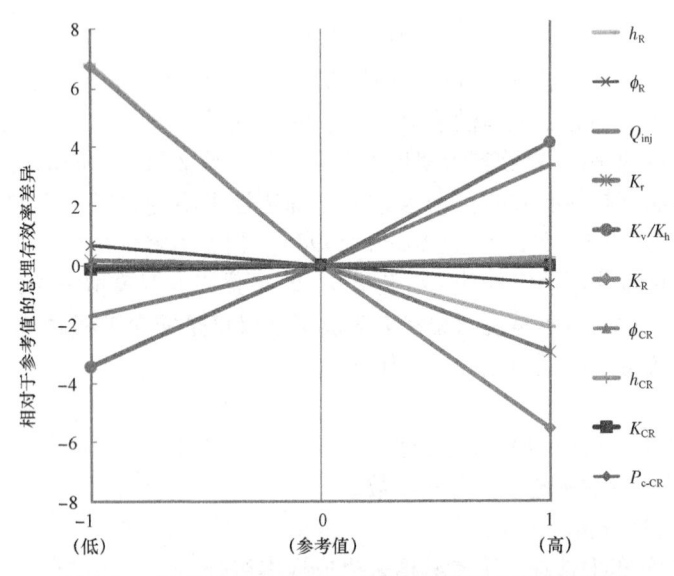

图 6.4 CO$_2$ 注入盐水地层的单因素敏感性分析蜘蛛网图

据 Ravi Ganesh,P;Mishra,S;2016. Simplified physics model of CO$_2$ plume extent in stratified aquifer – caprock systems. Greenhouse as Sci. Technol. 6,70 – 82. https:∥doi. org/10. 1002/ghg. l53 7

龙卷风图通过目标参数的范围(例如,最小值和最大值,第 5 和第 95 百分位数)分析获取敏感性的相关信息。选取每个参数的每个极值进行一次模型计算,同时保持其他不变(平均数和中位数)。将结果数据绘制成水平柱状图,显示模型结果对每个不确定输入参数的响应范围。将变化范围最大(即最长的柱子)的结果绘制在顶部,形成龙卷风的形状。图 6.5 为龙卷风图的结果,与蜘蛛网图分析的结果基本一致。二者的主要区别在于龙卷风图只能反映两个极值的结果,而蜘蛛网图可以通过计算参考值和端点值的结果来展示中间其他值的结果。

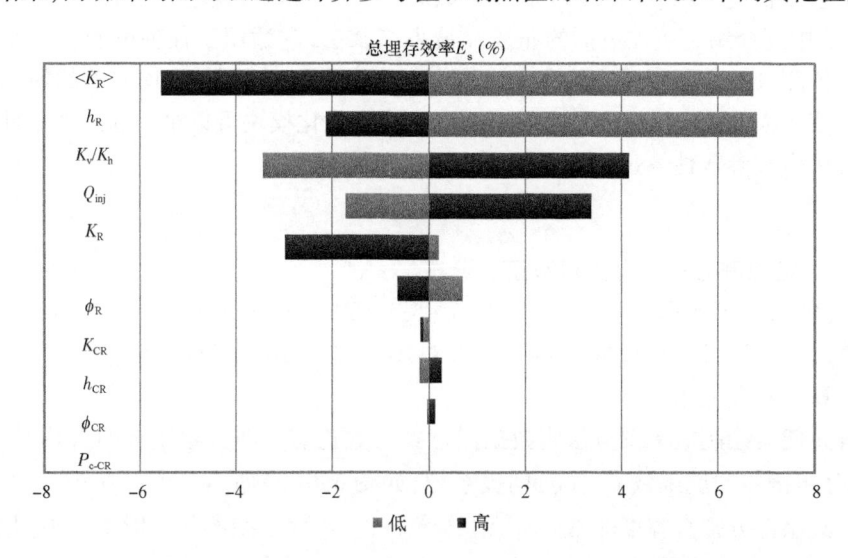

图 6.5　CO_2 注入盐水地层单因素敏感性分析龙卷风图

据 Ravi Ganesh,P. ,Mishra,S. ,2016. Simplified physics model of CO_2 plume extent in stratified aquifer – caprock systems. Greenhouse Gas Sci. Technol. 6,70 – 82. https://doi. org/10. 1002/ghg. 1537

另一种方法涉及使用基于实验设计的筛选技术,例如 Plackett – Burman(PB)分析。如 7.2.1 节所述,在该方法中,使用两级设计(即高值和低值)来估计输入数据对于输出结果的主要影响。Arinkoola and Ogbe(2015)展示了如何利用这种方法来确定影响油藏模型累产油量的关键不确定因素。

一旦确定了关键的不确定输入参数,开展不确定性分析的下一个关键步骤是使用概率分布对其进行适当的表征。遗憾的是,在石油地质相关的文献中,往往忽视了如何系统化地确定变量的概率分布。Mishra(2002)详细描述了相关的方法,包括以下组成部分:

(1)使用概率绘图或参数估计方法拟合测量数据的分布(Hahn and Shapiro,1967);

(2)使用已知约束和最大熵原理推导分布(例如,Harr,1987),使得分析人员最大程度地保留未知信息的不确定性;

(3)使用正规的专家启发协议评估主观分布(例如,Keeny and von Winterfeld,1991)。

6.2.2　拟合数据分布

如前面 3.4 节所述,在实际拟合中通常只考虑几种分布(表 3.2)。例如,当认知程度较低时通常使用均匀分布或三角形分布,正态分布或对数正态分布通常用于模拟由于累加或累乘过程引起的误差,Beta 分布通常用于表示有界的单峰随机变量,Weibull 分布常用于模拟组件故障率。

对于正态分布或对数正态分布,绘制概率图是将数据与假定分布进行比较并估计其参数值的便捷方法。如3.4.1中所述,正态分布(或对数正态分布)的概率图是顺序的观察值,x_i(或$\ln x_i$)与正态累积概率函数的反函数$G^{-1}(q_i)$的近似值的图表。其中,q_i是观测数据分布的分位数(累积频率),通常使用Weibull公式$q_i = i/(N+1)$计算得出,其中i是观测数据的等级(从最小到最大排序),N是观测数据的数量。此外,使用Microsoft Excel NORMSINV函数很容易计算正态累积概率函数的反函数或z分数。

3.4.2节中还介绍了更加灵活的非线性最小二乘法,它适用于任何分布。最小二乘法将观测数据与预测分布的累积概率分布之间的均方差作为目标函数,以均方差的最小值来估算模型参数。使用Microsoft Excel中的SOLVER非线性优化模块可以很容易地实现此过程。可以使用矩量法生成参数估算过程中的初始值。

例6.1 将观测数据拟合到对数正态分布

某口井的岩心渗透率如下(PERM_FIG6-6.DAT):$x=(2.5,4.2,8.2,10.1,13.1,14.7,21.4,24.2,28.0,32.2,38.4,44.5,54.9,72.3,109,221)$ mD。将这些数据拟合到对数正态分布,并计算该对数分布的参数。

解:首先使用绘制概率图方法将数据拟合到对数正态分布。绘制x的自然对数与标准正态累积分布函数的反函数$G^{-1}(q)$的关系图,如图6.6(a)所示。由图6.6(a)可知,除尾部端点外,其余部分拟合程度非常好,R^2值约等于1。对数正态参数可以由概率图上最佳拟合线的斜率和截距计算得到,$\alpha=3.18,\beta=1.33$。

接下来,使用非线性最小二乘法获得这些参数,这需要求得每个观测值和预测值之间平方差的总和的最小值。Excel中的NORMSDIST函数可以生成估计累积概率所需的标准正态累积分布函数。使用Excel中的SOLVER工具箱获得相应最佳拟合参数,值为$\alpha=3.21$,$\beta=1.23$,与使用概率绘图方法估计的参数非常接近。图6.6(b)为实测数据的累积分布函数与使用回归法求得的模型的结果对比图。

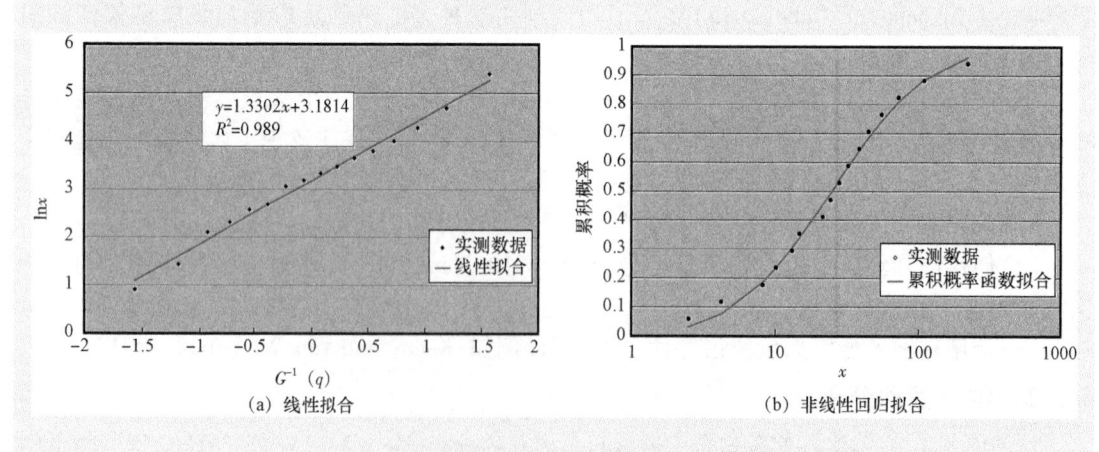

图6.6 例6.1使用绘制概率图和非线性回归拟合对数正态分布

6.2.3 最大熵分布选择

尽管理论上可以通过比较观察数据和模拟数据得到不确定参数的概率分布,但现实并不总是能够让分析人员如愿。通常,仅有有限的信息可以用于推测不确定参数的概率分布,同时参数还必须满足其他的一些特定假设。最大熵的原理作为替代方案,为上述情况下的分布选择提供了一种系统化的方法。

众所周知,热力学熵的概念与无序程度有关。类似地,"信息熵"(Shannon,1948)的概念可用于表征概率状态的不确定性,即:

$$H = -\sum_i p_i \ln(p_i) \quad (6.1)$$

其中 H 是香农熵(以提出这个概念的香农命名),p_i 是与第 i 个样本相关的概率。容易证明,最大熵对应于均匀分布,其中所有样本都具有相同的可能性(Harr,1987)。

任何其他分布都具有概率集中远离极值的特点,降低不确定性继而减少熵。

最大熵的原理是根据已知约束寻求使得熵最大化概率密度函数。通过利用所有信息(即满足所有约束条件)尽可能地减少不确定性,但无需不必要的假设。这保证了不确定性信息的最大可能范围被保留下来。Harr(1987)讨论了最大熵原理如何在已知约束的基础上帮助确定概率分布,见表6.1。

表 6.1 最大熵分布

约束条件	概率密度函数
上限值,下限值	均匀分布
最小值,最大值,众数	三角形分布
平均数,标准差	正态分布
范围,平均数,标准差	Beta 分布
平均发生概率	泊松分布

考虑如下示例。基于有限数量的目标储层数据以及类似储层的对比结果,已知孔隙度的下限值和上限值分别为 8% 和 18%。依据最大熵的原理,将这种情况假设为均匀分布。也可以选择三角形分布,并将范围的中点(13%)视为众数。然而,这相当于在没有数据支撑的基础上对分布的对称性做出了假设。如果在某种程度上已知了最可能值(例如15%),则只应采用三角形分布。因此,基于熵的分布选择方法迫使分析人员最大程度地保留数据的不确定性。

6.2.4 生成主观概率分布

在缺少数据的情况下另一种常见的策略是根据专家对不确定参数的认识建立分布函数。通常建议通过指定所选百分位数,而不是试图指定特定的参数分布模型(例如,正态分布)及其相关参数(例如,平均数和标准差)来确定最佳分布(Helton,1993)。

在实践中,首先指定对应于第 0,100 和 50 百分位数的最小值、最大值和中间值。通过添加中间的其他百分位数(例如第 10,第 90,第 25 和第 75 等)来细化分布。绘制经验累积分布函数有助于确定是否需要调整特定百分位数的值,以及是否需要添加其他的百分位数。通常,对于专家来说,选择百分位数的值比选择分布模型的参数更容易。在这方面,一个有用的工具是政府间气候变化专门委员会(IPCC,2010)使用的概率表,见表6.2。

表 6.2 IPCC 主观评估概率量表

主观描述	等效累积概率
几乎可以肯定	>0.99
很可能	0.90~0.99
可能	0.66~0.90
差不多	0.33~0.66
不可能	0.10~0.33
非常不可能	0.01~0.10
十分不可能	<0.01

考虑如下示例,需要通过主观评价确定用于历史拟合的表皮因子。表6.3显示了两名专家提供的累积分布函数。第一位专家给出的表皮因子偏低(平均数3.9,中位数4),而第二位专家则给出的表皮因子偏高(平均数5.2,中位数4)。经过大量讨论后,得到了一个共识累积分布函数,即当百分位数小于中位数时倾向于取较小的值,而当百分位数大于中位数时倾向于取较大的值。应该注意的是,虽然上述方案在石油地质中并不常用,但它们确实提供了一种基于主观判断的可靠的分布分析方法。

表 6.3 主观概率赋值示例

百分位数	专家1	专家2	共识
0(最低限度)	0	2	1
10	1.5	2.5	2
25	3	3	3
50	4	4	4
75	4.3	6	6
90	4.7	7.5	7
100	5	9	8

当需要用主观概率分布分析的不确定量太多时,不值得花费有限的资源对每个参数开展这样的分析。Helton(1993)提出了一个两步法,首先将所有变量粗略地表征为均匀分布(或对数均匀分布,取决于参数的范围)进行筛选分析。分析模型结果以确定哪些参数是影响结果不确定性的关键因素。然后,可以将精力集中在这些关键参数子集上,以便在第二级分析之前更详细地表征不确定性。用第7章中介绍的实验设计方法构建的替代模型是开展上述分析的有效工具。

6.2.5 尺度问题

选取合适的分布需要考虑的另一个重要因素是尺度问题。在石油和环境地质中,收集到的数据的尺度和模型离散化尺度之间通常存在差异。如图6.7所示,(a)图是与物理变量相关的尺度,大约为10^{-2}m,并具有较大的方差,而(b)图是模型参数相关的尺度,通常约为10^1m,对应较小的方差。

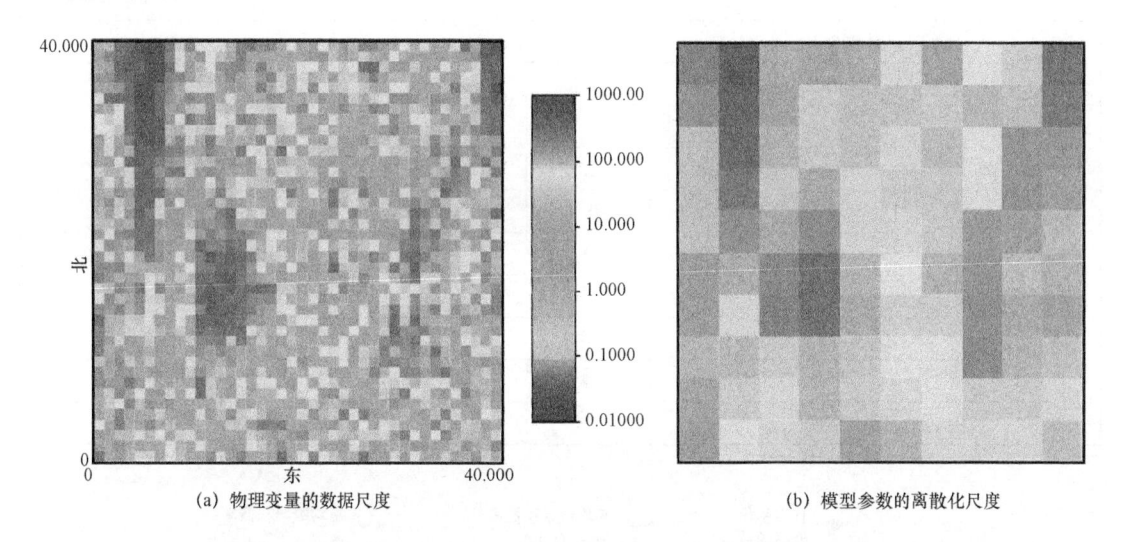

图6.7 物理变量的数据尺度与模型参数的离散化尺度之间的差异

(a) 物理变量的数据尺度　　(b) 模型参数的离散化尺度

由于大多数模型的参数通常是体积平均量,因此必须注意将数据收集尺度的不确定性与模型所需尺度之间的不确定性或可靠性联系起来。应该特别注意的是,在数据收集尺度上(例如,岩心样品)观察到的方差反映了空间变异性,并且远大于模型参数(例如,网格平均数)尺度的方差,这是由于后者经过了体积平均处理。

考虑如下示例,对于例3.9中10个净厚度数据的样本:$h(ft) = (13,17,15,23,27,29,18,27,20,24)$,需要确定平均净厚度的概率分布,并将其用于储量估算。这里要做的是表征平均数附近的不确定性,而不是获取净厚度本身的完全分布。如例3.9所示,这是具有九个自由度的t分布。样本平均数(X)为21.3,样本标准差(s)为5.52,平均数的标准误差(SE) = 5.52/$\sqrt{10}$ = 1.75。从实际分析的角度,除非样本数量非常小(即小于5),否则也可以将其近似为具有相同平均数和标准差的正态分布。

使用t分布及正态分布计算的平均数的累积分布函数见表6.4。这里分别使用Excel的T.INV和NORMSINV函数生成对应于特定百分位数的t值和z值。这些标准化值与样本平均数和平均数的标准误差,可以计算对应于任何给定百分位数的净厚度值。

图6.8显示了净产层厚度样本数据的累积分布函数,以及使用t分布和正态分布计算的平均数的累积分布函数。该图表明:(1)平均数的分布比变量本身的分布要紧密;(2)只要有10个样本,正态分布就能很好地近似t分布。

表6.4 使用 t 分布和正态分布计算平均数的累积分布函数

n(样本数)=10
X(样本平均数)=21.3
SE(平均数标准误差)=1.75

净厚度 (ft)	排序	分位数	百分位数	t 值	t 分布计算的净厚度 (ft)	z 值	正态分布计算的 净厚度(ft)
13	1	0.091					
15	2	0.182	0.01	−2.82	16.4	−2.33	17.2
17	3	0.273	0.05	−1.83	18.1	−1.64	18.4
18	4	0.364	0.10	−1.38	18.9	−1.28	19.1
20	5	0.455	0.25	−0.70	20.1	−0.67	20.1
23	6	0.545	0.50	0	21.3	0.00	21.3
24	7	0.636	0.75	0.70	22.5	0.67	22.5
27	8	0.727	0.90	1.38	23.7	1.28	23.5
27	9	0.818	0.99	2.82	26.2	2.33	25.4
29	10	0.909					

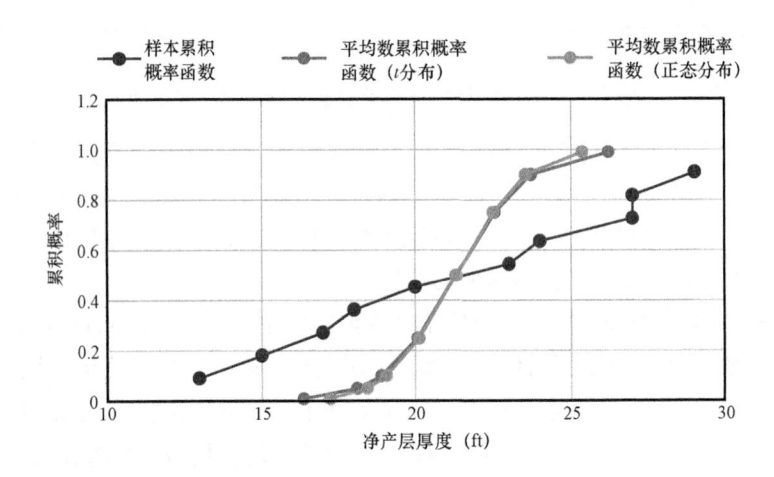

图6.8 样本及其平均数的累积分布函数(基于例3.9中的数据)

6.3 不确定性传播

本节介绍如何将模型输入参数的不确定性转换为模型预测结果的相应不确定性,以便获取:(1)可能结果的全部范围;(2)每个结果的概率。不确定性传播分析包含三部分内容,首先随机生成一定数量的输入参数样本集,而后明确需要多少次运行次数能够可靠地估算模型结果的不确定性,最后选择呈现蒙特卡罗模拟结果的恰当方法。本节还介绍一些其他不确定性分析技术,作为蒙特卡罗模拟技术的补充。

6.3.1 抽样方法

6.3.1.1 随机抽样

随机抽样方法的基本思想如下。令任何随机变量 X 的累积分布函数表示为 $F_x(x)$，其是 x 的非递减函数，使得 $0 \leq F_x(x) \leq 1$。因此，只要 $0 \leq u \leq 1$ 且 $F_x(x)$ 严格单调，就可以为任何 U 建立唯一的函数关系 $F_x^{-1}(U)$。这通常是石油和环境地质学中遇到的概率分布的情况。如果现在将 U 定义为均匀随机变量 $U = U(0,1)$，则遵循 $F_x^{-1}(U)$。换句话说，通过将 0 和 1 之间的均匀随机变量的值等于累积分布函数，就可以反算出感兴趣的随机变量的对应值。图 6.9 为对单个随机变量的随机抽样，其中采样过程如下：

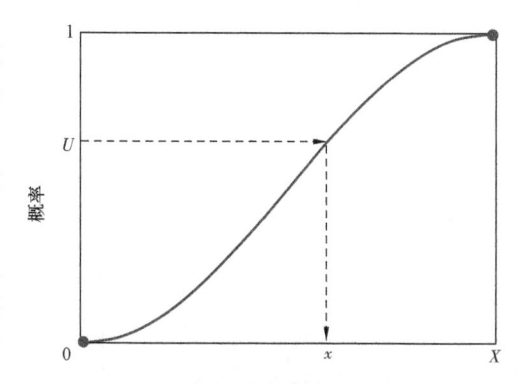

图 6.9 使用累积分布函数逆变换进行随机抽样的示意图

（1）从 $U(0,1)$ 生成 n 个均匀随机数 $u_1, u_2, u_3, \ldots, u_n$；

（2）解 $x_i = F_x^{-1}(U_i), i = 1, 2, \cdots, n$。

这导致生成大小为 n 的包含重复数据的样本，即相同的值可能最终被多次采样。该方法的一种变化是在输入数据的采样过程中使用不同的边际分布，或者使用输入参数集合的联合分布。有关如何将这种累积分布函数逆变换扩展到非相关和相关的多个随机变量的情况的更多细节，请参见 Tung 和 Yen（2005）。

随机设计简单易行。然而，它们也可能有糟糕的"空间填充"特征。也就是说，多个观测数据可以最终聚集在空间的一个部分，并提供与该区域响应面特征相关的大量冗余信息。该空间的其他部分可能数据稀少，可以更好地利用冗余观测数据来填补这些空白。

6.3.1.2 拉丁超立方抽样

拉丁超立方抽样（LHS）旨在从输入参数的不同范围内等概率地随机抽样，保证抽取的观测值能够覆盖预测空间（McKay et al, 1979）。拉丁超立方抽样是一个分层抽样过程，包括将每个输入参数的范围划分为等概率的区间，从每个区间中抽取一个值，并将抽取的值随机组合。采样的方式是这样的：对于大小为 n 的样本，对每个输入参数的每个区间 $[0, 1/n]$，$[1/n, 2/n], \cdots, [(n-1)/n, 1]$ 进行一次抽样。在实践中，$[0,1]$ 范围内的值被解释为概率，并且通过一些输入的概率分布来变换设计点。这样可以将采样点扩展到所有等概率区，也导致相应模型输出的计算方差减小（Iman and Helton, 1985）。图 6.10 显示了拉丁超立方抽样如何从不重叠的概率区中为不同的变量选取五个不同的值，并以随机的方式将它们组合。

6.3.1.3 拉丁超立方抽样中的相关性控制

只要当（1）敏感的输入参数相互关联，（2）输入—输出模型是非线性的，（3）输出分布的尾部很重要时，那么输入—输入的相关性就很重要必须加以参考。如果 RCC（秩相关系数）大于 0.9，则相关性应作为显式的函数关系来处理。否则可以将受限配对技术（Iman and Conover, 1982）与拉丁超立方抽样结合使用，从而保留不确定输入之间的可能关系并消除虚假的输入—输入关系。如前所述，由于秩相关是一种可靠且不依赖具体分布的度量，因此可以用作生成相关的样本。

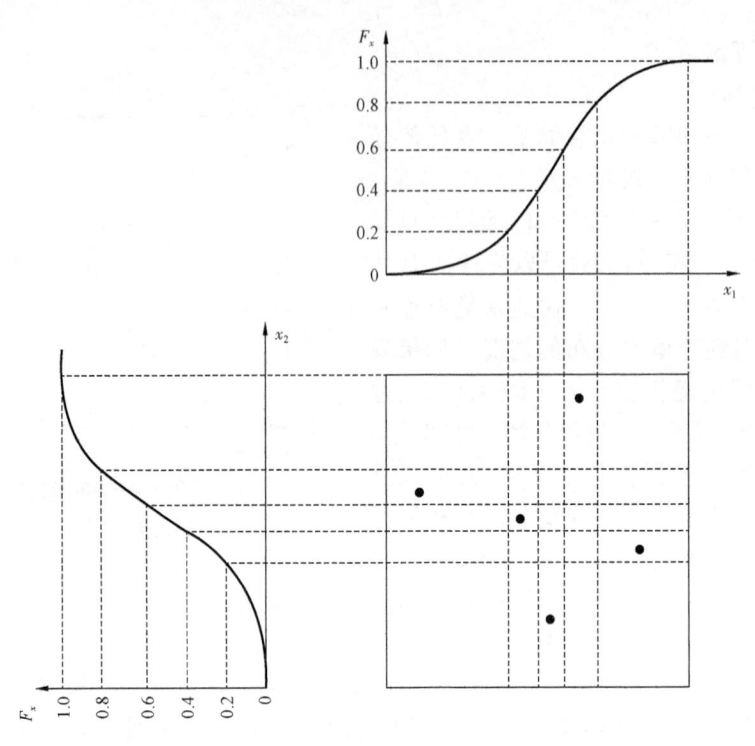

图 6.10　有 5 个样本的双变量位丁超立方抽样

设 T 为实际相关矩阵，C 为期望相关矩阵。可以定义一个变换矩阵 S，使得 $STS^T = C$。这里，S 是任意矩阵，S^T 是它的转置。如果将 Cholesky 因子分解（Press et al,1992）应用于 C 和 T，即 $C = PP^T$，并且 $T = QQ^T$，则很容易证明 $S = PQ^{-1}$。这里，P 是期望相关矩阵 C 的下三角分解，Q 是实际相关矩阵 T 的下三角分解。如果 R 是秩的原始矩阵，则 $R^* = RS^T$ 产生期望的相关矩阵 C。下面针对二维变量情况给出说明示例（图 6.11）。

R		T		C	
3	2	1	−0.4	1	0.5
1	4	−0.4	1	0.5	1
5	1				
2	3	Q		P	
4	5	1	0	1	0
RCC	−0.4	−0.4	0.916515	0.5	0.866025

Q^{-1}		S		S^T	
1	0	1	0	1	0.877964
0.436436	1.091089	0.877964	0.944911	0	0.944911

R^*（未处理）		R^*（排序后）			
3	4.523716	3	1		
1	4.657609	1	3		
5	5.334734	5	4	RCC	0.5
2	4.590662	2	2		
4	8.236414	4	5		

图 6.11　使用 Iman – Conover 受限配对技术结合拉丁超立方抽样保留相关性示例

6.3.2 计算注意事项

6.3.2.1 样品数量

在蒙特卡罗模拟过程中,关键要使用足够多的样本参数集进行足够多次数的模拟计算,以获得关键指标(如平均数、第 90 分位数)的稳定解。在拉丁超立方抽样中选择最佳样本数量以获得稳定平均数的一种广泛使用的经验法则是 $4/3N$ 规则(Iman and Helton,1985),其中 N 是不确定输入的数量。但是如果将尾部百分位数当作感兴趣的评价指标,则可能需要额外的运算次数。

图 6.12 显示了后续例 6.2 中讨论的指数递减问题采用蒙特卡罗模拟对样本数的敏感性。图 6.12(a)为样本数在 10~1000 之间平均数和标准差对样本数的敏感性。但很明显,当样本数达到 300 左右时,可以获得平均数和标准差的稳定值。图 6.12(b)显示了 P_{10},P_{25},P_{50},P_{75} 和 P_{90} 统计值的类似图表。除了 P_{90} 值之外,结果也在 300 个样品附近趋于稳定。正如前面所述,端点百分位数的收敛性差是一种常见的现象。

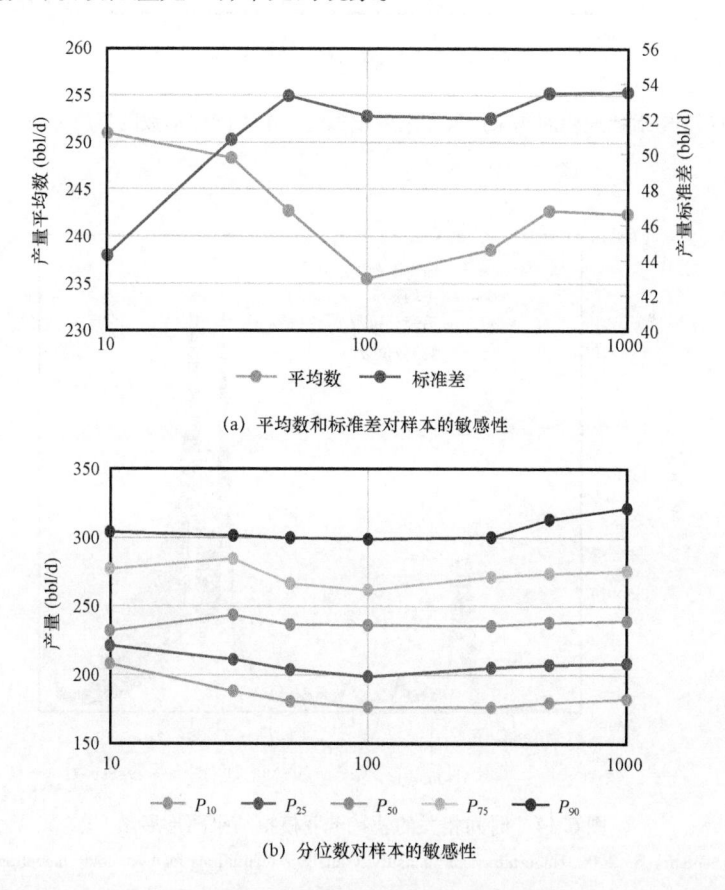

图 6.12 例 6.2 中讨论的指数递减问题采用蒙特卡罗模拟对样本量的敏感性

6.3.2.2 结果的可视化

蒙特卡罗模拟结果可以以多种方式呈现。对于与时间无关的结果,通常建议将展示 2~3

个不同样本数量的累积分布函数,如图 6.13 所示。图中,样本数 300 和 1000 的结果相互吻合,而样本数 100 在高、低百分位数的结果与其他有明显差异(显示了早期的效应)。

对于与时间相关的结果,建议以"马尾图"形式展示所有的概率结果,并配合移动平均数和 5% ~ 95% 置信区间。图 6.14 为此类图表的示例,显示的是环境示踪剂输运问题的结果(Mishra,2009)。

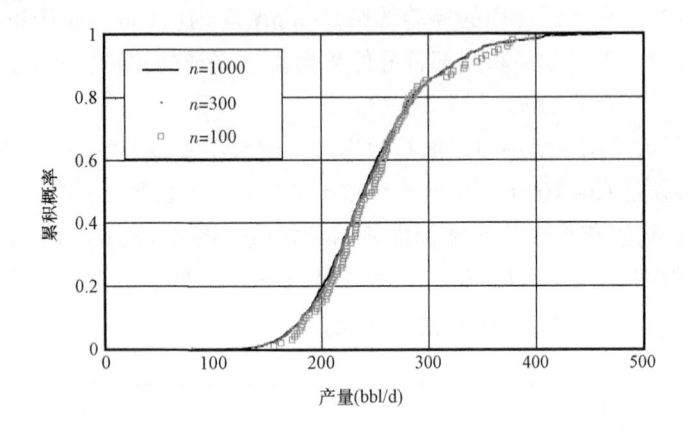

图 6.13　例 6.2 中指数递减问题采用蒙特卡罗模拟的三个不同样本数的累积分布函数结果比较

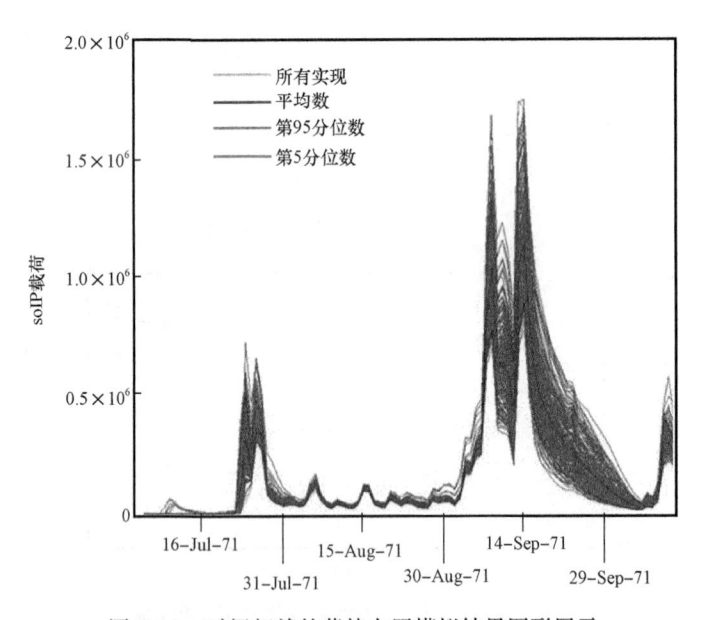

图 6.14　时间相关的蒙特卡罗模拟结果图形展示

From Mishra, S., 2009. Uncertainty and sensitivity analysis techniques for hydrologic modeling. J. Hydroinf. 11(3 – 4),282 – 296

例6.2 蒙特卡罗模拟

考虑使用体积法计算新油田原油储量,并分析不确定性的问题:

$$N = \frac{7758Ah\phi(100 - S_{wi})}{10^4 B_{oi}} \tag{6.2}$$

其中,N是原油储量(bbl),A是油藏的总面积(acre),h是平均油藏厚度(ft),ϕ是平均孔隙度(%),S_{wi}是初始含水饱和度,B_{oi}是原始压力下的油层体积系数(油藏单位体积/地面标准体积,RB/STB)。使用Murtha(1994)统计的Repetto盆地26个油田的关键参数,(表6.5,INPUTS – TAB6 – 6. DAT)(1)拟合不确定变量的适当分布;(2)生成输入参数相关和无关的100和500拉丁超立方抽样数据集的蒙特卡罗模拟结果;(3)使用5个不确定输入的等效百分数来测试预测N的P_{10}、P_{50}和P_{90}的有效性。

表6.5 储量估算输入参数

A(acre)	h(ft)	ϕ(%)	S_{wi}(%)	B_{oi}(RB/STB)
200	172	27	28	1.24
250	72	38	30	1.05
355	388	21	40	1.17
1268	125	32	35	1.04
388	224	20	37	1.3
265	250	20	37	1.3
445	332	26	25	1.16
525	338	29	27	1.16
144	95	36	40	1.08
365	133	32	25	1.04
1200	511	24	31	1.05
320	85	28	25	1.05
3000	250	36	36	1.05
445	150	38	35	1.05
1133	300	23	40	1.15
1133	400	32	23	1.1
1133	325	26	30	1.15
374	91	20	40	1.43
355	300	30	50	1.24
373	130	28	35	1.08
1000	80	33	19	1.05
859	123	33	19	1.05
270	80	34	18	1.05
400	50	35	18	1.05
200	75	30	26	1.05
180	325	25	37	1.01

原始数据相关性矩阵

参数	A	h	ϕ	S_{wi}	B_{oi}
A	1				
h	0.29	1			
ϕ	0.18	-0.47	1		
S_{wi}	0.01	0.30	-0.38	1	
B_{oi}	-0.22	0.16	-0.68	0.46	1

相关矩阵与数据秩

参数	A	h	ϕ	S_{wi}	B_{oi}
A	1				
h	0.33	1			
ϕ	0.04	-0.49	1		
S_{wi}	-0.14	0.35	-0.42	1	
B_{oi}	-0.11	0.42	-0.64	0.49	1

解：

(1)部分。

使用6.2.2节中介绍的非线性回归程序，用不同的参数分布模型拟合数据。拟合的模型和参数如下：

A—对数正态分布　$\ln(A) = LN[\alpha=6.11, \beta=0.87]$

h—对数正态分布　$\ln(h) = LN[\alpha=5.16, \beta=0.84]$

ϕ—正态分布　$\phi = N[\mu=29.57, \sigma=6.58]$

S_{wi}—Weibull分布　$S_{wi} = W[\lambda=35.21, k=3.62]$

B_{oi}—Beta分布　$B_{oi} = B[\alpha=1.78, \beta=12.12]+1$

实际数据的累积分布函数和拟合结果如图6.15所示，表明五个变量拟合良好。

(2)部分。

接下来生成5个变量的500个拉丁超立方样本，在生成过程中考虑数据的相关性，秩相关矩阵如表6.5所示，图6.16为生成的散点矩阵图，由图可知采样算法有效地保留了输入—输出的相关性结构。

此外还生成了3个样本集：① 500个没有相关性的样本；② 100个具有相关性的样本；③ 100个没有相关性的样本。

用这些生成的数据根据式(6.2)来计算原油储量。

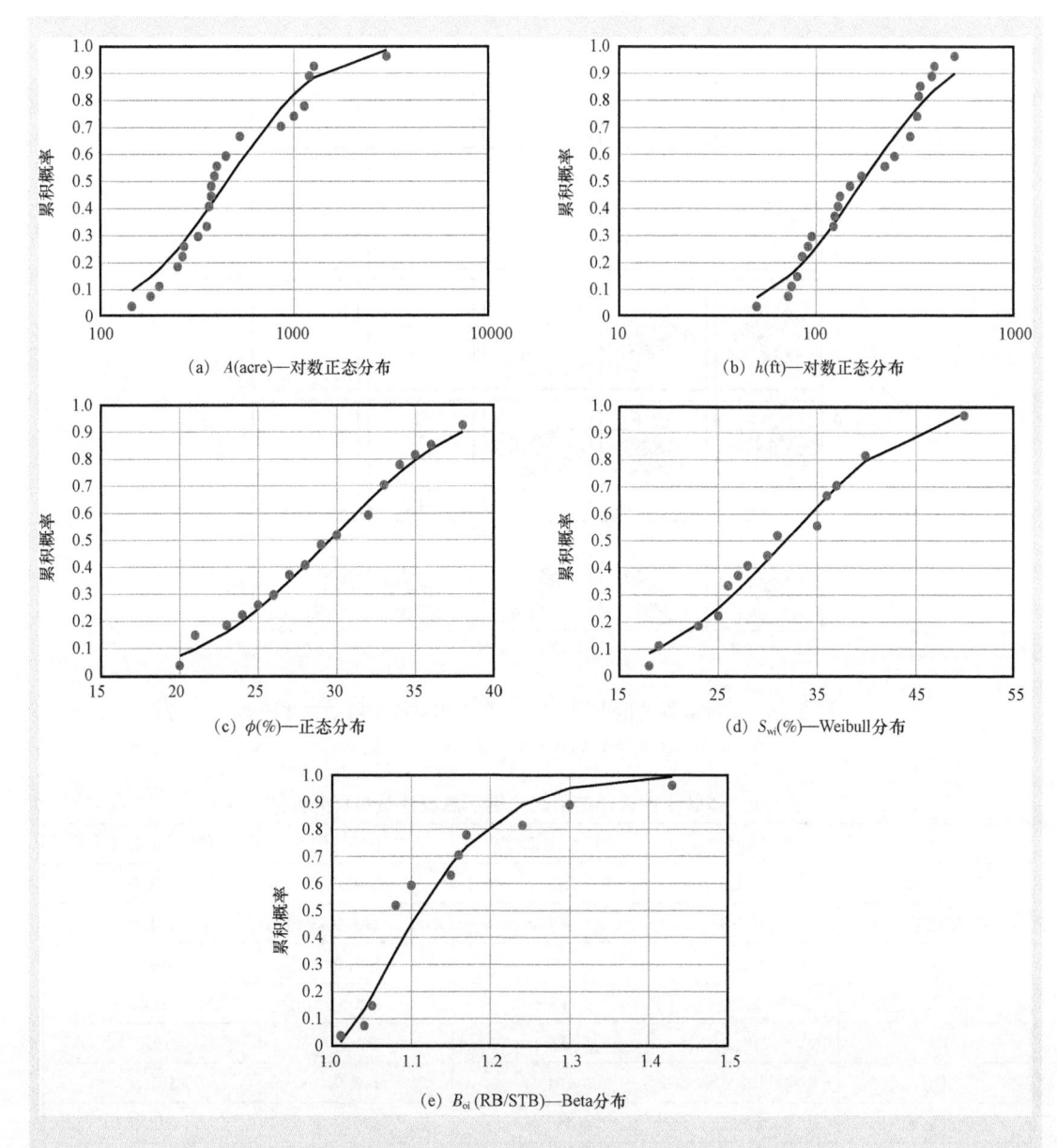

图 6.15　实测数据累积分布函数和拟合结果,蒙特卡罗模拟实例

表 6.6 显示了所有案例的关键统计数据和百分位数。

图 6.17(a)显示了基于蒙特卡罗模拟的 100 个相关样本和 500 个相关样本的累积分布函数,由图可知 100 个样本量对于本问题来说可能不够。图 6.17(b)比较了 500 个相关样本和 500 个无关样本的累积分布函数,结果清楚地表明由于相关性造成的低 – 低和高 – 高数据组合使得相关性数据集的结果出现更多的极值。表 6.6 中相关性数据的高标准差和尾部百分位数值也确认了该结果。

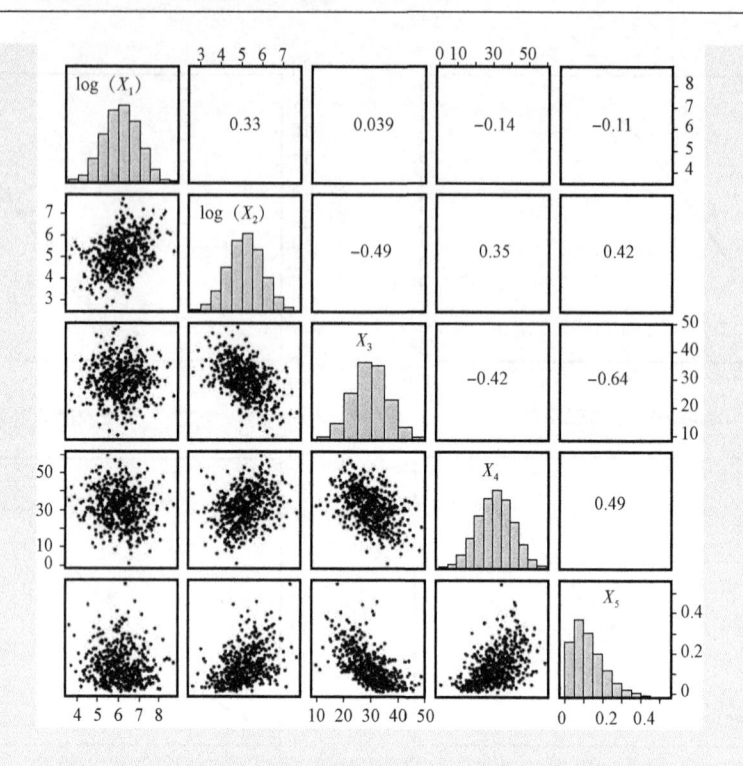

图6.16 采样数据的散点图矩阵,500个相关拉丁超立方体样本
$X_1 = A, X_2 = h, X_3 = \phi, X_4 = S_{wi}, X_5 = 1 - B_{oi}$

表6.6 蒙特卡罗模拟结果的关键汇总统计量和百分位数

参数	500个随机样本	100个随机样本	500个相关样本	100个相关样本
平均数	226.6	217.7	264.8	273.0
中位数	107.3	101.2	113.9	101.9
标准差	378.8	346.6	543.0	598.3
P_5	11.4	15.0	11.5	8.4
P_{10}	19.2	23.1	20.1	16.0
P_{50}	107.3	101.2	113.9	101.9
P_{90}	519.1	499.6	594.9	528.2
P_{95}	858.7	701.4	917.6	852.4

(3)部分。

基于(1)部分的拟合分布,五个不确定参数的特征百分位数 P_{10}, P_{50} 和 P_{90} 如表6.7所示。表中还显示了使用上述特征百分位数计算的储量和500个无关样本蒙特卡罗模拟获得的储量。显然,使用百分位数组合计算的结果分布范围更宽,低于第50百分位数的结果相比于蒙特卡罗模拟结果更小,而高于第50百分位数的结果更大。值得注意的是,第50百分位数的结果比较合理,而这也是唯一可以使用的百分位数结果。两种方法的结果差异是由于百分位数简单组合方法隐含假设造成的,该假设默认输入数据之间存在良好相关性。

(a) 100个样本和500个样本比较

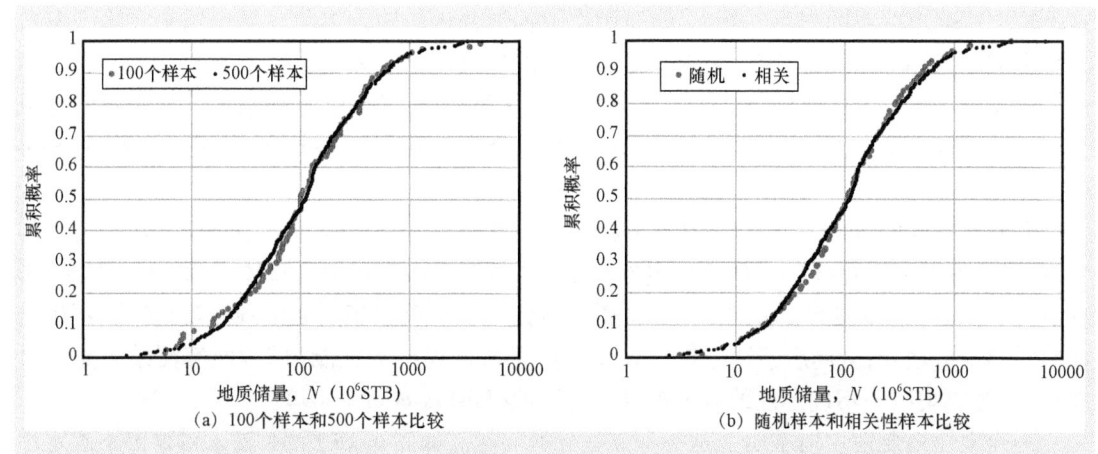

(b) 随机样本和相关性样本比较

图 6.17 样本数和输入—输出相关性对蒙特卡罗模拟结果累积分布函数的影响

这在风险分析文献中被称为"复合保守主义问题"。例如，Bogen(1994)已经证明，在一个简单的风险乘法模型中，如果对于几个统计独立的每一个输入变量使用上部 p -分数(第 $100p$ 百分位数的值)值，则根据乘法模型预测的风险得到的风险估计将是上部的 p' -分数，其中 $p'>p$。p' 和 p 之间的差异可能很大，差异大小取决于输入的数量，它们的相对不确定性以及所选择的 p 的值。

表 6.7 使用百分位数简单组合的计算结果

百分位数	A	h	f	S_{wi}	B_{oi}	N	N_MCS
P_5	108.37	43.92	18.76	15.60	1.02	5.72	11.4
P_{10}	148.23	59.47	21.17	18.99	1.03	11.35	19.2
P_{50}	449.84	174.14	29.56	31.83	1.11	110.32	107.3
P_{90}	1363.66	510.02	37.97	44.27	1.25	915.04	519.1
P_{95}	1856.68	689.68	40.30	47.55	1.29	1621.99	858.7

6.4 不确定性重要性评估

在本节中，将描述如何分析概率计算结果(例如不确定性传播结果)，以确定输入—输出关系，以及如何识别关键不确定性参数。需要开展不确定性重要性评估的原因是考虑概率模型可以由数十个或数百个不确定的参数组成，并且它们彼此的相互作用可能是复杂的或非线性的。因此，基于对模型结果的简单评估，很难获得有关任意输入—输出关系、关键不确定参数、关键敏感参数的直观认识。因此需要一种系统的方法来获得这种理解。

6.4.1 不确定性重要性的基本概念

不确定性重要性评估(又称全局敏感性分析)的目标是研究如何确定不同的输入对输出的影响(Mishra et al,2009)。这与传统的流动模型采用单参数局部敏感性分析形成鲜明的对比。传统方法是在参考数据的基础上每次引入一个微小的扰动，并计算扰动对于结果的影响(Hill and Tiedeman,2007)。通过计算输出变化除以输入变化得到的敏感性系数，反映了参考点处输入—输出关系的斜率。然而,除非用作敏感性分析的输入参数与输出结果在输入参数的整个范围内都存在线性关系,否则这种分析只能提供局部有效的输入参数相对敏感性。而这类单参数分析也无法有效考虑输入参数之间的协同效应。因此,全局敏感性分析技术已成为研究输入输出敏感性的有效替代方案,对参数的全部取值范围和所有参数组合都有效(Salt-elli et al,2000)。

在概率建模的背景下,全局敏感性分析涉及检查不确定模型输入与相应模型输出之间的关系,以回答以下问题:(1)哪些不确定参数或输入对概率模型结果的总体不确定性(方差)影响最大?(2)影响模型产生极端结果的关键因素是什么?除了识别影响预测模型结果不确定性的关键变量之外,全局敏感性分析结果还可用于验证模型的性能(即判断实测结果是否合理)以及为收集减小不确定性的数据提供必要反馈(Mishra et al,2009)。

不确定性重要性评估本质上是一个方差分解问题。如图6.18所示,输入对输出不确定性(方差)的贡献是输入本身不确定性和输出对特定输入敏感性这两方面的函数。通常,在全局敏感性分析中被确定为重要的输入变量同时具备两个特征,即输入本身的变化范围很大,同时有很大的敏感系数。相反,不重要输入参数要么其本身取值范围较小,要么结果对其不敏感。

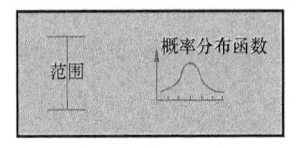

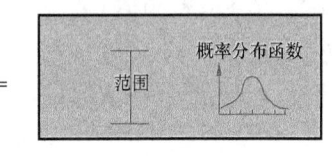

图6.18 不确定性重要性概念

对概率建模结果的全局敏感性分析可以被视为统计数据挖掘的一种形式,即使用统计技术来提取大尺寸数据集中的因变量和自变量之间的因果关系、结构、模式以及趋势(Hastie et al,2008)。这里不确定输入的采样值视为自变量,计算模型输出视为因变量。通常,样本输入被认为是与时间无关的。如果感兴趣的输出是与时间相关的,则在固定的时刻提取其值以进行分析。如上所述,全局敏感性分析的目标是开发输入—输出关系或决策规则,以获取整个输入范围内相应模型结果的模型行为。

本节将介绍最基本的不确定性重要性分析技术,这些技术适合与基于抽样的不确定分析相结合。这些方法建立在基于蒙特卡罗模拟的不确定性分析结果的基础上,因此不需要对不确定参数重新采样和重新计算模型结果,包括:(1)散点图和秩相关分析;(2)逐步秩回归和部分秩相关分析。此外,还将讨论适用于特殊情形的熵(相关信息)和分类树分析,这些技术可用于特殊情况。

6.4.2 散点图和秩相关分析

2.2.3节讨论了散点图,为图形描绘双曲线关系的一种手段。在蒙特卡罗模拟的背景下,还可以使用散点图对输入—输出关系进行可视化分析。它们提供了关于因果关系的强度(例如强或弱)和性质(例如线性或非线性)的定性结果。然而,除非模型仅具有少量不确定的输入,否则系统地检查散点图以识别最有影响的输入参数通常是不可行的。

图6.19为前一节讨论的原油地质储量不确定分析中,两组输入—输出参数的散点图。

从图 6.19(a)中的双对数图中可以清楚地看出,面积 A 对于地质储量 N 有显著的影响,相反地,体积系数 B_{oi} 对地质储量 N 的影响较小。

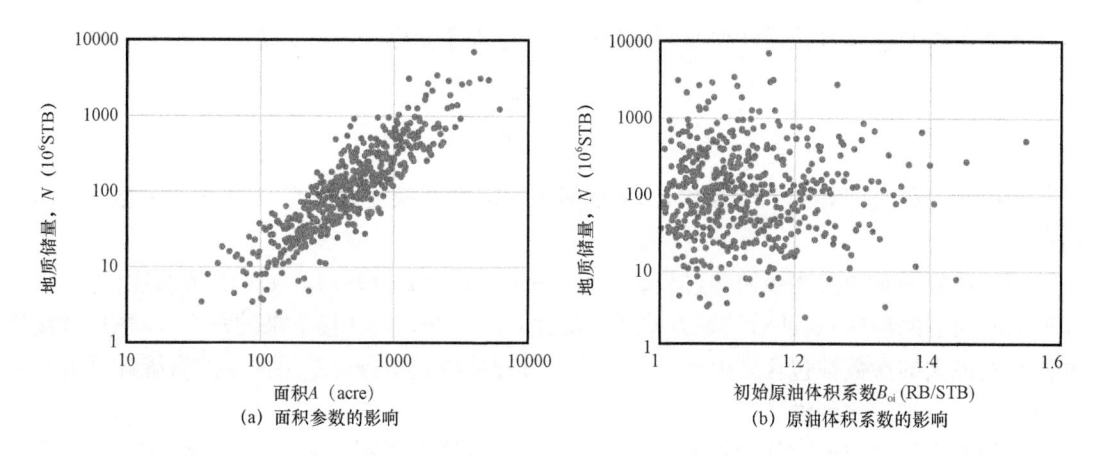

(a) 面积参数的影响

(b) 原油体积系数的影响

图 6.19　原油地质储量不确定性分析问题的输入—输出秩散点图

将散点图与秩相关分析结合使用来分析不确定性的重要性更为有用。由 2.4 节可知,任意输入—输出参数的 Spearman 秩相关系数可以表示为(Helton et al,1991):

$$RCC[y, x_k] = \frac{\sum_k (x_k - \bar{x})(y_k - \bar{y})}{[\sum_k (x_k - \bar{x})^2 \sum_k (y_k - \bar{y})^2]^{1/2}} \tag{6.3}$$

其中 x 为输入参数的秩,y 为输出结果的秩,带横线的符号表示平均数,k 为样本序号。秩变换是最简单的非参数线性化技术(Iman and Conover,1983),将变量升序排列并用秩(排序)代替值。秩相关系数能够度量输入变量和输入结果同时变化程度。秩相关系数量化了输入—输出之间的线性单调关系的强弱程度,而秩变换则将原来潜在的非现象关系转成了线性关系(Helton,1993)。秩相关系数为正表示输出随着输入的增加而增加,反之则相反。秩相关系数的绝对值越大,输入—输出之间的关系越强,即不确定性重要性越强。图 6.20 为 500 个不相关样本的秩相关系数的比较图。

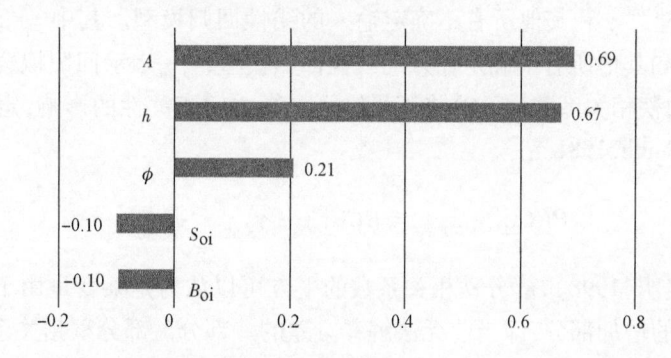

图 6.20　原油地质储量不确定性分析问题的输入—输出秩相关系数直方图

请注意,秩相关参数仅适用于输入参数不相关的情况。这一点将在下一节进一步讨论。

6.4.3 逐步回归和部分秩相关分析

一个常用的包含多元线性秩回归模型的不确定性重要性分析的框架具有如下形式:

$$\hat{y} = b_0 + \sum_j b_j x_j \tag{6.4}$$

其中 $\hat{y}$ 表示(预测的)秩变换输出,x_j 是感兴趣的秩变换输入变量,b_j 是未知系数(Helton,1993)。

回归系数通常通过逐步回归过程确定(Draper and Smith,1981)。如4.5节所述,这涉及一系列回归模型的构建,要从对结果方差影响最大的参数开始。在接下来的每个步骤中,对残余方差影响最大的参数被包含到模型中来。这一过程持续到所有对结果的方差有统计显著性影响的输入变量被包含到模型中为止。

当如方程(6.4)所示的线性叠加输入—输出模型是由于不相关的输入参数构建时,模型的拟合度可以表示为(Draper and Smith,1981):

$$R^2 = \sum_j RCC^2[y, x_j] \tag{6.5}$$

其中 R^2 为决定系数,表示可由模型解释的 y 方差的部分。因此,$RCC^2[y, x_j]$ 可以认为是能够由第 j 个自变量解释的 y 的方差的部分。秩相关系数是确定输入—输出不确定性重要性的有用参数。

当某些输入变量相关时,输入—输出的相关性不能仅仅通过式(6.5)所示的简单线性叠加来表示,而是必须引入与关联输入参数协方差有关的项。在这种情况下,很难确定每个不确定输入参数对输出结果方差的准确影响。当变量相关时,更为有效的度量不确定性重要性的参数是部分秩相关系数(PRCC)。部分秩相关系数能够量化在消除了其他输入变量的影响后,输入—输出之间线性关系的强弱(Draper and Smith,1981)。

部分秩相关的概念可以解释如下。令 y 表示秩变换的输出变量,而 $x_j, j = 1, \cdots, n$,表示秩变换的不确定输入,其中一些可以是相关的。为了确定 y 和第 p 个不确定输入 x_p 之间的部分秩相关系数,首先建立 y 和其他所有不确定输入的线性回归模型。其中 y_{p_fit} 表示回归拟合变量。然后,建立 x_p 和其他所有不确定输入的线性回归模型,x_{p_fit} 表示回归拟合变量。这些回归产生的残差之间的秩相关系数(RCC)将不受输入参数之间相关性的影响,定义为部分秩相关系数(Draper and Smith,1981):

$$PRCC[y, x_p] = RCC[y - y_{p\_fit}, x - x_{p\_fit}] \tag{6.6}$$

RamaRao 等表明(1998),部分秩相关系数的平方可以认为是某变量用于回归时输入—输出回归模型中 R^2 的增加部分,即当前无法解释方差的一部分。部分秩相关系数可以通过对输入—输出相关矩阵和输出-输入相关向量做简单的矩阵运算获得。该过程无需建立一系列的回归模型,从输入变量 y 和自变量 $x_j, j = 1, \cdots, n$,之间的增光矩阵开始,记为:

$$C = \begin{bmatrix} 1 & r_{12} & \cdots & r_{1n} & r_{1y} \\ r_{21} & 1 & \cdots & r_{2n} & r_{2y} \\ \cdots & \cdots & \cdots & \cdots & \cdots \\ r_{n1} & r_{n2} & \cdots & 1 & r_{ny} \\ r_{y1} & r_{y2} & \cdots & r_{yn} & 1 \end{bmatrix} = \begin{bmatrix} A & B \\ B^T & 1 \end{bmatrix} \quad (6.7)$$

其中矩阵 A 表示元素为 $r_{ij} = RCC[x_i, x_j]$ 的输入—输入相关矩阵,而向量 B^T 表示元素为 $r_{yj} = RCC[y/x_j]$ 的输出—输入相关向量。RamaRao 等(1998)指出,x_j 和 y 之间的部分秩相关系数可以从 C 的逆矩阵 C^{-1} 的元素获得:

$$PRCC[y, x_j] = -\frac{c_{jy}}{\sqrt{c_{jj}c_{yy}}} \quad (6.8)$$

其中下标 y 为 C^{-1} 的第 $n+1$ 列的行序号。

例 6.3 不确定性重要性分析

在(MCS_100_RAND.DAT)和(MCS_500_CORR.DAT)中给出了例 6.2 的 100 个不相关样本和 500 个相关样本两种情形的蒙特卡罗模拟结果。使用秩相关系数和部分秩相关系数确定各种不确定输入的相对重要性。

解:

对于 500 个相关样本的情形,由式(6.7)给出增广相关矩阵:

参数	X_1	X_2	X_3	X_4	X_5	Y
X_1	1	0.330025	0.039105	-0.13718	-0.10916	0.87514
X_2	0.330025	1	-0.48913	0.348095	0.419246	0.663484
X_3	0.039105	-0.48913	1	-0.4179	-0.63754	-0.03724
X_4	-0.13718	0.348095	-0.4179	1	0.487029	-0.07616
X_5	-0.10916	0.419546	-0.63754	0.487029	1	-0.02485
Y	0.878514	0.663484	-0.03724	-0.07616	-0.02485	1

该矩阵的逆矩阵为:

14.34689	10.49055	2.599638	-1.68031	-0.84375	-19.6164
10.49055	11.24454	2.88181	-1.96581	-1.18653	-16.7483
2.599638	2.888181	2.484343	-0.25393	0.678332	-4.11006
-1.68031	-1.96581	-0.25393	1.704022	-0.27915	2.893845
-0.84375	-1.18653	0.678332	-0.27915	2.013093	1.582517
-19.6164	-16.7483	-4.11006	2.893845	1.582517	29.45223

部分秩相关系数可以由公式(6.8)计算。例如，Y 和 X_1 之间的部分秩相关系数为 $PRCC_{Y-X_1} = -(-19.6164)/sqrt(14.34689 \times 29.45223) = 0.954292$。其他输出—输入对的部分秩相关系数以及相对应的秩相关系数值如下所示：

参数	$Y-X_1$	$Y-X_2$	$Y-X_3$	$Y-X_4$	$Y-X_5$
PRCC	0.954	0.920	0.480	-0.480	-0.206
RCC	0.879	0.663	-0.037	-0.076	-0.025

用两种方法计算的变量 X_1、X_2 和 X_5 的重要性相同，而两种方法计算的 X_3 和 X_4 的重要性有明显的变化。然而，考虑到输入—输入相关矩阵的许多元素中存在有限相关性，由部分秩相关系数得到的重要性排序更为可靠。

对于100个不相关样本的情形，增广相关矩阵如下：

参数	X_1	X_2	X_3	X_4	X_5	Y
X_1	1	-0.01261	0.044896	-0.00469	0.034443	0.711347
X_2	-0.01261	1	-0.02523	0.056958	0.05679	0.624974
X_3	0.044896	-0.02523	1	0.165833	-0.26056	0.203732
X_4	-0.00469	0.056958	0.165833	1	-0.15777	-0.0461
X_5	0.034443	0.05679	-0.26056	-0.15777	1	-0.01041
Y	0.711347	0.624974	0.203732	-0.0461	-0.01041	1

得到增广矩阵的逆矩阵后，可以按照前面的方法由式(6.8)计算所有输入—输出的部分秩相关系数。部分秩相关系数及对应的秩相关系数如下：

参数	$Y-X_1$	$Y-X_2$	$Y-X_3$	$Y-X_4$	$Y-X_5$
PRCC	0.960	0.952	0.674	-0.488	-0.177
RCC	0.711	0.625	0.204	-0.046	-0.010

正如预期的那样，重要性排名（基于部分秩相关系数或秩相关系数的绝对值）在两种情况下都是相同的。

应该指出的是，部分秩相关系数的实际价值并不像秩相关系数那样易于解释，秩相关系数与通过秩变换的输入—输出散点图的最佳拟合线的斜率有关。虽然部分秩相关系数的相对大小是变量重要性的重要指标，但数值仅在构建多维输入—输出回归模型的背景下具有特定含义。如前所述，当添加新变量时，部分秩相关系数的对应于 R^2 中增加的部分，是当前无法理解的方差中的一部分。从实用角度来看，当输入参数存在相关性时，通过部分秩相关系数对变量进行排序并检查散点图以理解输入—输出关系是对概率模型进行敏感性分析的一种合理策略。

另一个类似的变量重要性度量基于 R^2 损失,即,若排除特定变量后输入—输出模型的可解释性的下降程度。R^2 损失得越大,目标变量的重要性就越强。8.3.3 节和 8.4.3 节提供了有关如何在实际中应用该方法的详细信息。

6.4.4 变量重要性的其他分析方法

6.4.4.1 熵分析

由于相关和回归的概念只适用于单调的关系,因此有必要将不确定性重要性分析问题归结为识别重要的非随机关联模式。例如,在开展历史拟合时,参数之间的可能存在二次方的关系。这里,"关联"一词用于比"相关"更广泛的语境中,包括单调和非单调关系。信息论中"熵"的概念可以用于确定输入—输入关联性的显著程度和强度,为表征一维情形中不确定性以及多维情形中冗余度(互信息)提供了有用的框架(Press et al,1992)。Mishra 和 Knowlton(2003)介绍了一种综合互信息和列联表开展全局敏感性分析的方法。

根据 Press 等(1992),让输入变量 x 具有 I 个可能的状态(记为 i),输出变量 y 具有 J 种可能的状态(记为 j)。记为该信息可以根据列联表紧密地联系起来,该表格的行由独立变量 x 的值标记,其列由因变量 y 的值标记。列联表的条目是非负整数,给出行和列的每个组合的观察结果的数量。通过归一化很容易获得相应的概率。

x 和 y 之间的互信息,衡量由于 x 的知识而导致的 y 的不确定性的减少(反之亦然),定义为(例如,Bonnlander and Weigend,1994):

$$I(x,y) = \sum_i \sum_j p_{ij} \ln \frac{p_{ij}}{p_i \cdot p_j} \tag{6.9}$$

其中,p_{ij} 为对应于 x_i 和 y_j 的结果的概率,p_i 是单独对应于 x_i 的结果概率,p_j 是单独对应于 y_j 的结果概率。R 统计量为定义在互信息基础上的重要性度量(Granger and Lin,1994):

$$R(x,y) = \{1 - \exp[-2I(x,y)]\}^{1/2} \tag{6.10}$$

R 取值范围为 $[0,1]$,其值随 I 增加。如果 x 和 y 是独立的,则 R 为零,如果 x 和 y 之间存在严格的线性或非线性关系,则 R 为 1。

总之,不论是非线性或者非单调关系基于熵的 R 统计量都可以作为量化关联强度的有效的工具,即使在非线性或非单调情况下也是如此。Mishra 等(2009)表明使用熵分析可以很容易地识别出逐步回归分析遗漏的重要的非单调模式(图 6.21)。这里,目标指标是地下水模型校准问题的标准误差。对应于列联表的泡泡图成反 V 型模式,显示出显著的关联性,并且 R 统计量的值为 0.691。然而,相应的秩相关系数仅为 0.09,反映了线性相关无法表征非单调关系的强度。

6.4.4.2 分类树分析

基于逐步回归或互信息概念的不确定性重要性分析通常应用于整个输入—输出数据范围。然而,有时可能需要适用于检查数据部分子集(如前 10% 和后 10%)的特殊方法。为此,分类树分析可以提供有用的信息,确定那些决定结果能够落入某个类别的关键变量(Breiman et al,1984)。这种分类问题的一个应用场景模型校正,目的是确定哪些因素使得

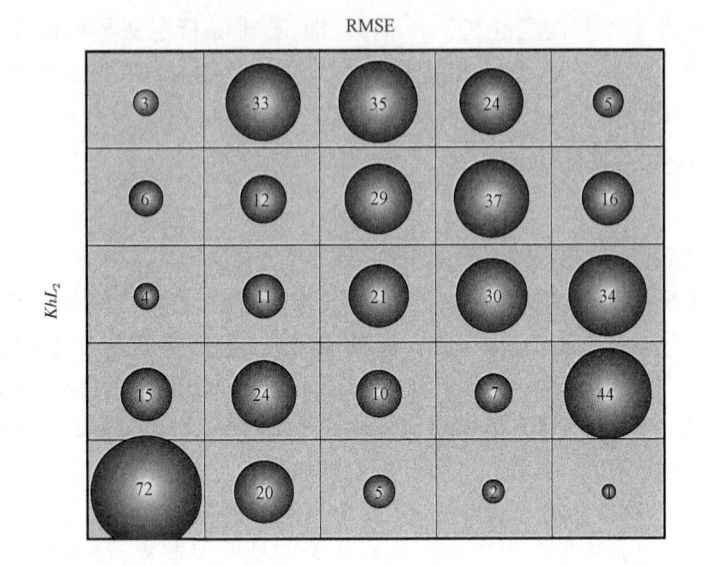

图6.21 气泡图展示了从熵分析中识别的关键非单调输入的列联表的可视化结果

据 Mishra,S.,Deeds,N.,Ruskauff,G.,2009. Global sensitivity analysis techniques for probabilistic ground water modeling. Ground Water 47,727–744. https://doi.Org/10.1111/j.1745–6584.2009.00604.x

拟合效果好或者差。污染物传输是另一个例子,需要判断哪些因素使得运移距离长或短。如第8章所述,分类树分析也是数据驱动建模的重要工具。

二叉决策树在分类树分析中处于核心地位。决策树的生成过程是递归地寻找变量分割点的过程,分割后的变量能够将输出结果划分到单个类主导的类别中。对于二叉决策树的每个连续分支,算法逐个搜索变量以找到每个变量内的最佳分割点。然后比较所有变量的分割点以确定该分支的最佳分割点。重复上述过程直到所有分组只含有单一类别。通常前几个分割点是最重要的,在终端附近的分割点的重要性降低。

概率模型方法(Venables and Ripley,1997)是一种常见的树构建方法。以偏差降低最大的分割点作为最佳分割点,并逐步建立分类树。偏差为均方误差(连续响应)或似然负对数(离散响应)的度量。当节点的情形数量降至阈值以下,或者分割产生的偏差最大变化量低于特定阈值时,达到终止条件。关于树建立过程和重要性度量等其他细节可参考 Hastie 等(2008)。

总之,分类树分析是分类问题中确定变量重要性的强大工具。与线性回归建模相比,树模型更具有吸引力,因为(1)它们擅长获取非加法行为,(2)它们可以处理预测变量之间更一般的关系,(3)它们对输入的单调变换具有不变的特点。Mishra 等(2003)介绍了如何应用该方法确定放射性同位素地层水驱输运模型中影响极端结果的关键变量。图6.22为用于地层水模型校正概率分析的决策树,通过分析拟合效果(以均方根误差为指标)前10%和后10%的模型,确定了影响均方根误差分布的关键变量。

(a) 决策树

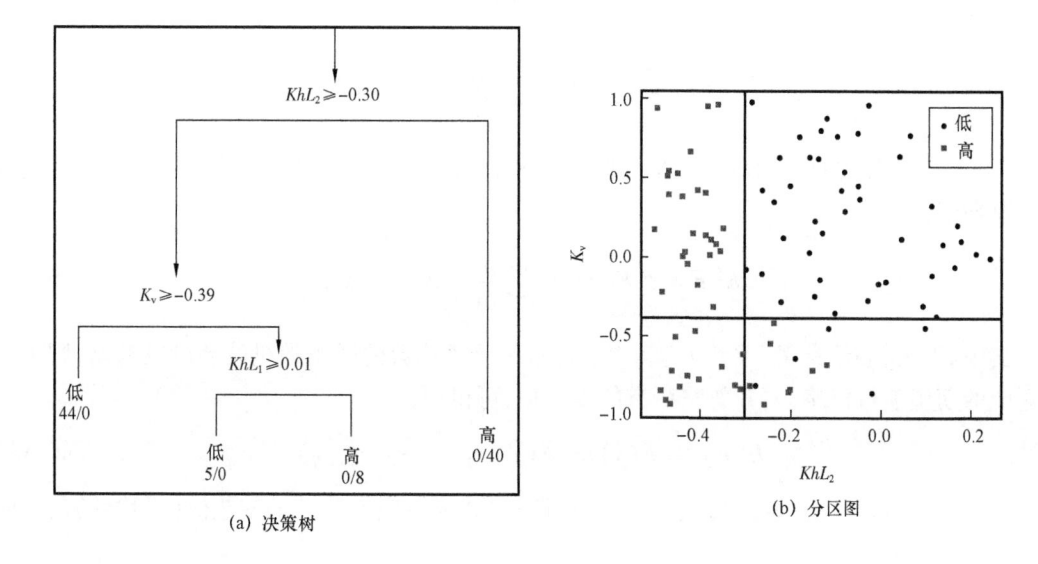

(b) 分区图

图 6.22 分类树示例

据 Mishra,S.,Deeds,N.,Ruskauff,G.,2009. Global sensitivity analysis techniques for probabilistic ground water modeling. Ground Water 47,727–744. https://doi.Org/10.1111/j.1745–6584.2009.00604.x

6.5 非蒙特卡罗模拟方法

如前所述,蒙特卡罗模拟技术的主要缺点是需要执行很多次模型计算。对于大型或复杂模型,蒙特卡罗分析的计算量可能过大。因此,工程师通常希望只进行有限次的计算,尽管这样可能无法保证最终结果的可靠性。其中一种办法是根据实验设计和响应面分析使用简化模型或替代模型,相关内容在第 7 章介绍(Carreras et al,2006)。第二个缺点是如何根据可用数据来确定不确定输入的范围和分布特征。在实际中,缺少数据常常会迫使工程师对输入分布的范围和形状做出简化的假设。在这种情况下基于对数据分布的主观假设,使用完整的蒙特卡罗模拟研究的理由并不充分。最后,仅想了解有限数量结果的概率时,蒙特卡罗模拟可能不是最有效的方法。

本节将介绍一些能够克服蒙特卡罗模拟上述缺点的替代技术,包括一次二阶矩法(FOAM),点估算法(PEM)和逻辑树分析(LTA)。

6.5.1 一次二阶矩法(FOAM)

通常只能获得有关模型输入前几阶矩(如平均数和方差)的不确定性。鉴于信息有限,有必要判断是否可以用平均数和方差的不确定性来量化模型预测结果的不确定性,而不是采用完整的分布来量化。一次二阶矩法就是这样一种方法(Morgan and Henrion,1990;Tung and Yen,2005)。正如下面将看到的,一次二阶矩方也是实验工作中广泛使用的误差传播公式的基础。

6.5.1.1 平均数和方差的一般表达式

考虑不确定量 F,其为参数向量 $x = (x_1, x_2 \cdots, x_i, \cdots x_N)$ 函数。在平均数 $\hat{x}$ 的一阶泰勒展开

为:

$$F(x) \cong F(\hat{x}) + \sum_i \frac{\partial F}{\partial x_i}\bigg|_{\hat{x}} (x_i - \hat{x}_i) \tag{6.11}$$

$\hat{x}$ 是不确定参数的平均数的向量,其中方程(6.11)中的偏导数也进行了评估。对表达式两边取期望:

$$E[F] \cong F(\hat{x}) + \sum_i \frac{\partial F}{\partial x_i}\bigg|_{\hat{x}} E(x_i - \hat{x}_i) \tag{6.12}$$

其中 $E[\cdot]$ 表示期望(平均)运算符。假设围绕平均数的微小随机波动可以忽略,则上式右侧中的期望项可以略去,并忽略所有的高阶项,可得到:

$$E[F] \cong F(\hat{x}) = F(\hat{x}_1, \hat{x}_2, \cdots, \hat{x}_i, \cdots, \hat{x}_N) \tag{6.13}$$

因此,可以将每个不确定参数的平均数(期望)作为不确定量 F 的期望值(平均数)的一阶估计。

F 的方差定义为:

$$V[F] = \sigma_F^2 = E[(F - E[F])^2] \tag{6.14}$$

将式(6.11)和式(6.13)代入式(6.14)中可得:

$$V[F] \cong E\left\{\left[\left(F(\hat{x}) + \sum_i \frac{\partial F}{\partial x_j}\bigg|_{\hat{x}} (x_i - \hat{x}_i)\right) - F(\hat{x})\right]^2\right\}$$

$$\cong \sum_i \sum_j \cong \sum_i \sum_j \frac{\partial F}{\partial x_i} \frac{\partial F}{\partial x_j}\bigg|_{\hat{x}} \text{Cov}[x_i x_j] \tag{6.15}$$

其中协方差 $\text{Cov}[x_i x_j] = \rho[x_i x_j] \sigma[x_i] \sigma[x_j]$ 也可以用参数相关系数 p_{ij} 和各个参数标准偏差 σ 来表示。因此,F 的方差取决于输入参数的方差——协方差关系及其对不确定输入的敏感性。

对于不相关的参数,即当 $\rho(x_i x_j) = 0$ 时,由于 $\text{Cov}[x_i x_j] = V[x_i]$,方差的表达式简化为:

$$V[F] \cong \sum_i \left(\frac{\partial F}{\partial x_i}\bigg|_{\hat{x}}\right)^2 V[x_i] \tag{6.16}$$

方程(6.16)总和中的每个项可以解释为 x_i 对 F 的总方差的部分贡献。式(6.16)也是传播实验误差的常用表达式(Morgan and Henrion,1990),与图6.18表达的概念相同。

可以通过解析法或数值法计算式(6.15)和式(6.16)中所需的用于评价 F 方差的敏感性系数。对于简单的石油地质学问题,很容易获得导数的解析式。对于油藏数值模拟这类复杂问题,常用向前差分法求导。此时,当有 n 个不确定输入参数时,需要 $(n+1)$ 个方程来开展基于FOSM的平均数和方差估计。因此,只要 $n \sim 10$ 而不是 $n \sim 100$,一次二阶矩法与蒙特卡罗模拟旗鼓相当。

式(6.13)中给出的平均数的一次估计合理的前提是,参数方差很小并且函数只是轻度非线性,此时可忽略高阶项。如果不满足这些条件,则需要在式(6.11)的泰勒展开中保留二阶项,导致要对平均数作包含协方差和二阶混合偏导数的修正。(Dettinger and Wilson,1981)。对方差的二阶修正涉及更高阶的混合偏导数,因此在实际中很少使用。(Morgan and Henrion,1990)。也可以根据需要开展变量变换,从而将输入—输出转为线性关系,并且使得参数不确定性围绕平均数近似对称(Tung and Yen,2005)。

例6.4 一次二阶矩法应用指数递减问题

考虑指数递减问题,$q = q_o \exp(-at)$,其中 q_o 是初始原油产量(bbl/d),a 是递减率(1/年),t 是时间(年)。已知 $E[q_o] = 650$ bbl/d,$\sigma[q_o] = 50$ bbl/d,$E[a] = 0.1$(1/年),$\sigma[a] = 0.02$,$\rho[q_o a] = -0.5$,当 $t = 10$ 年时,估算 $E[q]$ 和 $\sigma[q]$。

解:

首先,使用式(6.13)估算 q 的期望值:

$$E[q] = E[q_o]\exp\{-E[a] \cdot t\}$$
$$= (650)\exp\{-(0.10) \times (10)\}$$
$$= 239 \text{bbl/d}$$

接下来,列出偏导数的解析式:

$$\partial q/\partial q_o = \exp(-at) = q/q_o$$

$$\partial q/\partial a = -q_o t \exp(-at) = -qt$$

应用式(6.15),代入平均点的所有值,得到

$$V[q] = (\partial q/\partial q_o)^2 V[q_o] + (\partial q/\partial a)^2 V[a] + 2(\partial q/\partial q_o)(\partial q/\partial a)\text{Cov}[q_o a]$$
$$= (q/q_o)^2 V[q_o] + (qt)^2 V[a] + 2(q/q_o)(-qt)\rho[q_o a]\sigma[q_o]\sigma[a]$$
$$= (239/650)^2 (50)^2 + (239 \times 10)^2 (0.02)^2 + 2(239/650)(239 \times 10)(0.5)(50)(0.02)$$
$$= 338 + 2284 + 879 = 3501$$

$$\sigma[q] = \sqrt{3501} = 59.2 \text{bbl/d}$$

6.5.1.2 加性和乘性模型中的误差分析

加性模型的一般形式如下:

$$F = ax + by + cz \tag{6.17}$$

其中 x,y 和 z 是不确定的参数,系数 a,b 和 c 是常数。简单而不失一般性,式(6.17)仅有三个自变量。由式(6.13)得到平均数的表达式:

$$E[F] = aE[x] + bE[y] + cE[z] \tag{6.18}$$

由式(6.15)得到 F 的方差为：

$$V[F] = a^2V[x] + b^2V[y] + c^2V[z] + 2ab\text{Cov}[xy] + 2bc\text{Cov}[yz] + 2ac\text{Cov}[zx] \quad (6.19)$$

如果不确定的参数不相关，则可以省去上式中的后三项。值得注意的是由于式(6.17)是线性的，因此式(6.18)和式(6.19)是精确的，同时一阶泰勒展开也是精确的。另一个重要的发现是方差是可相加的(虽然是加权和)，而标准差(误差估计)是不可加的。

中心极限定理表明独立随机变量之和收敛于正态分布的。因此，已知加性模型的平均数和方差，并假设下符合正态分布，可以估算任何分位数，如例3.6所示。

乘性模型的一般形式如下：

$$F = [(x^a)(y^b)(z^c)] \quad (6.20)$$

其中 x,y 和 z 是不确定的参数，指数 a,b 和 c 是常数。与加性模型类似，不失一般性式(6.20)仅限于三项。上式可以变为：

$$\ln(F) = a\ln(x) + b\ln(y) + c\ln(z) \quad (6.21)$$

使用对数变换可以将非线性乘性模型转换为线性加性模型。只要能够求得 $\ln(x)$ 的矩，就可以方便地由式(6.18)和式(6.19)得出得 $\ln(F)$ 的平均数和方差的表达式。当 x、y、z 可用正态分布描述时，该方法很有用。

此外，假设变量相互独立，也可以由式(6.13)推导出平均数的表达式：

$$E[F] \cong [(E[x])^a(E[y])^b(E[z])^c] \quad (6.22)$$

为了使用式(6.15)计算方差，计算平均数处的偏导数：

$$\frac{\partial F}{\partial x} = \frac{a}{E[x]}E[F]; \frac{\partial F}{\partial y} = \frac{b}{E[y]}E[F]; \frac{\partial F}{\partial z} = \frac{c}{E[z]}E[F] \quad (6.23)$$

得到：

$$V[F] \cong \left(\frac{a}{E[x]}E[F]\right)^2 V[x] + \left(\frac{b}{E[y]}E[F]\right)^2 V[y] + \left(\frac{c}{E[z]}E[F]\right)^2 V[z] \quad (6.24)$$

将两边除以 $E^2[F]$，并结合变异系数，$CV[x] = \sigma[x]/E[x]$，可以将式(6.24)重写为：

$$CV^2[F] \cong a^2CV^2[x] + b^2CV^2[y] + c^2CV^2[z] \quad (6.25)$$

这是一个非常有用的表达式，可以根据输入的相对误差来估算模型输出的相对误差(变异系数)。请注意，相对误差的平方是可相加的(尽管是加权和)，但相对误差本身不可加。

根据中心极限定理，独立随机变量的积收敛于对数正态分布。如果已知 $(\ln F)$ 的平均数和方差，则可以使用对数正态分布关系估计 F 的任何分位数，如例3.7所示。

例6.5 用乘性模型进行误差分析

考虑通过以下等式从霍纳(Horner)图的斜率估算渗透率：$Kh = 162.6q\mu B/m$，其中 K 是渗透率(mD)，h 是厚度(ft)，q 是产油量(bbl/d)，μ 是黏度(mPa·s)，B 是地层体积系数(rb/bbl)，m 是霍纳斜率。如果 q,μ 和 B 的相对误差(变异系数)为 10%，m 的相对误差为 20%，则 Kh 的估计值的相对误差是多少？

解：

模型是类似于式(6.20)的乘性模型，指数为 1 或 -1。则式(6.25)可以简化为：

$$CV^2[Kh] = CV^2[q] + CV^2[\mu] + CV^2[B] + CV^2[m]$$
$$= (0.1)^2 + (0.1)^2 + (0.1)^2 + (0.2)^2$$
$$= 0.01 + 0.01 + 0.01 + 0.04 = 0.07$$

$$CV[Kh] = \sqrt{0.07} = 0.26 = 26\%$$

注意该误差分析不需要各种参数的实际值，仅需相对误差的大小(即由平均数归一化的标准差)。另外，如果误差以 $\{E[X] \pm \sigma[X]\}$ 格式表示，需要将其转化为变异系数才能使用式(6.25)。

总之，当目标是模型的平均数和方差，而不是整个累积分布时，一阶二次矩法可以作为蒙特卡罗模拟的替代方法。对于具有少量不确定参数的问题，它所需的计算量要少得多，同时为线性和轻度非线性问题提供比较精确的结果(Mishra and Parker, 1989；James and Oldenburg, 1997；Hirasaki, 1975)。

6.5.2 点估算法(PEM)

尽管一次二阶矩法在概念上很简单，但它对于非线性模型和具有大量导数计算的模型的实际适用性有限。为了克服这些限制，提供一种将输入的统计矩与输出的矩相关联的有效方法，Harr(1989)提出了点估算方法(PEM)。在该方法中，在不确定参数空间中的离散点集合处评估模型，使用这些功能评估的加权平均数计算模型预测的平均数和方差。

点估算法首先估计不确定变量的相关矩阵的特征值(λ_i)和特征向量(e_{ij})。随后，对 x_j 在其平均数附近引入微小扰动 Δx_j：

$$\Delta x_j = \pm e_{ij} \sqrt{N} \sigma [x_j] \tag{6.26}$$

其中 N 是不确定变量的数量，σ 表示标准差。因此该方法可以得到模型 $2N$ 个点的预测，并可基于这些数据基于下式计算输出的平均数：

$$E[F] = \sum_i (F_i^+ + F_i^-) \frac{\lambda_i}{2N} \tag{6.27}$$

注意到 $V[F] = E[F^2] - (E[F])^2$，输出的方差可以由下式计算：

$$E[F^2] = \sum_i [(F_i^+)^2 + (F_i^-)^2] \frac{\lambda_i}{2N} \tag{6.28}$$

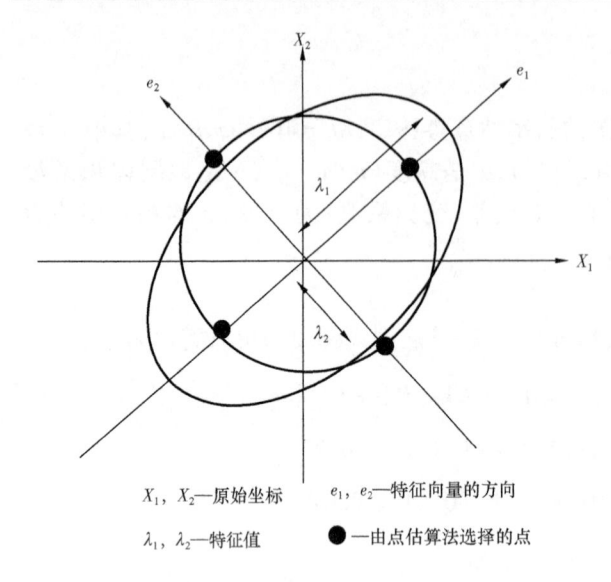

图 6.23 在点估算法中选择模型评估点

其中，F_i^+ 和 F_i^- 表示对每个变量在其平均数的正方向和负方向引入的扰动 Δx_i 所对应的模型输出，λ_i 是与每个输入相对应的特征值（图 6.23）。

尽管式（6.27）和式（6.28）需要 $2N$ 个模型估计值来计算平均数和方差，然而很多时候相关矩阵的特征变换仅产生几个关键的特征向量（Harr,1989）。因此，可以将此特征值的子集用于不确定性传播分析，而不会造成明显的精度损失。

总之点估算方法是一次二阶矩法的无导数替代方法，用于估计不确定模型输出的平均数和方差。Harr（1989）的原始点估算法是针对具有正态分布的相关随机变量设计的。Chang 等（1997）介绍了将该方法扩展到涉及多维非正态随机变量问题的方法。Unlu 等（1995）和 Mishra（1998，2000）基于地下流动和输运模型开展了一次二阶矩和点估算法不确定传播的对比评价。

6.5.3 逻辑树分析（LTA）

当使用有限数量的可能状态（例如，高值、中值和低值）及其可能性描述参数不确定性时，逻辑树分析（LTA）对于不确定性传播特别有用。逻辑树（也称为概率树）将不确定的离散事件或参数状态产生的各个场景组合起来。因此它们可以被当作是仅包含随机节点但没有决策节点的决策树的特例（Morgan and Henrion,1990）。

逻辑树按照自变量放置在上游（左）侧因变量放置在下游（右）侧的方式组织。为每个分支分配一个概率，该概率取决于通向该节点的先前分支的值。在构建逻辑树时必须考虑所有场景，以使从每个节点起始的分支的概率总和为 1。

考虑一个简单的地下水污染物运输模型问题，涉及两个不确定的输入：源浓度（s）和地下水流速（v）。源节点中的不确定性由两个值 s_1 和 s_2 表示，概率分别为 P_1 和 P_2。速度节点的不确定性也由 v_1 和 v_2 两个值表示。这些值具有从 $P_3 \sim P_6$ 的条件概率，具体取决于它们所连接的源节点的分支。从树的根到最终分支（或终端节点）的每条路径表示可行的场景。该系统的四种可行方案可以列举为 (s_1,v_1)，(s_1,v_2)，(s_2,v_1) 和 (s_2,v_2)。每个场景的概率是沿着该路径的分支的条件概率的乘积，如图 6.24 所示。

逻辑树组织各种参数组合及其概率。根据这些信息计算每个离散组合的结果是一项简单的任务。可以将排序好的离散结果及其对应的概率之和以表

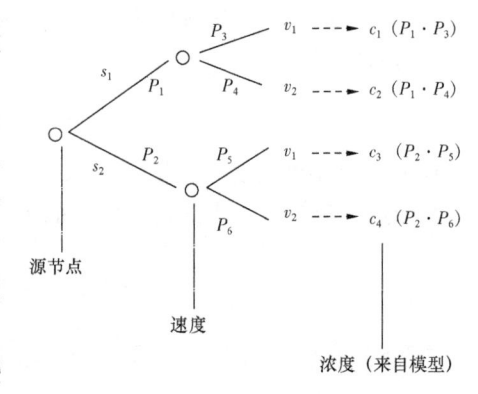

图 6.24 逻辑树构造和概率评估的示意图

或者图的形式显示。这种"风险概况"相当于通过蒙特卡罗模拟生成的模型输出的累积分布。

总之,当基于有限数量的概率开展不确定性表征时,逻辑树方法可以作为蒙特卡罗模拟的有效替代方法。鉴于算法的组合特性,它只能处理有限数量的不确定输入,并且通常在筛选类型分析中非常有用。逻辑树方法的一个示例应用是对内华达州尤卡山候选核废料处置库的风险评估(Kessler and McGuire,1999)。

例6.6 应用点估算法和逻辑树方法解决指数递减问题

对于前面在例6.1中讨论的指数递减问题,使用点估算法计算:(1)平均数、方差和累积分布函数;(2)使用逻辑树分析计算累积分布函数,平均数和的方差。假设参数之间没有相关性。将这两种方法计算得到的累积分布函数与Mishra(1998)的蒙特卡罗模拟结果进行比较。

解:

(1)点估算法。

由于参数是不相关的,该问题的点估算法可以进行简化。因此,使用 $\lambda_1 = 1.0$ 和 $\lambda_2 = 1.0$ 为特征值,$(1,0)^T$ 和 $(0,1)^T$ 作为特征向量,首先依据方程(6.26)计算每个变量 Δx_j 的扰动,得到的评估点 $x_j(+)$ 和 $x_j(-)$,函数 $F_i(+)$ 和 $F_i(-)$ 的对应值如下所示:

λ_i		Δx_j	$x_j(+)$	$x_j(-)$	$F_i(+)$	$F_i(-)$	$F_i^2(+)$	$F_i^2(-)$
1	Δq_o	70.71068	721	579				
	Δa	0	0.1000	0.1000	265.1346	213.1086	70296.38	45415.29
2	Δq_o	0	650	650				
	Δa	0.0283	0.1283	0.0717	180.2112	317.2896	32476.09	100672.7

然后应用式(6.27)和式(6.28),可以计算平均数和标准差:

$$E[q] = 243.9 \text{bbl/d}$$

$$\sigma[q] = 52.1 \text{bbl/d}$$

将例6.4中的输入—输出相关性改为0后,对应的一次二阶矩结果为:

$$E[q] = 239.1 \text{bbl/d}$$

$$\sigma[q] = 52.1 \text{bbl/d}$$

(2)逻辑树分析。

首先是将 q_o 和 a 的连续分布近似为离散状态。根据 Clemen(1997),注意到对于对称分布,保留前两个统计矩的等效三点分布对应于以下内容:

对于 $x_{0.05}$, $P = 0.185$

对于 $x_{0.5}$, $P = 0.63$

对于 $x_{0.95}$, $P = 0.185$

因此,可以构造一个九点逻辑树(每个变量使用三个状态),如下所示:

$P(q_o)$	q_o	$P(a)$	a	P	q	排序 q	P	累积 P
0.185	568	0.185	0.0672	0.034225	290.0698	150.5238	0.034225	0.034225
0.630	650	0.185	0.0672	0.116550	331.9460	172.2544	0.116500	0.150775
0.185	732	0.185	0.0672	0.034225	373.8223	193.9849	0.034225	0.185000
0.185	568	0.630	0.1000	0.116550	208.9555	208.9555	0.116550	0.301550
0.630	650	0.630	0.1000	0.396900	239.1216	239.1216	0.396900	0.698450
0.185	732	0.630	0.1000	0.116550	269.2878	269.2878	0.116550	0.815000
0.185	568	0.185	0.1328	0.034225	150.5238	290.0698	0.034225	0.849225
0.630	650	0.185	0.1328	0.116550	172.2544	331.9460	0.116550	0.965775
0.185	732	0.185	0.1328	0.034225	193.9849	373.8223	0.034225	1.000000

根据第2章中的加权平均数和加权方差的定义(即,将情形的概率 P 和对应的结果 q 综合起来)可以得到:

$$E[q] = 243.9 \text{bbl/d}$$

$$V[q] = 2762.6$$

$$SD[q] = \sqrt{2762.6} = 52.6 \text{bbl/d}$$

请注意这些值与点估算法结果基本相同,但与一次二阶矩法结果略有不同。现在,可以根据上表中的排序 q 和累积 P 轻松地构建累积分布函数。逻辑树累积分布函数通常以台阶状呈现,以表明它是不同不确定变量的离散状态组合的结果。

以超越概率(即 $P^* = 1 - P$)表示的九点离散逻辑树累积分布函数如图6.25所示,图中还显示了5000个拉丁超立方抽样样本生成的相应蒙特卡罗模拟值(Mishra,1998)以及由点估算法计算的平均数和标准差对应的正态累积分布函数。可以看出所有方法产生基本相似的累积分布函数。

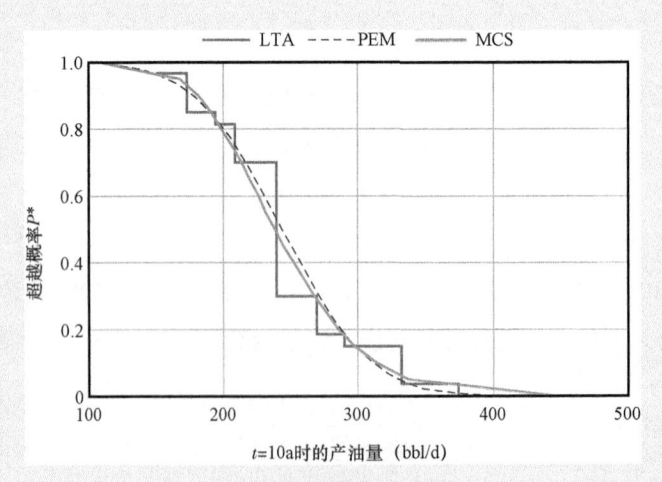

图6.25 例6.2中指数递减问题根据点估算法、
逻辑树分析法及蒙特卡罗模拟法三种方法的累积分布函数对比

6.6 模型不确定性的处理

6.6.1 基本概念

使用地质统计技术生成三维孔隙度和渗透率场的多次实现以建立静态和动态油藏模型已成为常规方法。地质统计学方法依据各种来源的数据可以获得有关油藏属性的精细认识。由于不完整的信息和数据的缺乏会导致不确定性,这种不确定性可以被认为是概念或模型的不确定性,区别于本章前面讨论的参数不确定性。

量化此类不确定性对储层性能预测的影响通常需要统计模型平均方法(Singh et al,2010),使用正式贝叶斯模型平均法(例如,Neuman,2003)或启发式方法如广义似然不确定性估计(例如,Beven and Binley,1992),这需要对大量合理的油藏描述进行流动模拟。然而,计算能力约束通常无法支撑对所有的地质模型进行预测。通常仅选用几个地质模型进行数值模拟,以提供油藏不确定性范围的相关信息。这几个地质模型是根据替代模型得到的油藏模拟效果的排序结果来确定的。排序技术通常是量化油藏描述中的不确定性对油藏动态影响的经济可行方法(Ballin et al,1992;Gomez – Hernandez and Carrera,1994)。

上述排序方法通常提供对应于"最佳"情况,"中等"情况和"最差"情况的油藏生产状况的估计。这些估计也是基于生产效果的替代评价指标(例如波及体积)获得的,并假设其他适用于真正关心的生产状况评价指标(例如含水率)。然而在不知道它们的可能性或权重的情况下,无法从这些选定的模型中获得进行经济风险分析所需的油藏生产状况汇总统计数据(如平均数和标准差)。

为此 Mishra 等(2000)基于逻辑树分析概念提出了一种对于排序和加权模型都有效的方法,下面将详细讨论。

6.6.2 地质统计模型的矩匹配加权法

这种方法背后的思想可以追溯到 Kaplan(1981)在地震灾害和风险评估领域的工作,该领域通常用逻辑树分析不确定性传播。为了避免由不确定性变量过多造成的排列组合过多问题,Kaplan 建议具有多个值(例如 10 个或更多)的离散分布应该被替换为 3~5 个值的简单分布,使得不确定性分析问题更容易处理。通过选取合适的新值,保证替换分布和原始分布的前几阶矩相同,从而使得两个分布具有一致性,Mishra 等(2000)建议使用矩匹配的三值离散分布。

第一步是确定应该选择替代指标的哪些离散值用于进一步分析。为了完整地表征不确定性,中位数(第 50 分位数)、下端的第 5 分位数和上端的第 95 分位数是较好的选择。对应这些离散值的地质统计模型将成为进行详细模拟的候选方案。

第二步是确定每一个地质模型的数值模拟结果的权重。加权方法基于以下事实:任何连续分布可以近似为与连续分布统计矩一致的离散分布。如图 6.26 所示,这意味着如果选择值 x_1,x_2 和 x_3 作为生产状况度量替代值 x 的离散表示,那么它们各自的权重 P_1,P_2 和 P_3 必须满足以下矩匹配约束:

$$P_1 \cdot x_1 + P_2 \cdot x_2 + P_3 \cdot x_3 = E[x] \qquad (6.29)$$

$$P_1 \cdot x_1^2 + P_2 \cdot x_2^2 + P_3 \cdot x_3^2 = E[x^2] = E^2[x] + V[x] \tag{6.30}$$

其中 $E[\cdot]$ 表示统计期望或平均数，$V[\cdot]$ 表示方差。注意，x 是油藏开发状况的一些容易计算的替代指标，而值 x_1,x_2 和 x_3 分别对应于地质模型的实现 R_1,R_2 和 R_3。

由 x 的连续分布，可得 $E[x]$ 和 $V[x]$。因此，一旦选择了离散量 x_1,x_2 和 x_3，就可以使用式(6.29)和式(6.30)确定权重 P_1,P_2 和 P_3，以及权重之和必须为 1 的额外约束条件：

$$P_1 + P_2 + P_3 = 1 \tag{6.31}$$

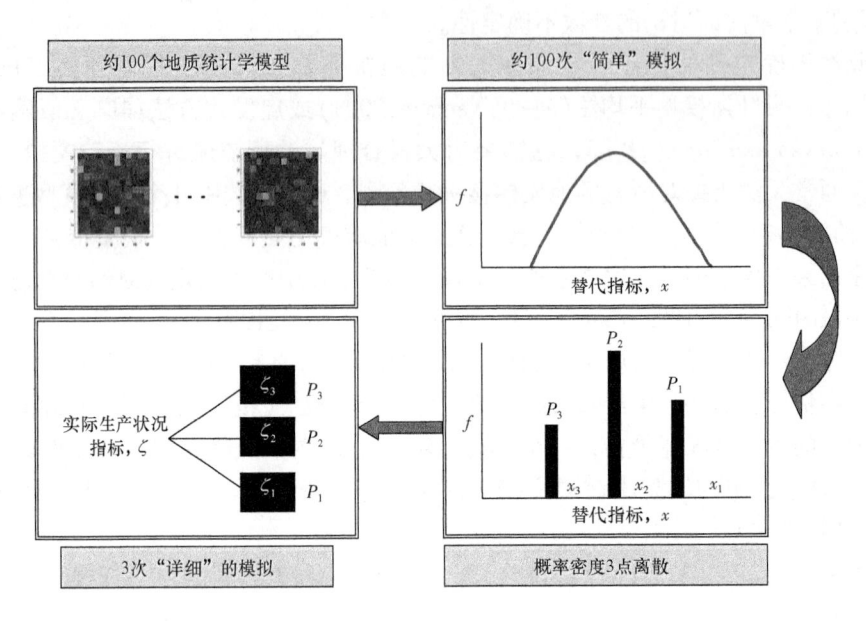

图 6.26 推荐方法流程图，基于用离散分布近似连续分布

随后，上述过程中选出的地质模型实现(R_1,R_2 和 R_3)用作详细数值模拟输入，并计算真正感兴趣的生产状况评价指标 ζ(如含水率、原油采收率)。预测 ζ 中的不确定性可由下式表示：

$$M[\zeta] = P_1 \cdot \zeta_1 + P_2 \cdot \zeta_2 + P_3 \cdot \zeta_3 \tag{6.32}$$

$$SD[\zeta] = \{P_1 \cdot \{\zeta_1 - M[\zeta]\}^2 + P_2 \cdot \{\zeta_2 - M[\zeta]\}^2 \\ + P_3 \cdot \{\zeta_3 - M[\zeta]\}^2\}^{1/2} \tag{6.33}$$

6.6.3 现场应用实例

Mishra 等人(2000)展示了本方法的一个实例，该实例为德克萨斯州西部的 North Robertson Unit(NRU)。NRU 是一个非均质低渗透碳酸盐岩油藏，有 144 口生产井和 109 口注入井。这里选择了包含 27 口生产井和 15 口注入井的子区域进行研究。

基于 30 口井的测井数据，使用序贯高斯模拟作 50 次渗透率场的实现。将 5000 天的体积波及效率作为开发状况的替代评价指标，使用流线模拟器计算的示踪剂飞行时间度量波及效率 E_v，然后基于计算的体积波及效率的累积分布函数对地质统计模型进行排序。选择对应于 E_v 的第 5，第 50 和第 95 分位数的三次实现用于进一步分析。根据式(6.29)至式(6.31)计算这些实现的权重,分别为 0.1593,0.6473 和 0.1934。

分析的下一步是预测所有 27 口生产井在第 5000 天的含水率,以及模型范围内的累计采油量。对三个选定的实现进行水驱模拟,并且使用上面列出的权重根据等式(6.32)和式(6.33)估算含水率的平均数以及标准差。为了评估此加权方案的准确性,还对所有 50 个方案进行了详细的水驱模拟,以计算"真实"平均数和标准偏差。图 6.27(a)比较了"真实"平均含水率(基于 50 次模拟结果)与"计算"含水率(基于 3 个模拟)和代表性井的相应标准差,显示出良好的一致性。

须知预测像单井含水率这样的局部指标的不确定性对于任何不确定性传播技术来说都是相当困难的,尤其是基于体积波及效率这样的"全局"替代指标开展预测。预测像油藏采收率这样的全局指标通常更为合理,而采收率也通常是开展经济风险分析的基础。为此,计算了所有 50 次实现的原油采收率平均数和标准差,并与近似法(基于第 5、第 50、第 95 分位数权重)的结果对比。如图 6.27(b)所示,两组结果有较好的一致性。

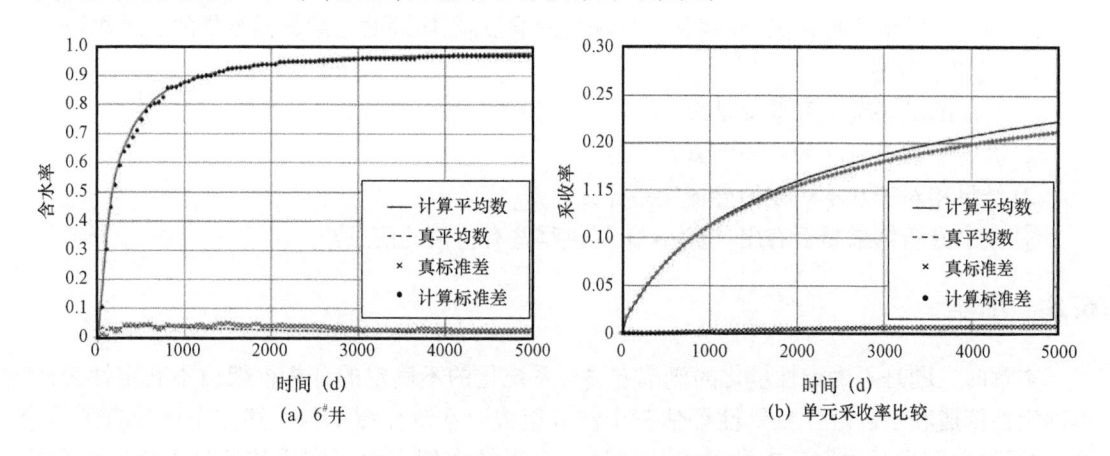

图 6.27 由第 5、第 50、第 95 百分位数权重计算的平均数和
标准差与由 50 次实现计算的平均数和标准差的比较图

据 Mishra,S;Choudhary,M. K. r Datta – Gupta,A;2000. A novel approach for reservoir forecasting under uncertainty. Soc. Pet Eng. https://doi.org/10.2118/62926 – MS

总之,矩匹配方法提供了有利的计算框架,用于处理以多个地质统计学实现为代表的模型不确定性。它可以根据有限个数的地质统计学模型,以及这几个模型由生产状况替代指标计算的权重系数,计算油藏生产状况的平均数和方差。

6.7 不确定性分析要素

下表列出了良好的不确定性分析研究所需的一些理想的指标。该表具有普适性,可适用于任何领域的不确定性量化研究。

(1)问题定义。

① 提供包括感兴趣的评价指标在内的简明的问题描述。

② 建立描述输入—输出关系的数学模型。对于计算量的模拟过程,可能需要根据实验设计或响应面分析建立简化模型或替代模型(第 7 章)。

(2)输入不确定性表征。

① 以图/表形式展示概率分布函数和累积分布函数。

② 如果使用离散状态或专家判断,请说明这些数据是如何获得的。

③ 讨论输入之间是否存在相关性,以及相关性是如何处理。

(3)不确定性传播。

① 显示输出的概率分布函数/累积概率分布/风险概况。

② 提供目标量的平均数、标准差、百分位数。

③ 讨论结果的统计稳定性(即对样本量的敏感性)。

④ 如果有必要,讨论简化方法(例如一次二阶矩法)的适用性。

(4)敏感度/重要性排名。

① 显示重要性排名的图/表及散点图,并描述获取它们的方法。

② 提供龙卷风/蜘蛛(敏感性),蒙特卡罗模拟重要性排名。

③ 讨论风险的主控因素,厘清其对过程的影响机制,明确对后续数据收集的启示作用。

(5)总结和结论。

① 可能的结果范围和概率是多少?

② 哪些输入是风险的主控因素?

③ 结果相对于基本假设的鲁棒性是什么?

④ 概率分析结果是否有用,能为决策提供哪些有价值的信息?

6.8 小结

本章的主题是不确定性量化的概率方法。系统化的不确定的分析框架由不确定性表征、不确定性传播和不确定性重要性评估三个部分组成。本章介绍了与上述三个部分有关的内容,并通过示例进行说明。本章的最后通过一个现场实例展示了实用的模型不确定性分析方法。

习　题

1. 计算并绘制习题6的蜘蛛网图和龙卷风图。对于正态分布,以平均数±3倍标准差作为有效范围。

2. 对于表2.1[POR_TAB-1.DAT]中给出的孔隙度数据,使用 t 分布和正态近似计算平均数的采样分布,并绘制累积分布函数。两种方法的累积分布函数有何差异?相对于全样本分布的方差,样对平均数分布的方差减少了多少?

3. 假设 ϕ 的分布是 $U[0.1,0.3]$,而 R 的分布是 $U[200,300]$。分别使用随机抽样和拉丁超立方抽样方法为每个变量生成10个样本。绘制一张 ϕ 与 R 的散点图。讨论两种抽样方法在覆盖不确定参数空间时的相对效率。

4. 根据测井数据计算含水饱和度的 Archie 公式如下:

$$S_w^n = a\phi^{-m}/[R_t/R_w]$$

其中 S_w 为含水饱和度,R_w 为地层水电阻率,R_t 为真实地层电阻率,ϕ 为孔隙度,a,m 和 n

为经验系数。已知：

$a = 0.62$

$n = 2$

$m = 0.33$

$\phi = N[0.20, 0.04]$

$R = R_t/R_w = U[250, 350]$

使用蒙特卡罗模拟计算 S_w 的累积概率分布，$E[\cdot]$ 和 $SD[\cdot]$。

使用 Excel 中的"随机数据生成"工具，生成 100 个 ϕ 和 R 样本，然后将它们组合起来计算 S_w 的累积概率分布（及其统计数据）。输出应包括：(1) 包含随机输入向量和相应输出向量的工作簿；(2) 显示累积概率分布，$E[\cdot]$ 和 $SD[\cdot]$ 工作簿；(3) 包含平均数位置的累积分布函数图表；(4) 显示 $E[\cdot]$ 和 $SD[\cdot]$ 的运行计数的图表；(5) S_w 与 ϕ 和 R 的散点图。哪个是起主要作用的输入参数？为什么？

5. 建立 5×5 的 S_w—ϕ 和 S_w—R 列联表。计算每个方案的 R 统计量。结合习题 4 的结果比较显著。

6. 估算油藏原油储量体积可使用以下公式：

$$N = 7758E - 6VS_o/B_o$$

其中 N 是原油储量（10^6 STB），V 是油藏体积（acre·ft）= $N[7000, 70000]$，S_o 是含油饱和度 = $U[0.50, 0.70]$，B_o 是原油体积系数（RB/STB）= $T[1.15, 1.20, 1.25]$。

使用一次二阶矩法、点估算法和逻辑树分析法计算 N 的平均数和标准差（提示：按照例 6.6 中的方法将 U 分布和 T 分布转换为 3 点分布）并比较结果。使用一次二阶矩法，根据式（6.14）计算变量对方差的贡献率。

7. 估算由下式计算的渗透率值的不确定性：

$$K = \frac{162.6qB\mu}{mh}$$

其中 K 是渗透率（mD），q 是流量（bbl/d）= $[240, 260]$，μ 是黏度（mPa·s）= 0.80，B 是地层体积系数 = 1.36，m 是霍纳曲线的斜率 = 70 ± 15，h 是地层厚度（ft）= 69。

答案以百分比误差的形式展示。哪个参数是不确定性的主要来源？为什么？

参 考 文 献

[1] Arinkoola, A, Ogbe, D., 2015. Examination of experimental designs and response surface methods for uncertainty analysis of production forecast: a Niger delta case study. J. Pet. Eng. 2015. https://doi.org/10.1155/2015/714541.

[2] Ballin, P. R, Journel, A. G., Aziz, K. A, 1992. Prediction of uncertainty in reservoir performance forecasting. J. Can. Pet. Technol. 31, 52.

[3] Beven, K. J, Binley, A., 1992. The future of distributed models: model calibration and uncertainty prediction. Hydrol. Process. 6, 279–298.

[4] Bogen, K. T, 1994. A note on compounded conservatism. Risk Anal. 14, 379 381. https://doi.org/10.1111/

j. 1539 – 6924. 1994. tb00255. ?

[5] Bonnlander, B. V, Weigend, A. S. , 1994. Selecting input variables using mutual information and nonparametric density estimation. In: Proceedings of the International Symposium on Artificial Neural Networks (ISANIN'94), Tainan, Taiwan, pp. 42 – 50.

[6] Bratvold, R. B, Begg, S. , 2010. Making Good Decisions. Society of Petroleum Engineers, Richardson, TX.

[7] Breiman, L. , Friedman, J. H, Olshen, R. A, Stone, C. J, 1984. Classification andRegression Trees. Wadsworth and Brooks/Cole, Monterey, CA.

[8] Caers, J, 2011. Modeling Uncertainty in the Earth Sciences. Wiley, New York.

[9] Carreras, P. E. , Johnson, S. G, Turner, S. E, 2006. Tahiti field: assessment of uncertainty in a deepwater reservoir using design of experiments. Soc. Pet. Eng. https://doi. org/10. 2118/102988 – MS.

[10] Chang, C – H, Yang, J – C, Tung, Y – K, 1997. Uncertainty analysis by point estimate methods. J. Hydraul. Eng. – ASCE123(3), 244 – 250.

[11] Clemen, R. T, 1997. Making Hard Decisions. Duxbury, Pacific Grove, CA.

[12] Dettinger, M. D. , Wilson, J. L. , 1981. First order analysis of uncertainty in numerical models of groundwater flow. Water Resour. Res. 17(1), 149 – 157.

[13] Draper, N. R. , Smith, H, 1981. Applied Regression Analysis. John Wiley, New York.

[14] Gomez – Hernandez, JJ. , Carrera, J. , 1994. Using linear approximations to rank realizations in ground water modeling: application to worst case selection. Water Resour. Res. 30, 2065.

[15] Granger, C. W. J. , Lin, J. , 1994. Using mutual information to identify lags in nonlinear models. J. Time Ser. 15, 371 – 384.

[16] Hahn, G. J, Shapiro, S. S, 1967. Statistical Models in Engineering. John Wiley, New York.

[17] Harr, M. E, 1987. Reliability – Based Design in Civil Engineering. McGraw – Hill, New York.

[18] Harr, M. E, 1989. Probabilistic estimates for multivariate analyses. Appl. Math. Model. 13(5), 313 – 318.

[19] Hastie, T, Tibshirani, R. , Friedman, J. H, 2008. The Elements of Statistical Learning: Data Mining, Inference, and Prediction. Springer, New York.

[20] Helton, J. C. , 1993. Uncertainty and sensitivity analysis techniques for use in performance assessment for radioactive waste disposal. Reliab. Eng. Syst. Saf. 42, 327 – 373.

[21] Helton, J. C, Garner, J. W. , McCurley, R. D. , Rudeen, D. K, 1991. Sensitivity Analysis Techniques and Results for Performance Assessment at the Waste Isolation Pilot Plant, Report SAND9 – 7013. Sandia National Laboratories, Albuquerque, NM.

[22] Hill, M. C. , Tiedeman, C, 2007. Effective Ground water Model Calibration. Wiley – Interscience, Hoboken, J.

[23] Hirasaki, G. J. , 1975. Sensitivity coefficients for history matching oil displacement processes. Soc. Pet. Eng. https://doi. org/10. 2118/4283 – PA.

[24] Iman, R. L. , Conover, W. J. , 1982. A distribution free approach to inducing rank correlation among inputs. Communications in Stats. Simul. Comput. 11, 335 – 360.

[25] Iman, R. L, Conover, W. J, 1983. A Modern Approach to Statistics. John Wiley and Sons, New York, NY.

[26] Iman, R. L. , Helton, J. C, 1985. Investigation of uncertainty and sensitivity analysis techniques for computer models. Risk Anal. 8(1), 71 – 90.

[27] IPCC, 2010. Guidance Note for Lead Authors of the IPC Fifth Assessment Report on Consistent Treatment of Uncertainties, Inter Governmental Panel on Climate Change, accessed at https://www. ipcc. ch/pdf/supporting – material/uncertainty – guidance – note. pdf.

[28] James, A. L, Oldenburg, C. M, 1997. Linear and Monte Carlo uncertainty analysis for subsurface multiphase

contaminant transport. Water Resour. Res. 33(11),2495-2503.

[29] Kaplan,S,1981. On the method of discrete probability distributions. Risk Anal. 1,189.

[30] Keeny,R. L,von Winterfeld,D,1991. Eliciting probabilities from experts in complex technical problems. IEEE Trans. Eng. Manag. 38(3),191-201.

[31] Kessler,J. H. ,McGuire,R. M. ,1999. Total system performance assessment using a logic tree approach. Risk Anal. 19,915-932.

[32] Ma,Y. Z,LaPointe,P. (Eds.),2010. Uncertainty Analysis and Reservoir Modeling. AAPG Memoir 96.

[33] MacDonald,R. C. ,Campbell,J. E,1986. Valuation of supplemental and enhanced oil recovery projects with risk analysis. Soc. Pet. Eng. https://doi. org/10. 2118/11303-PAA.

[34] McKay,M. D. ,Conover,W. J,Beckman,R. J,1979. A comparison of three methods for selecting values of input variables in the analysis of output from a computer code. Technometrics 21(3),239-245.

[35] Mishra,S. ,1998. Alternatives to Monte-Carlo simulation for probabilistic reserves estimation and production forecasting. In: Presented at the SPE Annual Technical Conference and Exhibition,New Orleans,LA,27-30.

[36] September 1998. https://doi. org/10. 2118/49313-MS SPE-49313-MS.

[37] Mishra,S,2000. Uncertainty propagation using the point estimate method. In: Stauffer,F. ,Kinzelbach,W. ,Kovar,K. ,Hoehn,E. (Eds.),Calibration and Reliability in Groundwater Modeling: Coping with Uncertainty. In: IAHS Publication No. 265,International Association of Hydrological Sciences,Walingford,pp. 292-296.

[38] Mishra,S. ,2002. Assigning Probability Distributions to input Parameters of Performance Assessment Models. Report SKB-TR-02-11,Swedish Nuclear Fuel and Waste Management Co,Stockholm. 49 pp.

[39] Mishra,S. ,2009. Uncertainty and sensitivity analysis techniques for hydrologic modeling. J. Hydroinf. 11(3-4),282-296.

[40] Mishra,S,Knowlton,R. G,2003. Testing for input-output dependence in performance assessment models. In: Proceedings of the 10th International High-Level Radioactive Waste Management Conference,Las Vegas,NV.

[41] Mishra, S. , Parker, J. C. , 1989. Effects of parameter uncertainty on predictions of unsaturated flow. J. Hydrol. 108,19-25.

[42] Mishra,S,Choudhary,M. K,Datta-Gupta,A,2000. A novel approach for reservoir forecasting under uncertainty. Soc. Pet. Eng. https://doi. org/10. 2118/62926-MS.

[43] Mishra,S,Deeds,N. E,RamaRao,B. S. ,2003. Application of classification trees in the sensitivity analysis of probabilistic model results. Reliab. Eng. Syst. Saf. 73,123-129.

[44] Mishra,S,Deeds,N,Ruskauff,G,2009. Global sensitivity analysis techniques for probabilistic ground water modeling. Ground Water 47,727-744. https://doi. org/10. 1111/j. 1745-6584. 2009. 00604. x.

[45] Morgan,M. G. ,Henrion,M. ,1990. Uncertainty:A Guide to Dealing with Uncertainty in Quantitative Risk and Policy Analysis. Cambridge University Press,New York.

[46] Murtha,J. A,1994. Incorporating historical data into Monte Carlo simulation. Soc. Pet. Eng. https://doi. org/10. 2118/26245-PA.

[47] Neuman,S. P,2003. Maximum likelihood Bayesian averaging of uncertain model predictions. Stochastic Environ. Res. Risk Assess. 17(5),291-305.

[48] Ovreberg,O. ,Damaleth,E. ,Haldorsen,H. H,1992. Putting error bars on reservoir engineering forecasts. J. Pet. Technol. 44(6),732-738. https://doi. org/10. 2118/20512-PA. SPE-20512-PA.

[49] Press, W. H, Teuklosky, S. A. , Vetterling, W. , Flannery, B. P, 1992. Numerical Recipes in Fortran. Cambridge University Press,London.

[50] RamaRao,B. S,Mishra,S. ,Andrews,R. W. ,1998. Uncertainty importance of correlated variables in a probabi-

listic performance assessment. In: Proceedings of the SAMO98, Second International Symposium on Sensitivity Analysis for Model Output, Venice, Italy, April 19 – 22.

[51] Ravi Ganesh, P, Mishra, S. ,2016. Simplified physics model of CO_2 plume extent in stratified aquifer – caprock systems. Greenhouse Gas Sci. Technol. 6,70 – 82. https://doi. org/10. 1002/ghg. 1537.

[52] Saltelli, A. ,Chan, K. ,Scott, M. (Eds.) ,2000. Sensitivity Analysis. John Wiley, London.

[53] Shannon, C. E, 1948. A mathematical theory of communication. Bell Syst. Tech. J. 27,379 – 423.

[54] Singh, A. ,Mishra, S. ,Ruskauff, G, 2010. Model averaging techniques for quantifying conceptual model uncertainty. Ground Water 48,701 – 715. https://doi. org/10. 1111/j. 1745 – 6584. 2009. 00642. x.

[55] Tung, Y – K. ,Yen, B. – C, 2005. Hydrosystems Engineering Uncertainty Analysis. McGraw Hill Civil Engineering Series, New York.

[56] Unlu, K, Parker, J. C, Chong, P. K, 1995. Comparison of three uncertainty analysis methods to assess impacts on groundwater of constituents leached from land – disposed waste. Hydrogeol. J. 3(2) ,4 – 18.

[57] Venables, W. N. ,Ripley, B. D. ,1997. Modern Applied Statistics with S – PLUS. Springer – Verlag, New York.

[58] Walstrom, J. E, Mueller, T. D. ,McFarlane, R. C, 1967. Evaluating uncertainty in engineering calculations. Soc. Pet. Eng. . https://doi. org/10. 2118/1928 – PA.

第7章 实验设计与响应面分析

数值模型在工程和科学研究中得到了广泛的应用。在各种输入组合下进行多次模拟,称之为计算机实验。如何选择参数进行数据有效分析是设计的主要问题。实验设计需要合理地选择输入参数组合,以便减少计算机模型的计算次数,并解决数据分析、反演问题和输入不确定性评估等问题(Yeten et al,2005;Schuetter and Mishra,2014)。进行实验结果分析的一种方法是建立响应面。响应面是一种拟合输入—输出关系的经验方法。本章将介绍实验设计和响应面建模的各种技术,并举例说明这些技术在石油工程中的应用。

7.1 一般概念

为了充分理解预测函数随不同输入数据的变化关系,通常需要大量的观察数据来充分覆盖输入空间。一种低效率的方法是计算在适当精细的网格上选择的所有预测值组合的响应。这个方法通常是不可行的。在物理实验中,一些预测组合可能无法为实验人员所用,或者可能产生超出仪器测量能力的响应。在数值模拟实验中(例如,基于有限元或有限差分的数值模型),可能需要大量的计算来获得每个响应。因此,在一个预测值网格上计算响应可能需要花费太长时间或者代价太昂贵而无法完成。

避免昂贵数据收集的标准方法是只观察指定的预测值组合的响应,称为设计矩阵,然后根据这些点来拟合元模型(也称为"代理模型""响应面模型"或"降阶模型")。这些组合经过专门选择来代表所有可能的预测值设置,称为输入空间。选择合适的模拟确保能够覆盖响应的大范围变化。利用观测到的数据建立一个统计模型。该模型描述了预测变量与响应之间特定的数学关系。

一个好的元模型需要有两个特征。首先,它必须提供真实模型的精确近似。也就是说,对于任意的输入参数组合,元模型的预测结果与相同参数下的真实模拟结果接近。其次,元模型的运行速度必须比真实模拟快几个数量级。如果满足这两个要求,那么元模型可以替代真实模拟,并且由于它可以快速生成响应,因此可以使用元模型来探索最优预测值组合的输入空间。在石油和地质学文献中,元模型的一些常见应用包括模型校正或历史拟合(Li and Friedmann,2007)、参数敏感性分析(White et al,2001);采用蒙特卡罗方法进行不确定度评定(Friedmann et al,2001;Carreras et al,2006),油藏研究(White and Royer,2003;Ghomian et al,2008)和优化油藏管理(Esmaiel,2005)。

7.2 实验设计

本节介绍两大类实验设计:因子设计和抽样设计。在每个类别中都有几种选择。本节从模拟需求的数量和空间填充特性两方面讨论了这些方法的优缺点。

7.2.1 因子设计

因子设计通常用于筛选变量或优化响应面。这些设计将每个预测变量设置为几个级别中的一个，通常是"低"和"高"或"低""中"和"高"。通常，"低""中"和"高"分别用-1、0和1表示。当输入参数的数量较少时，因子设计通过相对较少的运行次数来探索预测空间，并能够对简单的线性或二次模型进行估计，从而可以用于识别空间中与最优响应值对应的区域。因子设计可以胜任响应面能够用简单函数表示的情形，对于更复杂的函数则可能需要其他的设计（见7.3节）。随着输入参数的数量逐渐增加，由于运行次数呈指数增长，全因子设计可能变得非常大。在这种情况下，可以使用较小的因子设计描述响应面。下面是对其中几种设计的描述。

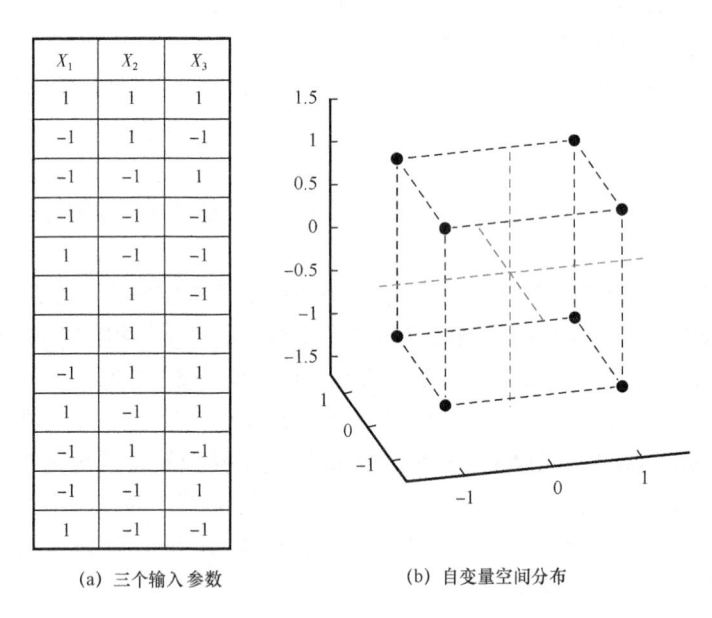

7.2.1.1 Plackett-Burman 设计

Plackett-Burman 设计（Plackett and Burman,1946）旨在提供预测因子对响应主要影响的最佳估计。将有限模拟次数内的方差最小的情形作为 Plackett-Burman 设计的主要影响的最佳估计。通常，每个输入只有两个级别输出（1 和 -1）。虽然主效应是可估计的，但预测模型之间的互作效应通常与主效应混淆，在不进行额外运行的情况下就无法分离。对 k 个输入变量的 Plackett-Burman 设计的运行次数介于离 k 最近的 4 的倍数（不大于 $k+4$）和 2^k（即完全的 2^k 因子设计）之间。图 7.1 显示了一个 Plackett-Burman 设计示例。本例中，三个变量的运行次数为 12 次，尽管只有 8 次独立运行，其余的是重复的。虽然在物理实验中常用重复实验来研究差异的来源，但是计算机模拟的结果不会有变化，但它们不会影响计算机模拟的次数。

X_1	X_2	X_3
1	1	1
-1	1	-1
-1	-1	1
-1	-1	-1
1	-1	-1
1	-1	1
1	1	1
-1	1	1
1	-1	1
-1	1	1
-1	-1	1
1	-1	-1

(a) 三个输入参数　　(b) 自变量空间分布

图 7.1　Plackett-Burman 设计示例

7.2.1.2 中心组合设计和 Box-Behnken 设计

中心组合设计（Central Composite,CC）和 Box-Behnken（BB）（Box and Behnken,1960）设计是关联方法，对每个自变量取三个值。这两种设计都合理地利用了观测结果，并允许在多项式曲面模型中估计线性和二次项。中心组合设计样本点在输入空间中超立方体的角点和面心点，如图 7.2 所示。而 BB 设计样本点位于超立方体的边缘，如图 7.3 所示。中心组合设计的一个常见缺点是,多个自变量具有极值(即在超立方体的顶点)的组合通常是不现实的。BB设计将观测结果放置在不太极端的预测组合中,实现对空间中心更好的拟合结果。

X_1	X_2	X_3
-1	-1	-1
-1	-1	1
-1	1	-1
-1	1	1
-1.68	0	0
0	-1.68	0
0	0	-1.68
0	0	0
0	0	1.68
0	1.68	0
1.68	0	0
1	-1	-1
1	-1	1
1	1	-1
1	1	1

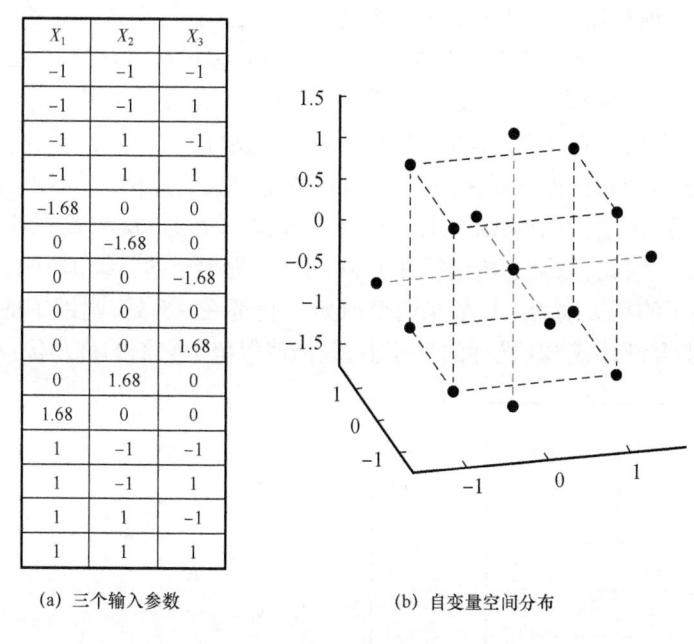

(a) 三个输入参数　　　　(b) 自变量空间分布

图7.2　中心组合设计

设计的几何形状是由参数 α 指定的,该参数在本例(可旋转 CCD)中设置为1.68

X_1	X_2	X_3
-1	-1	0
-1	0	-1
-1	0	1
-1	1	0
0	-1	-1
0	-1	1
0	0	0
0	1	-1
0	1	1
1	-1	0
1	0	-1
1	0	1
1	1	0

(a) 三个输入参数　　　　(b) 自变量空间分布

图7.3　Box – Behnken 设计

7.2.1.3 Augmented – pair 设计

Morris(2000)描述的 Augmented – pair(AP)设计是中心组合和 Box – Behnken 设计的一种替代方案,可以很好地与序列响应面搜索和优化过程一起执行。AP 设计的优势在于,它通过对初始探索阶段使用的两级设计进行扩充,构建了三级目标设计。这样,所有的运行都不会浪费。要构建 AP 设计,首先要进行两级(最好是正交)设计,观察不同因素的 -1 和 1 的不同组合。这种设计的一个例子就是 Plackett – Burman 设计。为了增强设计,首先,排除重复的中心点运算(例如,对所有因素使用 0 重复运行),然后使用两级设计中的每对运行构建一个新的单次运行,其中新运行中的因子级别为 $L_{new} = -0.5 \times (L_1 + L_2)$。$L_1$ 和 L_2 在这里是两个上一级运行中的因子级别。因此,如果原始运行在 1 和 -1 处,则因子的新级别为 0;如果两个原始运行都在 1 处,则因子的新级别为 -1;如果两个原始运行都在 -1 处,则因子的新级别为 1。最终的设计比中心组合设计或 BB 设计的尺寸小,但仍然保留了它们的许多优点(图 7.4)。

X_1	X_2	X_3
0	0	0
1	1	1
-1	1	-1
1	-1	-1
-1	-1	1
0	1	0
1	0	0
0	0	1
0	0	-1
-1	0	0
0	-1	0

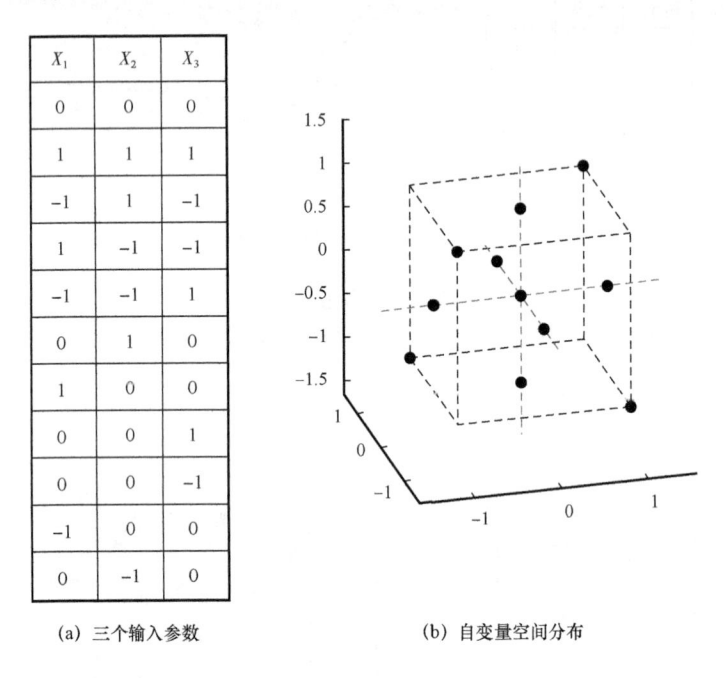

(a) 三个输入参数　　　(b) 自变量空间分布

图 7.4　Augmented – pair 设计

7.2.1.4 几种因子设计的比较

图 7.5 为上述每种因子设计所需的非重复运行次数的比较。成本最高的设计是一个完整的两级因子设计,它对 k 输入有 2^k 次运行。这种设计是 Plackett – Burman 设计的一种特殊情况,但是 Plackett – Burman 设计的运行数可以低至 $k+1$ 次。图 7.5 中显示了 Plackett – Burman 设计的最小运行次数。但是,值得注意的是,这种设计无法预测比输入的主要影响更多的估计,而且通常不适合响应面建模。在三个级别的设计中,Box – Behnken 和 Central Composite 设计需要的非独立运行次数接近,而 AP 设计通常具有较少的运行次数。三级运行的最大可能数量是 3^k(未在图中显示)。

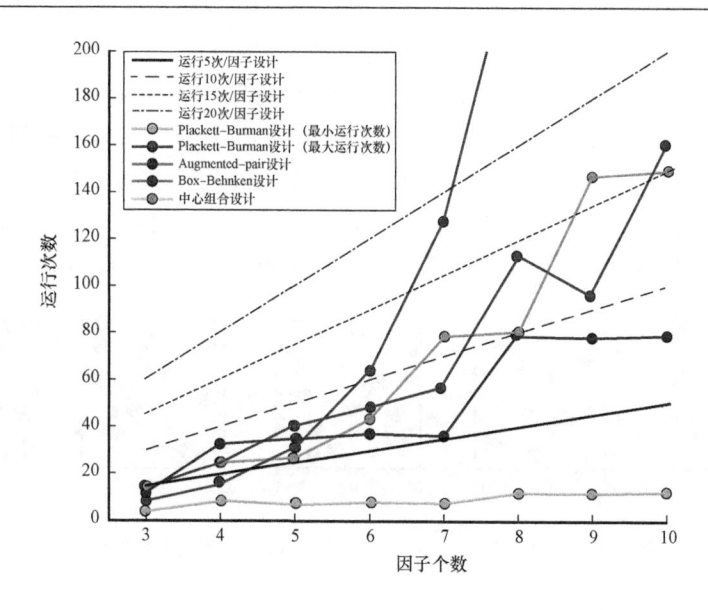

图 7.5　本节中描述的不同因子设计所需的非重复运行次数比较

7.2.2　抽样设计

对于平滑、性能良好的响应,因子设计提供了一种拟合多项式曲面(例如,两级设计的线性曲面和三级设计的二次曲面)的方法,以指导自变量空间的进一步探索。由于它们是在物理实验建模的传统中开发出来的,所以这些设计中的自变量在每次运行时仅被设置为少数几个级别中的一个;这样就可以估计预测模型的效果(即通过方差分析分解)和系统中随机变量的大小。在这种情况下,目标是将元模型拟合到确定性模拟代码的输出结果。也就是说,系统的可变性是零。由于不再需要估算可变性,因此不需要每次为不同的运行从很小的取值空间中为自变量抽样。此外,还存在模拟表面不平滑、模拟效果不理想等问题。由于因子设计只检查每个预测模型在范围低、中和高的行为,因此可能存在无法轻易观察到的局部不连续的情况。

另一种方法是抽样设计,它的运行不受每个自变量的低、中、高值的限制。相反,在每个自变量值范围内随机选择样本。通常,抽样的目标是进行空间填充设计,即尽可能地对所有自变量取值进行抽样,留下尽可能少的空白。

7.2.2.1　纯随机设计

最基本的抽样设计是在输入空间上进行简单的随机抽样。通过对每个自变量取值范围进行相互独立的 n 次抽样,得到了 n 次运行的设计。纯随机抽样的变化方法包括可以在输入参数抽样中使用不同的边界分布,或者可能包括从输入子集的联合分布中提取的数据。纯随机设计很直观,且容易实现。然而,该方法受到充填空间不足的限制。也就是说,多个观察结果常常聚集在空间的一个部分,并提供关于该区域响应面行为的大量冗余信息。空间的其他部分可能数据稀少,多余的观测数据可以更好地用于填补这些空白。

7.2.2.2　拉丁超立方设计

McKay 等人(1979)描述了一种拉丁超立方抽样(Latin Hypercube Sample,LHS)设计,旨

在通过在输入范围内等概率组中随机选择观测值来填充预测空间。对于每个设计点的每个输入,这些设计的样本值在[0,1]中。抽样是这样进行的:对于大小为 n 的样本,在 $[0,1/n]$,$[1/n,2/n]$,…,$[(n-1)/n,1]$ 的每一个区间内对于每个输入值都取一个观测值。

在实际应用中,将拉丁超立方样本在[0,1]的边界值解释为概率,并通过输入上的一些概率分布对设计点进行转换。这样做的效果是,根据所选的分布,将采样点分布到每个输入概率相同的区域。图7.6给出了两个预测模型的几个拉丁超立方抽样设计示例。

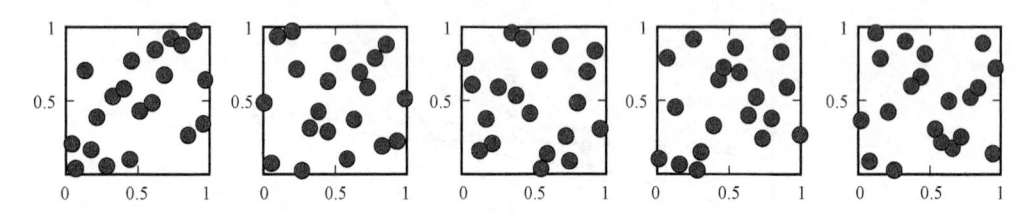

图7.6 使用拉丁超立方设计对两个自变量进行20次抽样

7.2.2.3 极大极小拉丁超立方设计

Johnson 等(1990)所描述的极大极小拉丁超立方设计是通过生成大量(例如数千个)拉丁超立方设计,并选择函数值最大的设计:

$$M(x^1,x^2,\cdots,x^n) = \min_{i,j} \| x^i - x^j \| \tag{7.1}$$

式中 $x^1,x^2,\cdots,x^n$ 为 n 个采样观测值,$\| x^i - x^j \|$ 为观测值 i 与 j 之间的欧式距离。换句话说,极大极小拉丁超立方设计是将样本中任意一对观测值之间的最小距离最大化的设计。极大极小拉丁超立方设计的示例如图7.7所示。

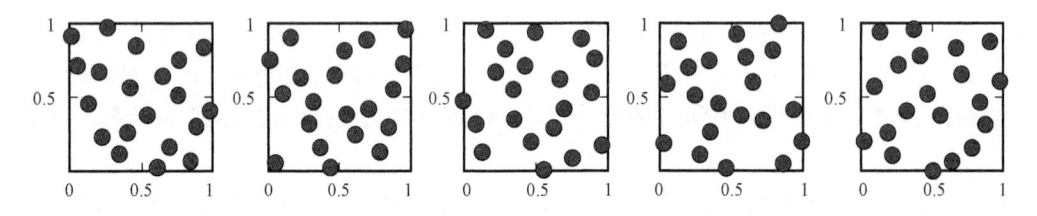

图7.7 使用极大极小拉丁超立方设计对两个自变量进行20次抽样

在设计仍基于拉丁超立方设计的约束下,最大化任意点对之间的最小距离,可以使观测结果尽可能地在输入空间中展开。因此,极大极小拉丁超立方设计往往具有更好的空间填充特性。对于一般的拉丁超立方设计,存在所有运行的结果都在超立方的对角线上的小概率事件。这将导致响应面建模设计不佳。由于极大极小设计是从成百上千的模型中选择出来的,所以这种对角线模型的概率是无穷小的。一般来说,对于输入空间中的任何位置,极大极小拉丁超立方设计到最近观测点的平均距离小于一般的拉丁超立方设计。

7.2.2.4 最大熵设计

Shewry 和 Wynn(1987)所描述的最大熵设计也具有空间填充特性。选择该设计是为了最大化样本给出的"信息量",在本例中,通过香农信息理论(Shannon,2001)中定义的熵测量来获取该信息。一种方法是最大化相关矩阵 $C = (r[i,j])$ 的行列式,其中:

$$r[i,j] = \begin{cases} 1 - \Gamma(h_{ij}), & h_{ij} \leq a \\ 0, & h_{ij} > a \end{cases} \quad (7.2)$$

其中,h_{ij}是两个观测值x^i和x^j之间的距离,$\Gamma(h_{ij})$是一个范围为a的球形变差函数,定义为:

$$\Gamma[h] = \frac{3h}{2a} - \frac{1}{2}\left(\frac{h}{a}\right)^3 \quad (7.3)$$

最大熵设计不像拉丁超立方设计那样局限于等概率区间。图7.8为最大熵设计的几个例子。

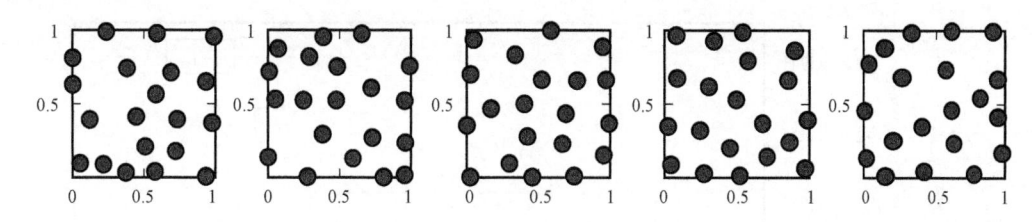

图7.8 使用最大熵设计对两个自变量进行20次抽样

7.2.2.5 几种抽样设计的比较

图7.9至图7.11显示了不同类型的抽样设计在空间充填方面的比较结果。Hickernell(1998)定义可卷型L_2偏差(记为$WL2$)来测量每个子空间中设计点数量与输入空间中均匀分布的点数量之间的差异。计算公式如下所示,其中p为输入数,$x^1,x^2,\cdots,x^n$为n个观测值(即设计运行):

$$WL2 = -\left(\frac{4}{3}\right)^p + \frac{1}{n^2}\sum_{i=1}^{n}\sum_{j=1}^{n}\prod_{k=1}^{p}\left[\frac{3}{2} - |x_i^k - x_j^k|(1 - |x_i^k - x_j^k|)\right] \quad (7.4)$$

第二个准则是最大化最小准则:

$$M = \min_{i,j} \|x^i - x^j\| \quad (7.5)$$

最后一个准则是熵测量,定义为$E = det(C)$,矩阵$C = (r[i,j])$如最大熵设计所述。

为了比较每种抽样设计的空间填充特性,对$d=2$的输入参数的$n=20$次取样进行100次抽样设计。然后为每个设计依次计算这三个标准。设计对比如图7.9至图7.11所示,分别对应于可卷型L_2偏差、最大最小值和熵测量。最大熵在最大最小距离和熵测量两个指标下都是最佳表现。最大熵设计在最大最小值指标方面能够优于最大拉丁超立方设计,因为它不受限于拉丁超立方设计。对可卷型L_2差异而言,最大最小拉丁超立方设计似乎优于其他设计。

7.3 元建模技术

在确定实验设计之后,可以在每个指定的自变量取值范围运行该实验,并且获得响应。利用设计和获得的响应,响应面模型可以用来预测无观测数据的自变量对应的响应。在计算机

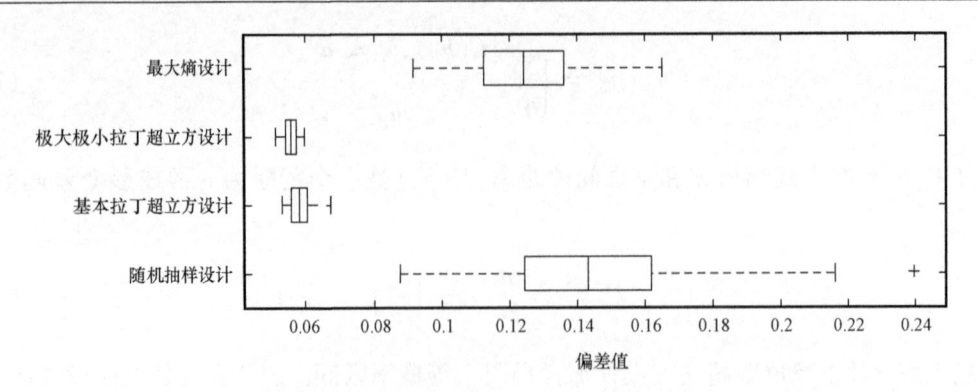

图7.9 抽样设计的可卷型 L_2 偏差比较,较小的值表示更好的空间填充特性

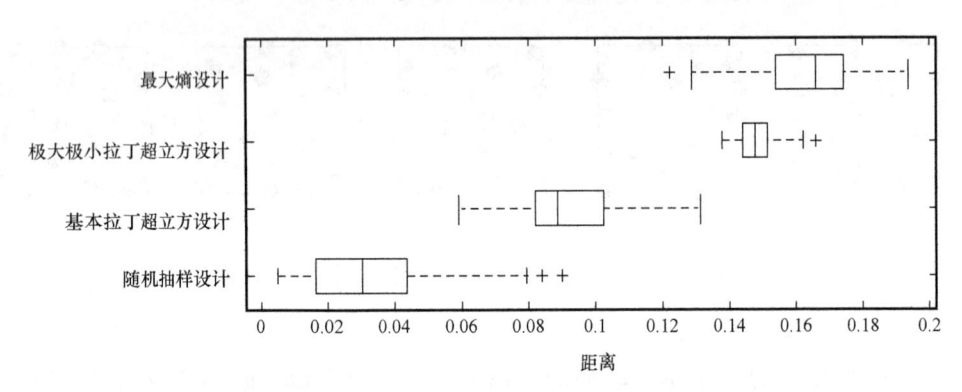

图7.10 抽样设计的最大最小距离测量比较,数值越大,说明空间填充特性越好

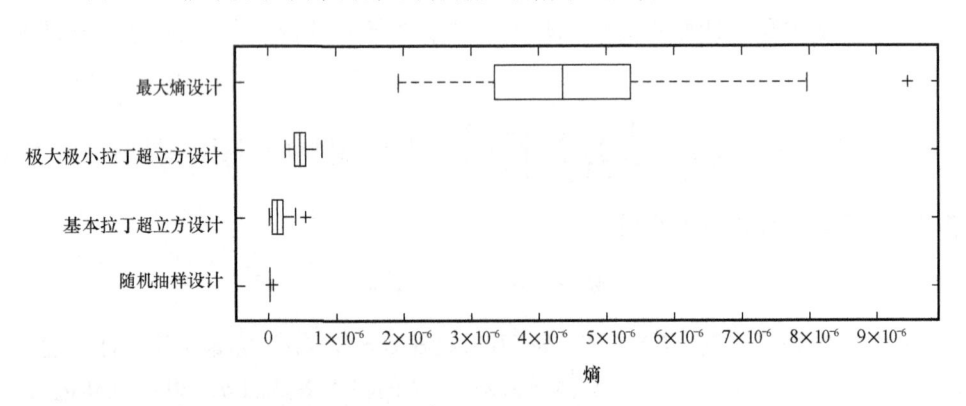

图7.11 抽样设计的熵比较,数值越大,表示空间填充特性越好

实验中,模拟的响应是确定性计算机代码的结果,响应面模型也称为替代模型或元模型。这两个术语都表达这样一个事实:使用一个模型(即元模型)来预测另一个模型(即确定性计算代码)的输出。

元模型有许多变体,但是它们的目标通常是相同的。对响应面的形状、平滑度和(或)空间中相近点之间响应的相关性做了一些假设。利用采样观测值对这些假设的参数进行了估计,并对标准进行了优化。通常,该标准由于具有匹配可用数据的能力,故平衡了表面的光滑性和简单性。

7.3.1 二次模型

二次多项式模型适用于响应类似于 p 维的抛物线的参数模型。它被定义为所有预测模型之间的线性、二次和成对交叉乘积项的和。即,将近似函数 $\hat{f}(x)$ 定义为:

$$\hat{f}(x) = \hat{y} = b_0 + \sum_{i=1}^{p} b_i x_i + \sum_{i=1}^{p} b_{ii}(x_i)^2 + \sum_{i=1}^{p} \sum_{j>i} b_{ij} x_i x_j \tag{7.6}$$

通过求解线性模型 $Y = XB$ 来估计二次多项式模型的系数,其中:

$$Y = \begin{pmatrix} f(x^1) \\ f(x^2) \\ \vdots \\ f(x^n) \end{pmatrix}, X = \begin{pmatrix} 1 & x_1^1 \cdots x_p^1 & (x_1^1)^2 \cdots (x_p^1)^2 & x_1^1 x_2^1 & x_1^1 x_3^1 & \cdots & x_{p-1}^1 x_p^1 \\ 1 & x_1^2 \cdots x_p^2 & (x_1^2)^2 \cdots (x_p^2)^2 & x_1^2 x_2^2 & x_1^2 x_3^2 & \cdots & x_{p-1}^2 x_p^2 \\ \vdots & \vdots & \vdots & \vdots & \vdots & & \vdots \\ 1 & x_1^n \cdots x_p^n & (x_1^n)^2 \cdots (x_p^n)^2 & x_1^n x_2^n & x_1^n x_3^n & \cdots & x_{p-1}^n x_p^n \end{pmatrix} \tag{7.7}$$

和

$$B = (b_0, b_1, \cdots, b_p, b_{11}, \cdots, b_{pp}, b_{12}, b_{13}, \cdots, b_{p-1,p})^T \tag{7.8}$$

通过 $\hat{B} = (X'X)^{-1}X'Y$ 得到解。这是第 4 章中讨论的多元线性回归的一个例子。

7.3.2 带有 LASSO 变量选择的二次模型

通常,分析人员在进行二次拟合之前将选择变量。例如,可以通过探索性分析、逐步回归或使用 AIC(Akaike 信息标准)或 BIC(贝叶斯信息准则)(第 4 章)等信息标准,对已有模型进行比较来实现。最终的模型拟合将只使用主效应、交互作用和平方效应的子集。这就产生了一个简练的模型,因为可以不用考虑噪声和不太相关的协变量,所以可以更好地用来预测。

执行变量选择的一种方法是通过一个基于 LASSO 回归的自动过程。Tibshirani(1996)描述的最小绝对收敛和选择算子(LASSO)回归是一种将系数向零收缩时拟合基本多元线性回归模型的技术。从数学的角度讲,这是通过在线性回归的目标函数的最小二乘项中添加惩罚函数项来实现的[公式(4.18b)]。

$$\text{Minimize} \sum_{i}^{n} \left(Y_i - \hat{\beta}_0 - \sum_{j=1}^{p} \hat{\beta}_j X_{ij} \right)^2 + \lambda \sum_{j=1}^{p} |\beta_j| \tag{7.9}$$

LASSO 回归有一个有趣的特征,即一些拟合系数恰好为零。在这些情况下,LASSO 作为一个变量选择算法,将其中系数为零的变量从模型中删除。

LASSO 变量选择与二次拟合的完整过程如下:

(1)确定惩罚函数项 λ 的强度的恰当值,通常使用回归拟合的均方根误差(RMSE)的交叉验证。较大的 λ 值将导致更多的系数为零;

(2)利用下面的二次回归模型拟合 LASSO 模型,通过惩罚项使最小二乘误差达到最小:

$$\hat{f}(x) = \hat{y} = b_0 + \sum_{i=1}^{p} b_i x_i + \sum_{i=1}^{p} b_{ii} (x_i)^2 + \sum_{i=1}^{p} \sum_{j>i} b_{ij} x_i x_j \tag{7.10}$$

(3)确定 LASSO 模型中哪些系数(b_0, b_i, b_{ij} 和 b_{ii})是非零的,去除所有系数为零的主效应、相互作用和平方项;

(4)使用 LASSO 模型中的剩余项重新构建普通最小二乘回归模型。

7.3.3 克里金模型

Cressie(1993)和 Krige(1951)介绍的克里金模型具有一个由趋势项和自相关项组成的近似函数。即:

$$\hat{f}(x) = \mu(x) + Z(x) \tag{7.11}$$

其中 $\mu(x)$ 为总体趋势,$Z(x)$ 为自相关项。$Z(x)$ 被看作是一个平均数为零的随机过程的实现,其协方差结构为 $\text{Cov}(Z(x)) = \sigma^2 R$,其中 R 是一个 $n \times n$ 矩阵,其中第 (i,j) 个元素是任意两个观测值 x^i、x^j 的相关函数 $R(x^i, x^j)$。普通克里金法假设标量趋势 $(x) = \mu_0$,而泛克里金法使用参数趋势项。

Matérn 相关性常用于克里金模型,因为它倾向于产生在局部水平上比其他常见的替代结构(如指数结构)更平滑的估计。并且,它也比高斯相关更灵活,高斯相关可能过于平滑。与 Matérn$(5/2, \theta)$ 相关的一个例子,如下所示,其中,$d_k = (x_k^i - x_k^j)$:

$$R(x^i, x^j) = \prod_{k=1}^{p} \left[1 + \frac{d_k \sqrt{5}}{\theta_k} + \frac{5 d_k^2}{\theta_k^2}\right] \exp\left(-\frac{d_k \sqrt{5}}{\theta_k}\right) \tag{7.12}$$

在泛克里金模型中,常用的二次多项式趋势项如下:

$$\mu(x) = b_0 + \sum_{i=1}^{p} b_i x_i + \sum_{i=1}^{p} b_{ii} (x_i)^2 + \sum_{i=1}^{p} \sum_{j>i} b_{ij} x_i x_j \tag{7.13}$$

7.3.4 径向基函数

Chen 等(1991)所描述的径向基函数(Radial Basis Functions,RBF)是仅依靠观察点到一些固定位置 c 距离的任意函数。也就是说,一个径向基函数 $\phi(\cdot)$ 满足 $\phi(x) = \phi(\|x - c\|)$。径向基函数的回归模型如下:

$$\hat{f}(x) = b_0 + \sum_{i=1}^{p} b_i \phi_i(\|x - x_i\|) \tag{7.14}$$

也就是说,响应面近似为径向基函数的加权和,每个径向基函数取决于位置 x 和样本观测值 x_i 的距离。使用普通最小二乘法对回归权值 b 进行训练。其他变量可用于改进模拟的拟合效果。提供更平滑拟合的一种方法是包含较少的基函数,这些基函数涉及可选择中 $c_1, c_2, \cdots, c_{p'}$ 而不是 $x_1, x_2, \cdots, x_{p'}$,其中 $p' \ll p$。另一个选择是允许 $\phi_i(\cdot)$ 函数的参数根据位置而变化。

7.3.5 元模型性能评估指标

理想情况下,元模型能够生成与后续测试的变量的真实结果最为接近的预测结果。比较不同的元模型时,能够获取适合单个统计数据的元模型的质量是很有用的。有许多方法可以做到这一点,但最常见的两种是均方根误差(RMSE)和 R^2。均方根误差定义为一组观测值 $\{x^1, x^2, \cdots, x^n\}$ 的预测值 $\hat{y}_i = \hat{f}(x^i)$ 与真实响应值 $y_i = f(x^i)$ 的差异平方均数的平方根:

$$\text{RMSE} = \sqrt{\frac{1}{n}\sum_{i=1}^{n}(y_i - \hat{y}_i)^2} \tag{7.15}$$

均方根误差也可以标准化,例如,除以观察到的响应的中位数。这样可以将任何响应的结果归一化到相同的尺度,便于对比拟合到不同响应面的元模型的结果:

$$\text{归一化 RMSE} = \text{SRMSE} = \frac{\sqrt{\frac{1}{n}\sum_{i=1}^{n}(y_i - \hat{y}_i)^2}}{\text{中位数}\{y_1, y_2, \cdots, y_n\}} \tag{7.16}$$

R^2 是另一个元模型准确性的度量,定义为由输入变量引起的响应的方差大小。在简单的线性回归模型中,R^2 统计量是实际响应值与预测响应值之间相关性的平方。对于其他模型,通常使用拟 R^2 统计量(R_p^2):

$$R_p^2 = 1 - \frac{SS_{\text{model}}}{SS_{\text{error}}} = 1 - \frac{\sum_{i=1}^{n}(y_i - \hat{y}_i)^2}{\sum_{i=1}^{n}(y_i - \bar{y})^2} \tag{7.17}$$

请注意,在简单线性回归中,R^2 总是在 $[0, 1]$ 中,而拟 R^2 则在 $[-\infty, 1]$ 中。拟 R^2 统计量为负,意味着该模型预测的响应比平面模型更差,平面模型预测的是预测模型空间中所有地方的平均观测响应值。

7.4 小型示例

本节通过一个实例来说明实验设计和响应面分析所涉及的步骤。该例子通过渗透率(PERM)、孔隙度(POR)和表皮系数(SKIN)这三个变量来预测给定时间内的井底流动压力(BHP)。表皮系数是一个无量纲的量,可以量化井筒附近地层伤害。因此,在本例中,响应变量是井底流动压力,三个影响因素是渗透率、孔隙度和表皮系数。

在实验设计中,根据预定模式同时改变若干参数。这里的设计指的是造成响应面变化的一系列因子的组合。设计的第一步是指定级别的数量,并为每个级别的因子分配适当的值。使用一个三级的 Box–Behnken 设计,其变量范围见表7.1。

表7.1 实验设计的自变量范围

级别	取值	渗透率(mD)	孔隙度	表皮系数
低	-1	0.05	0.20	-2
中	0	0.10	0.25	0
高	1	1.00	0.30	1

表 7.2　三因素和四中心点重复 Box – Behnken 设计

实验次数	渗透率	孔隙度	表皮系数	井底压力(psi)
1	1	0	−1	2884.40
2	0	1	−1	2129.40
3	−1	0	−1	1360.40
4	0	−1	1	1488.90
5	−1	1	0	596.93
6	0	0	0	1711.10
7	0	−1	0	515.89
8	0	1	1	1529.40
9	0	0	0	1711.10
10	0	0	0	1711.10
11	0	−1	−1	2088.80
12	1	1	0	2847.60
13	1	0	1	2824.40
14	1	−1	0	2839.70
15	−1	0	1	160.52
16	0	0	0	1711.10

与全因子设计相比，Box – Behnken 设计需要较少的实验次数。例如，在本例中，设计需要对这三个因子进行 16 次实验，包括因子中心点的 4 次重复（所有因子都被分配到它们的中心点值）(表 7.2)。中心点的重复使得设计更加接近正交，提高了响应面系数的估计精度。虽然中心点重复在实验数据收集中很常见，以确保可重复性，但在计算机实验中并不常见。如果没有中心点重复，这里的 Box – Behnken 设计将需要进行 13 次实验，如图 7.3 所示。

下一步是获得表 7.2 中因子组合的响应。对于涉及复杂地质的现场应用，通常需要对储层响应进行数值模拟。对于本例，中心点的 BHP 历史记录如图 7.12 所示。

尽管实验设计允许对多个响应进行建模。本例中仅使用 200 天的井底压力(BHP)这个单一响应。Box – Behnken 设计中各因素组合在 200 天的井底压力(BHP)也包含在表 7.2 中。

设计步骤之后是建立响应面模型，该模型是响应作为各因子函数的经验拟合。利用 Box – Behnken 设计构造了二阶多项式响应面模型，如下所示：

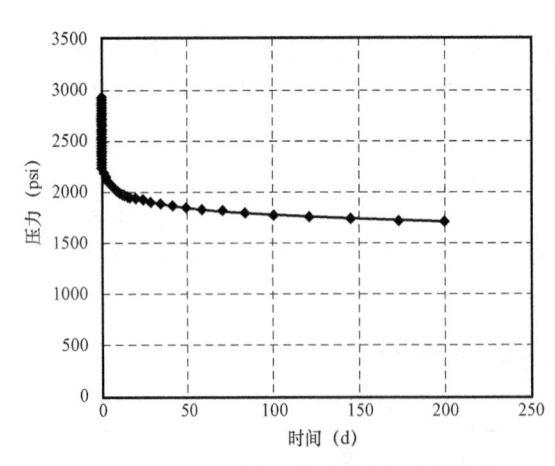

图 7.12　井底压力与中心点响应各因素综合作用，响应面分析采用 200 天的压力

$$BHP = b_0 + b_1 \times PERM + b_2 \times POR + b_3 \times SKIN + b_4 \times PERM \times PERM + b_5$$
$$\times POR \times POR + b_6 \times SKIN \times SKIN + b_7 \times PERM \times POR + b_8$$
$$\times PERM \times SKIN + b_9 \times POR \times SKIN \qquad (7.18)$$

以上回归方程的系数由多元线性回归得到,回归结果见表7.3。R^2值很高表明井底压力的变化大多数可以由回归模型解释。

表7.3 回归总结

R^2	0.998
校正的 R^2	0.996
标准差	56.48
点数	16
预测的 R^2	0.971

多元线性回归方差分析结果见表7.4。正如第4章所讨论的,方差分析(ANOVA)实际上是一种假设检验,用来检验这些因子在解释响应中的影响。F - 检验统计量用于检验没有一个因子与响应变量线性相关的假设。F - 检验统计量的值很大表明线性模型能够充分解释响应。P 值表示具有至少与观察到的测试统计量一样大的测试统计量的概率。小的 P 值意味着至少有一些因素对响应变量有影响。

表7.4 方差分析

来源	自由度	平方和	平方和百分数	均方差	F	P 值
回归分析	9	10725941.02	100	1191771.225	373.57	1.50861×10^{-7}
剩余误差	6	19141.10	0	3190.200		
总计	15	10745082.12	100			

下一步是分析单个因子对响应的影响。通过观察与回归系数相关的 t 统计量来完成的。结果如表7.5所示,第一列表示多项式模型中的系数,第二列表示其值。第三和第四列显示 t 统计量和相关的 P 显著值。同样,P 值越小则表明参数越重要。通常会设置一个阈值 P 值来检验显著性,例如 P 值小于0.005。这意味着 P 值小于0.005的系数是显著的。第五列为特定响应面系数估计的标准误差。第6列和第7列分别显示系数的 -95% 和 $+95\%$ 置信值。

从表7.5可以看出,系数 b_2、b_4、b_5、b_7、b_9 的 P 值相对较大,说明这些系数可能为零。结果还表明,孔隙度似乎并不影响井底压力(BHP),这与实际的认识是一致的。去掉这些系数后再次进行多元回归,得到的响应面模型方程如下:

$$Resp - 1 = b_0 + b_1 \times PERM + b_2 \times SKIN + b_3 \times PERM \times SKIN + b_4 \times SKIN \times SKIN$$
$$(7.19)$$

修正后的响应面模型的回归总结、方差分析和显著性检验见表7.6至表7.8。结果表明,R^2 没有明显的损失。F 值大,P 值小,说明模型能够有效地解释响应。由 t 统计量和相应的 P 值可知,响应面模型中所有的系数远不等于零。

表7.5 系数的显著性测试

系数	系数值	t统计量	P值	标准误差	-95%	95%
b_0	1711.1	60.59	1.35841×10^{-9}	28.24	1642.00	1780.20
b_1	1095.3	54.85	2.46619×10^{-9}	19.97	1046.40	1144.20
b_2	21.26	1.064	0.328	19.97	-27.610	70.12
b_3	-307.48	-15.40	4.74339×10^{-6}	19.97	-356.34	-258.62
b_4	-6.382	-0.226	0.829	28.24	-75.48	62.72
b_5	-4.706	-0.167	0.873	28.24	-73.81	64.40
b_6	102.71	3.637	0.01088	28.24	33.61	171.81
b_7	-18.27	-0.647	0.542	28.24	-87.37	50.83
b_8	284.98	10.09	5.50004×10^{-5}	28.24	215.88	354.08
b_9	-2.5×10^{-5}	-8.85244×10^{-7}	1.000	28.24	-69.10	69.10

表7.6 回归总结

R^2	0.998
校正的 R^2	0.997
标准误差	47.040
点数	16.000
预测的 R^2	0.991

表7.7 方差分析

来源	自由度	平方和	均方	F	P值
回归分析	4	10720739.30	2680184.825	1211.1	1.84275×10^{-14}
剩余误差	11	24342.80	2213.000		
总计	15	10745082.12			

表7.8 系数的显著性测试

系数	系数值	t统计	P值	标准差	-95%	95%
b_0	1705.60	102.550	9.47477×10^{-18}	16.63	1669.00	1742.20
b_1	1095.30	65.850	1.22747×10^{-15}	16.63	1058.70	1131.90
b_2	-307.48	-18.490	1.24053×10^{-9}	16.63	-344.09	-270.87
b_3	284.98	12.120	1.05378×10^{-7}	23.52	233.21	336.75
b_4	102.71	4.367	0.00112	23.52	50.94	154.48

图7.13为真实井底压力与响应面模型预测的井底压力的交会图。显然,响应面模型能够利用渗透率和表皮系数这两个因素来预测井底压力(BHP)。此外,残差图[图7.14(a)]没有明显的结构特征,而残差的线性正态分位数图符合正态分布。这些结果似乎表明响应面模型

没有违反基本回归模型的假设。还可以绘制带有残差的特征图来进一步验证模型。最后，图 7.15 为不同渗透率与表皮系数各种组合的响应面图。正如预期的那样，可以看到，随着渗透率的降低，井底压力（BHP）也会降低。类似地，随着表皮系数的增加，井底压力（BHP）也会减少。同样，这些结果与实际认识是一致的。

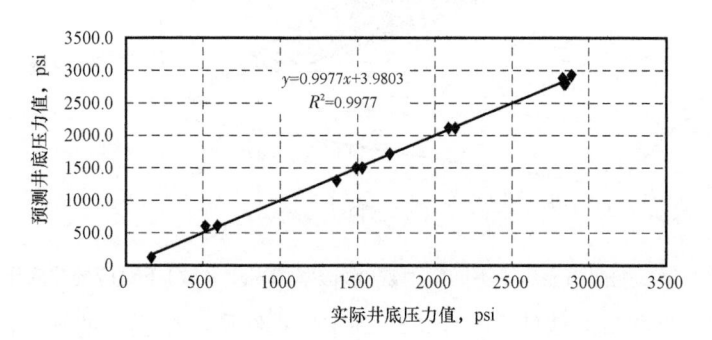

图 7.13 利用响应面模型预测的井底压力与实际值对比

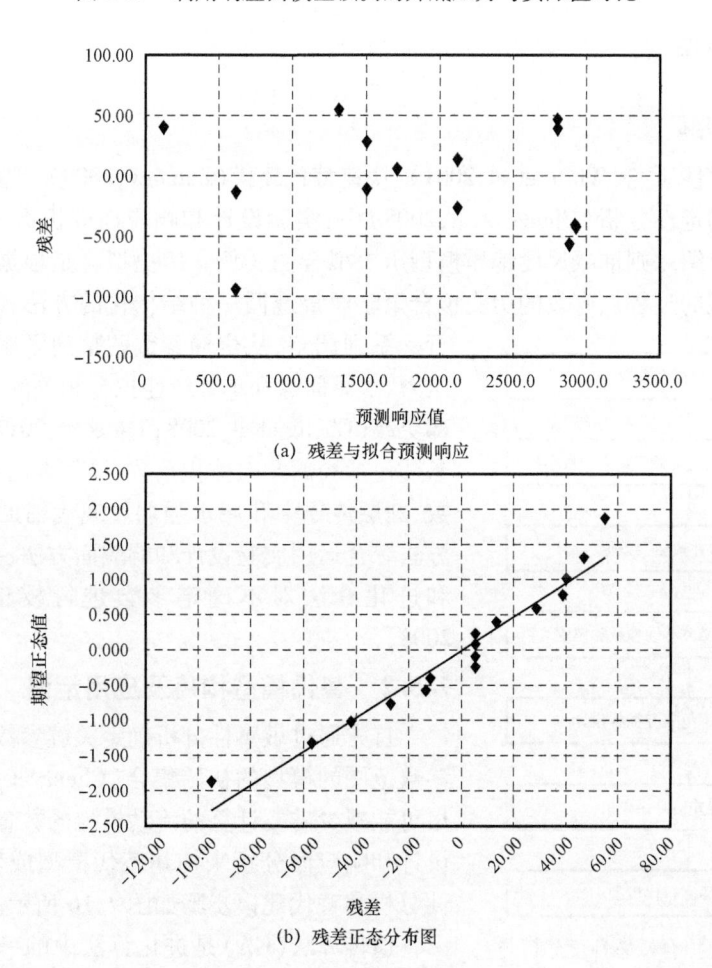

(a) 残差与拟合预测响应

(b) 残差正态分布图

图 7.14 残差特征图

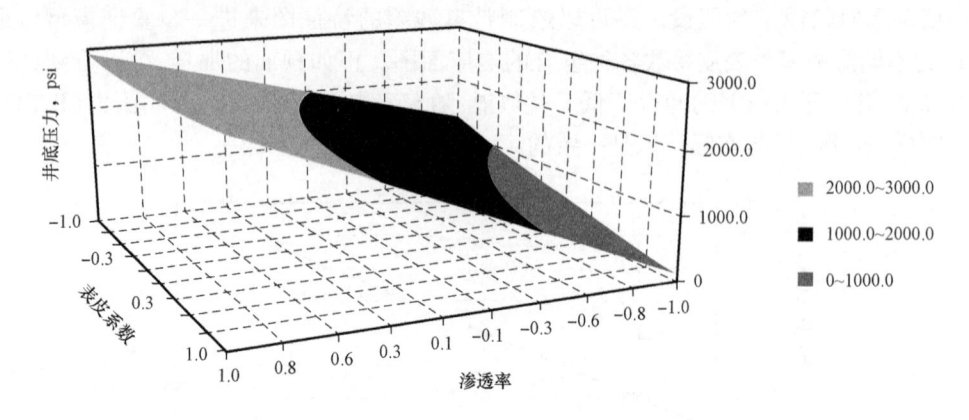

图 7.15 响应面显示了不同组因素(渗透率和表皮系数)下对应的井底压力

读者可以使用公共流通软件 EREGRESS 和本书在线资源中提供的气体流动模拟器 GAS-SIM 重现本示例中的结果。

7.5 现场应用

7.5.1 目标问题

在参数敏感性研究(White et al,2001)、快速替代建模(Zubarev,2009)、地质模型修正或历史拟合以及不确定性分析(Cheng et al,2008)中,实验设计和响应面分析有着广泛的现场应用。本节主要介绍一则油藏尺度地质模型历史拟合的实例。历史拟合是根据压力、产量数据等调整地质模型的过程。有效的历史拟合策略通常遵循一种结构化的方法,即对地质模型进行一系列调整,从全局参数调整到区域参数,然后对与压力、水驱前缘和单井产能拟合相关的模型属性进行局部更改(Cheng et al,2008；Yin et al,2011)。压力拟合的参数包括局部孔隙体积系数、局部垂向和平面传导率系数、断层传导率和底水强弱。现代辅助/自动历史拟合方法综合运用实验设计和响应面方法,并结合机器学习和进化算法对不确定参数进行校正(Cheng et al,2008)。

7.5.2 替代模型构建及应用策略

首先通过敏感性分析确定关键参数,然后创建跨越参数范围的模型的初始集合(Cheng et al,2008)。为了尽可能减少需要计算的流动模拟的数量,通常使用实验设计和响应面分析来构建替代模型或代理模型。敏感性分析和替代建模步骤如图 7.16 所示。

遗传算法(GA)是进化算法中的一种,常用于模型校正(Cheng et al,2008)。遗传算法模仿了生物进化的

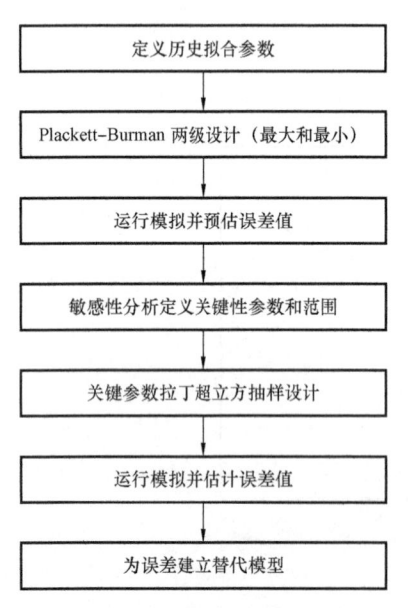

图 7.16 历史拟合敏感性度分析与替代建模流程图

原理——适者生存。进化是从一群随机产生的个体开始的,这些个体由一组模型参数组成。在每一代中,评估总体中每个个体的拟合度(动态数据拟合误差的度量)。替代模型在这里特别有用,因为它可以剔除那些由代理模型近似计算的损失函数高于可接受阈值的样本。这避免了大量的流动模拟(Cheng et al,2008;White and Royer,2003;Yeten et al,2005)。

从当前种群中随机选择多个个体(基于它们的拟合度)并对其进行修改(重组并且可能是随机突变)以形成新的种群。然后在算法的下一次迭代中使用新的种群。当生成的代数达到最大值或种群已经达到满意的拟合度水平时,该算法终止。

7.5.3 现场实例研究

本节介绍用遗传算法和替代模型进行历史拟合的一个实例(Yin et al,2011)。E油藏平均深度1000m,有13口生产井和6口注入井。油藏按构造划分为七个区域。每个区域划分为多个层,共有424层。同时,将22个断层耦合到模型中,得到12个断层区块。该油田衰竭开发且需要保持压力,以最大限度地提高原油采收率,一个更精准全油田模型将支持油田的高效开发。

模型校准步骤如图7.17所示。首先,构建替代模型计算动态数据的损失函数,如7.5.2节所述。替代模型用于筛选并排除可能存在大量数据不匹配或不太可行的模型。这一步节省了大量的计算时间,因为只有通过替代筛选的模型才能用于流动模拟和数据不匹配的严格计算。如图7.17所示,在进行了足够多的流动模拟之后,这些拟合误差计算能进一步更新替代模型。

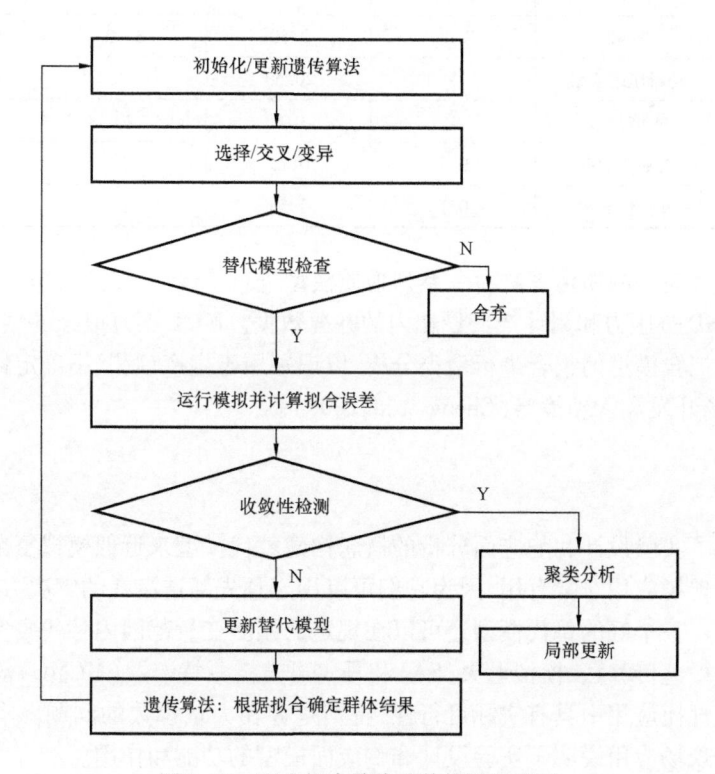

图7.17 历史拟合替代遗传算法流程图

表7.9给出了地质建模过程中的一组不确定参数。针对大量的潜在不确定参数，首先采用 Plackett – Burman 二级实验设计进行敏感性分析。对各实验进行了流动模拟，并将各参数对数据拟合误差的影响进行了排序。保留导致拟合误差函数变化最大的参数，舍弃灵敏度较低的参数。敏感性分析的细节可参见 Cheng 等（2008）的文章。

表7.9　E油藏现场历史拟合参数和范围

不定变量		低值	中值	高值	分布
静态不确定性	相	-1	0	1	离散型均匀分布
	含水饱和度	-1	0	1	离散型均匀分布
	孔隙度	-1	0	1	离散型均匀分布
断层/隔层	区域传导乘数	1×10^{-6}	1×10^{-3}	1	连续型均匀分布
	断层传导乘数	1×10^{-6}	1×10^{-3}	1	连续型均匀分布
相对渗透率	Sorw1（薄层）	0.30	0.36	0.42	连续型均匀分布
	Sorw2（厚层）	0.25	0.32	0.38	连续型均匀分布
	Krwe1	0.30	0.45	0.60	连续型均匀分布
	Krwe2	0.21	0.33	0.45	连续型均匀分布
	Nw1	1.50	1.05	0.60	连续型均匀分布
	Nw2	2.50	2.00	1.50	连续型均匀分布
	Now1	3.20	11.60	20.00	连续型均匀分布
	Now2	2.40	2.80	3.20	连续型均匀分布
岩石性质	岩石压缩系数	5	20.50	36	连续型均匀分布
孔隙体积	水体倍数	1	10.50	20	连续型均匀分布
传导率	水平传导率	0.5	0.75	1	连续型均匀分布
	垂直传导率	0.1	0.55	1	连续型均匀分布

利用具有替代模型的遗传算法对一系列地质模型进行了修正，以拟合包括关井井底压力、地层动态测试（MDT）压力和累计产液量在内的井况数据。MDT压力拟合的结果如图7.18所示。可以对历史拟合模型的集合进行聚类分析，以识别用于生产预测、不确定性分析的不同模型集，并优化现场开发和管理策略（Cheng et al, 2008）。

7.6　小结

本章中引入了实验设计和响应面分析的概念构建替代模型来近似模拟复杂流动。替代模型对于大规模的现场应用非常有用，因为它们可以用于预先筛选潜在的解决方案，而无须进行费时的流动模拟。一个好的替代模型还可以在规定的预测变量范围内替代真实模拟模型。替代模型的引入使得遗传算法、模拟退火（SA）和马尔可夫链蒙特卡罗（MCMC）等随机搜索和优化算法在现场大规模应用中具有实际可行性，特别是存在大量参数的问题。本章通过一个简单的示例和一个现场应用说明了实验设计和响应面模型的功能和作用。

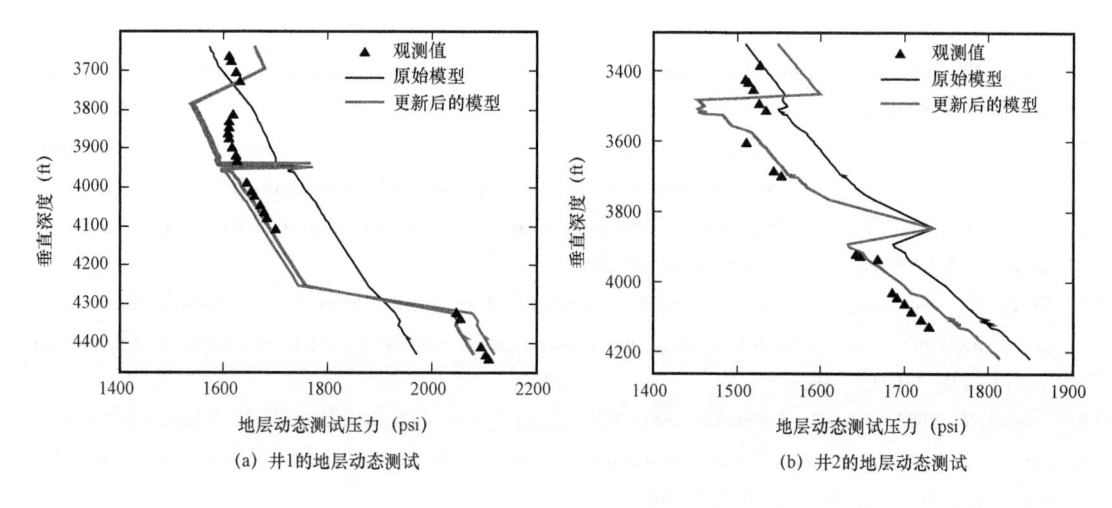

图 7.18　地层动态测试(MDT)拟合的示例

习　题

1. 假设有四个输入,每个输入在 −1 到 1 之间。请创建以下设计。
(1) 全 Plackett – Burman 设计(全因子)。
(2) 中心组合设计(α 设为 1)。
(3) Box – Behnken 设计。
(4) 根据(1)中的二级全因子设计编写一个程序来计算增强对设计。

2. 假设有三个输入,每个输入都有相同的概率,范围在 0 到 1 之间。请完成以下工作:
(1) 60 个独立随机样本的纯随机设计。
(2) 拉丁超立方抽样,共 60 个观测值。
(3) 极大极小拉丁超立方抽样(在 50 个实现中,每个实现有 60 个观测值)。
(4) 最大熵设计(提示:抽样的一种选择是在 50 个拉丁超立方抽样实现中选择熵最大的一个,每个实现有 60 个观测值)。
(5) 使用书中提到的三种空间填充标准比较这些设计,每一种都有 100 种实现。

3. 考虑表 7.2 给出的数据。忽略孔隙度数据,建立二阶多项式响应面模型。
(1) R^2 和标准误差是多少?
(2) 提供方差分析表。
(3) 对于常数项和 PERM × PERM 项,检验系数的显著性。与表 7.5 的结果相比,结论是否发生了变化?
(4) 绘制残差的诊断曲线。是否观察到了任何结构偏差?

参 考 文 献

[1] Box, G. E., Behnken, D., 1960. Some new three level designs for the study of quantitative variables. Technometrics 2(4), 455 – 475.

[2] Carreras, P. E., Johnson, S. G, Turner, S. E, 2006. Tahiti field: assessment of uncertainty in a deepwater reservoir using design of experiments. Soc. Pet. Eng. https://doi. org/10. 2118/102988 – MS.

[3] Chen, S, Cowan, C. F, Grant, P. M, 1991. Orthogonal least squares learning algorithm for radial basis function networks. IEEE Trans. Neural Netw. 2(2), 302309.

[4] Cheng, H., Dehghani, K, Billiter, T. C., 2008. A Structured Approach for Probabilistic – Assisted History Matching Using Evolutionary Algorithms: Tengiz Field Applications. Society of Petroleum Engineers. https://doi. org/10. 2118/116212 – MS.

[5] Cressie, N., 1993. Statistics for Spatial Data(Wiley Series in Probability and Statistics). Wiley, New York.

[6] Esmaiel, T. E, 2005. Applications of experimental design in reservoir management of smart wells. Soc. Pet. Eng. https://doi. org/10. 2118/94838 – MS.

[7] Friedmann, F, Chawathe, A., Larue, D. K, 2001. Assessing Uncertainty in Channelized Reservoirs Using Experimental Designs. Society of Petroleum Engineers. https://doi. org/10. 2118/71622 – MS.

[8] Ghomian, Y, Pope, G. A., Sepehrnoori, K., 2008. Development of a Response Surface Based Model for Minimum Miscibility Pressure(MMP) Correlation of CO_2 Flooding. Society of Petroleum Engineers. https://doi. org/10. 2118/116719 – MS.

[9] Hickernell, F, 1998. Lattice rules: how well do they measure up. In: Hellekalek, P., Larcher, G. (Eds.), Random and Quasi – Random Point Sets. Springer, New York, pp. 109 – 166.

[10] Johnson, M. E., Moore, L. M, Ylvisaker, D, 1990. Minimax and maximin distance designs. J. Stat. Plan Inference 26(2), 131 – 148.

[11] Krige, D. G, 1951. A Statistical Approach to Some Mine Valuation and Allied Problems on the Witwatersrand. University of the Witwatersrand, Johannesburg.

[12] Li, B., Friedmann, F, 2007. Semiautomatic multiple resolution design for history matching. Soc. Pet. Eng. https://doi. org/10. 2118/102277 – PA.

[13] McKay, M. D., Beckman, R. J, Conover, W. J., 1979. Comparison of three methods for selecting values of input variables in the analysis of output from a computer code. Technometrics 21(2), 239 – 245.

[14] Morris, M. D., 2000. A class of three – level experimental designs for response surface modeling. Technometrics 42(2), 111 – 121.

[15] Plackett, R. L, Burman, J. P, 1946. The design of optimum multifactorial experiments. Biometrika 33, 305 – 325.

[16] Schuetter, J., Mishra, S., 2014. Simplified predictive models for CO_2 sequestration performance assessment. Research topical report on statistical learning based models. Submitted to U. S. Department of Energy National Energy Technology Laboratory, October.

[17] Shannon, C. E, 2001. A mathematical theory of communication. ACM SIGMOBILE Mob. Computi. Commun. Rev. 5(1), 3 – 55.

[18] Shewry, M. C, Wynn, H. P, 1987. Maximum entropy sampling. J. Appl. Stat. 14(2), 165 – 170.

[19] Tibshirani, R., 1996. Regression shrinkage and selection via the lasso. J. R. Stat. Soc. Ser. B Methodol. 58, 267 – 288.

[20] White, C. D., Willis, B. J., Narayanan, K., Dutton, S. P, 2001. Identifying and Estimating Significant Geologic

Parameters With Experimental Design. Society of Petroleum Engineers. https://doi. org/10. 2118/74140 - PA.

[21] White, C. D. , Royer, S. A. , 2003. Experimental Design as a Framework for Reservoir Studies. Society of Petroleum Engineers. https://doi. org/10. 2118/79676 - MS.

[22] Yeten, B. , Castellini, A. , Guyaguler, B. , Chen, W. H, 2005. A Comparison Study on Experimental Design and Response Surface Methodologies. Society of Petroleum Engineers. https://doi. org/10. 2118/93347 - MS.

[23] Yin, J, Park, H - Y. , Datta - Gupta, A. , King, M. J, 2011. A hierarchical streamline - assisted history matching approach with global and local parameter updates. J. Pet. Sci. Eng. 80(1), 116 - 130.

[24] Zubarev, D. I, 2009. Pros and Cons of Applying Proxy - models as a Substitute for Full Reservoir Simulations. Society of Petroleum Engineers. https://doi. org/10. 2118/124815 - MS.

第8章 数据驱动建模

本章的重点是数据驱动建模,应用机器学习技术解释输入—输出变量之间的关系。本章内容包括:(1)前提,简要介绍常用概念和技术;(2)前景,即展示实际应用的成果案例;(3)风险,即客观评估挑战和潜在风险。

8.1 引言

8.1.1 序言

近年来,大数据分析和数据驱动建模成为了油气藏动态分析的热门词(Saputelli,2016)。得益于以下几个方面的最近进展,大数据分析和数据驱动建模的应用从潜力转变为了现实:(1)获取和管理规模性、多样性、高速性(3V)的数据;(2)使用统计技术"挖掘"数据并发现大型、复杂、多维数据集中隐含的关联和关系模式(Holdaway,2014)。数据挖掘、统计学习、知识发现和数据分析这些术语在本书中经常出现。这种分析本质的目的是通过有监督或无监督学习来提取数据重要的模式和趋势,并理解数据"说了些什么"(Hastie et al,2008)。

在监督学习中,预测结果是由将一系列输入参数输入预测模型中得到的。而预测模型是用第4章讨论的回归分析和本章讨论的其他方法等技术通过大量的训练数据预测或学习得到的。另外,无监督学习涉及通过第5章中介绍的聚类分析、主成分分析,以及多维标度法和自组织映射神经网络等其他方法来描述一组输入参数之间的关系或模式,以了解数据是如何组织或聚类的(Stie et al,2008)。

8.1.2 数据驱动模型——是什么和为什么

在经典统计学中,数据分析的标准方法需要假设自变量和因变量映射的模型。例如,第4章讨论了使用线性回归建立输入—输出模型,其中就假设变量之间存在简单的线性关系。随着数据变得越来越复杂,维度越来越多,人们逐渐认识到线性回归方法(或其线性化变体)已不足以准确地描述输入—输出关系,而更期望在不假设函数形式的前提下从数据中提取模型(Breiman,2001b)。这就是前面提到的监督学习。这类问题进一步细分为:(1)回归问题,其中因变量是连续的(例如渗透率);(2)分类问题,其中因变量是离散的(例如岩石类型)。上述两种情况中的自变量可以是连续的,也可以是离散的。例如,基于前12个月的产量建立累计年产量的预测模型是一个回归问题(Schuetter et al,2015),而根据测井响应确定测井相识别的影响因素则是一个分类问题(Perez et al,2005)。

相比于需要预先指定数据模型的标准线性或非线性回归分析,数据驱动建模的优势包括:(1)识别数据中的隐藏模式;(2)获取变量之间复杂的非线性关系;(3)不必显式地定义输入—输出关系的函数形式;(4)自动处理自变量之间的相关性;(5)在"学习"期间引导或自动调整模型。然而,某些复杂的模型在一定程度上存在着不可解释性,导致这些模型被称为"黑箱子"。

8.1.3 理念

十余年来，统计学家和计算机科学家研发的先进算法被广泛用于消费市场、网络安全、医疗保健等领域，提供了基于数据驱动的行业表现认知（Bahga and Madiseti，2016）。这些技术也越来越多地用于诸如油藏表征（如 Toth et al，2013；Bhattacharya et al，2016）、生产数据分析（如 Shelley et al，2014；Lolon et al，2016）、油藏管理（如 Maudec et al，2011；Maysami et al，2013）、预知维修（如 Rawi et al，2010；Santos et al，2015）等问题。然而，由于统计学繁琐的术语和复杂"黑盒子"算法的使用，数据驱动建模（数据分析）对于大多数石油工程师和地质学家来说仍然比较陌生。

由于高级统计算法的开发或编程通常不是油藏工程师和地质学家的主要关注点，因此广大的用户越来越依赖例如 SAS 之类的商业软件包或 R 之类的开源软件包。尽管如此，以下问题仍然需要解决：(1)如何为特定的问题选择正确的算法，而不是在所有情况下使用相同的算法；(2)如何选择合适的用户自定义参数；(3)如何避免数据过度拟合以及模型预测中结果偏差的问题；(4)确保数据驱动模型在变量选择和参数重要性分析方面符合物理意义。

本章将概述石油地质学中一些最常用的数据驱动建模技术（可以处理回归和分类问题）。由于重点是算法的应用而不是编程，因此算法的数学描述将会尽可能地简化。讨论的重点是思考过程和分析框架，这样地质学家和油藏工程师在与数据科学家合作的过程中可以轻松地应用这些算法。为此，将采用通俗易懂的方式描述算法，并通过简单的教学示例和实际现场示例进一步说明如何应用这些算法。

8.2 建模方法

8.2.1 分类回归树

分类回归树（Classification and Regression Trees，CART）是用于描述自变量如何影响因变量的简单的、易于理解的模型（Breiman et al，1984）。分类回归树的基本思想是：(1)将预测空间划分为网格状的矩形区域；(2)在每个区域内，对于回归问题用常数值预测（即 $y_i = c_i$），对于分类问题用分类标签预测（即 $y_i = class_i$）。如图 8.1 所示，生成的二叉树[图 8.1(b)]有助于确定根据输入值将输出分组的预测规则以及在数据中查找结构。该方法被称为树，因为矩形区域是通过使用分支结构来定义的，并且每个分支是对自变量基于阈值进行二元分割得到的。

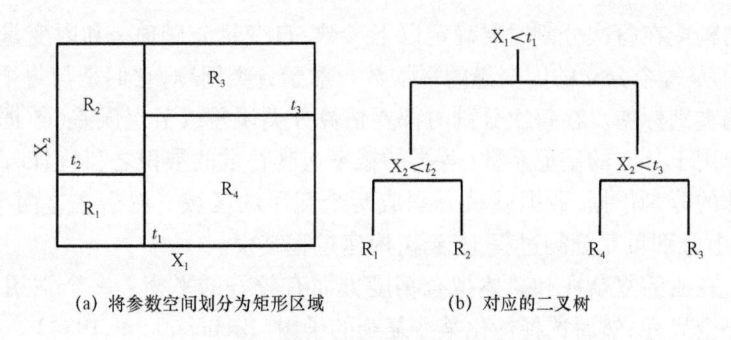

(a) 将参数空间划分为矩形区域　　(b) 对应的二叉树

图 8.1　基于树的建模概念示意图

图 8.2 所示为一个分类树的示例,使用分类树方法将第 4 章、第 5 章中介绍的 Salt Creek 的多种测井响应数据划分为不同的岩相(Perez et al,2005)。该树由一个根节点分解为两个子节点开始,对每个子节点继续分解直至达到叶节点终止。根节点显示了第一个分割或决策规则,即光电值(photoelectric,PEF)<6.51。基于上述劈分规则,将 77 个样本的数据分为两组。第一组的 52 个样本位于树的左侧,第二组的 25 个样本位于树的右侧。下一级按中子孔隙度(Neutron Porosity,NPHI)<0.055 分割,则左侧的 52 个样本又分为两组,左侧 19 个样本,右侧 33 个样本。如果对左侧继续分解,最后将根据 logMSFL(微球形聚焦测井)<2.24 分割,产生两个叶节点。第一次分割将 10 个样品划分为相 5,第二次分割将 9 个样品划分为相 4。由图很容易知道,该分类问题中最重要的测井曲线位于树的顶部,即 PEF、NPHI 和自然伽马(GR)。

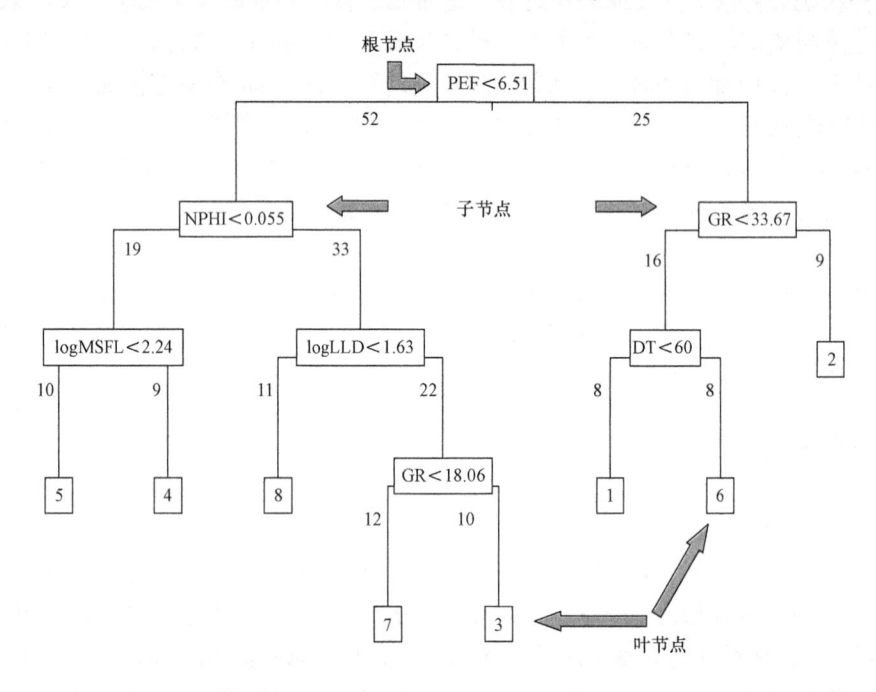

图 8.2 分类树示例(Perez et al,2005)

PEF—光电值;NPHI—中子孔隙度;GR—自然伽马;logMSFL—微球形聚焦测井;
logLLD—深侧向电阻率对数;DT—密度测井

分类回归树构造在每次分割时要确定以下参数:自变量 j、阈值 s 和因变量 c_1 和 c_2。对于回归问题,c_1 和 c_2 是每个分支的因变量的平均数。对于分类问题,它们是与每个分支中概率最高的类别对应的类别标签。在每次分割时都要估算分类误差或节点误差(数据不匹配),如回归平方误差和或用于分类的基尼系数(各类的概率与其补数的乘积之和)(Hastie et al,2008)。一旦找到了最佳的分割依据,数据就被分割成两个互斥的区域。然后在这两个区域(以及所有产生的区域)上分别重复分割过程,直到树构建过程结束。

最优树大小在树的复杂性和整体拟合精度方面有较好的平衡。一个常用的"修剪"过程是让树长到几乎全尺寸,然后选择优化某些复杂的子树(Breiman et al,1984)。一般来说,这包括一个表示整体节点误差的求和项和一个结合调谐参数和叶节点数量的惩罚因子。因此,成本—复杂性参数权衡了树的大小与数据拟合度之间的关系,参数的值越大,对应的树越小,反之亦然。例如,图 8.3 显示了前面所示树的这种权衡,表明如果将树的大小从 39 个节点减少到 25 个节点,错误分类误差不会显著变化,当节点数少于 10 个时,误差会明显增加(Perez et al,2005)。Hastie 等(2008)论著中还描述了有关回归分类树的构造与修剪的其他计算细节。

一旦建立了最优树,由图很容易知道,靠近树顶部的自变量是最重要的。例如,在图 8.2 所示的分类问题中,最重要的测井曲

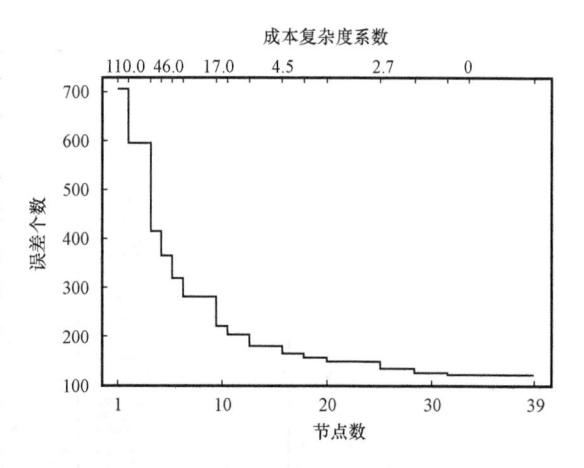

图 8.3 修剪图示例(Perez et al,2005)

线数据是光电值(PEF)、中子孔隙度(NPHI)和密度测井(DT)。如果认为两个或三个变量是模型中最重要的变量,那么通过分区图可以进一步可视化结果,这特别适用于分类问题。图 8.4 两个最重要自变量的散点图,分类结果由唯一的符号表示。图中水平线和垂直线表示自变量的分割位置。图 8.4(a)显示了使用对应于图 8.2 所示树的 PEF 和 NPHI 测井曲线的分区图。通过结合密度测井(DT)进一步细化分类,如 3D 分区图所示[图 8.4(b)],这表明大多数测井相可以仅使用三种测井曲线来识别,即 PEF、NPHI 和 DT。然而由于测井相相互重叠,分类问题仍具有一定的挑战性。

考虑如下回归树示例,使用函数 $y = \sin x_1 \cdot \cos x_2 + x_2^2/(4\pi) - x_1^2/(3\pi)$ 生成的双变量曲面,以及基于由曲面上随机抽取 100 个样本点(图 8.5)构造最优树(SAMPLE_FIG8-5.DAT)。正如预期的那样,由于它只能使用一组离散值(在本例中,对应于 58 个叶节点)表示因变量的连续空间,因此回归树具有"块状"性质。因此,回归树适用作高级工具,并作为更高级的基于树的集合建模方法(如随机森林或梯度提升机)的组成部分。

8.2.2 随机森林

随机森林(Random Forest,RF)回归用"bagging"(引导聚合)方法生成树的集合,以提高单个回归树的性能(Breiman,2001a)。由于使用整个输入数据集总是会生成相同的回归树,因此通过使用输入数据和(或)自变量子集构建多棵树来引入变化,并将数据集视为一个整体或"随机森林"。在实践中,通过对训练数据自助采样的方式对集合中的每一棵树进行训练,并且每次分割中选取自变量的随机子集。这种随机化使得每一个回归树都能专注于因变量与自变量关系的不同方面。总的来说,树可以通过一个平均步骤将这些信息组合成一个强大的预测工具,从而减少来自单棵树嘈杂性质的差异。

构建一个随机森林回归模型都是由一组回归树开始的,每个回归树都是使用前一节描述的回归树构建方法由数据点和自变量的随机子集创建的。预测时,将观测数据分配给集合中的所有树,从而产生不同的回归估计,最终的预测结果是所有单个树预测结果的平均数。使用随机森林算法中的内置交叉验证功能可以很容易地验证预测模型(有关交叉验证程序示例请参见 8.3.2 节)。由于每棵树只涉及数据的一个子集,剩余的观测值称为袋外样本。对于该树,那些袋外样本可以被视为独立的测试数据,并用于估算误差率以判定模型的性能。

(a) 二维 (PEF—NPHI) 分区图

(b) 三维 (PEF—NPHI—DT) 分区图

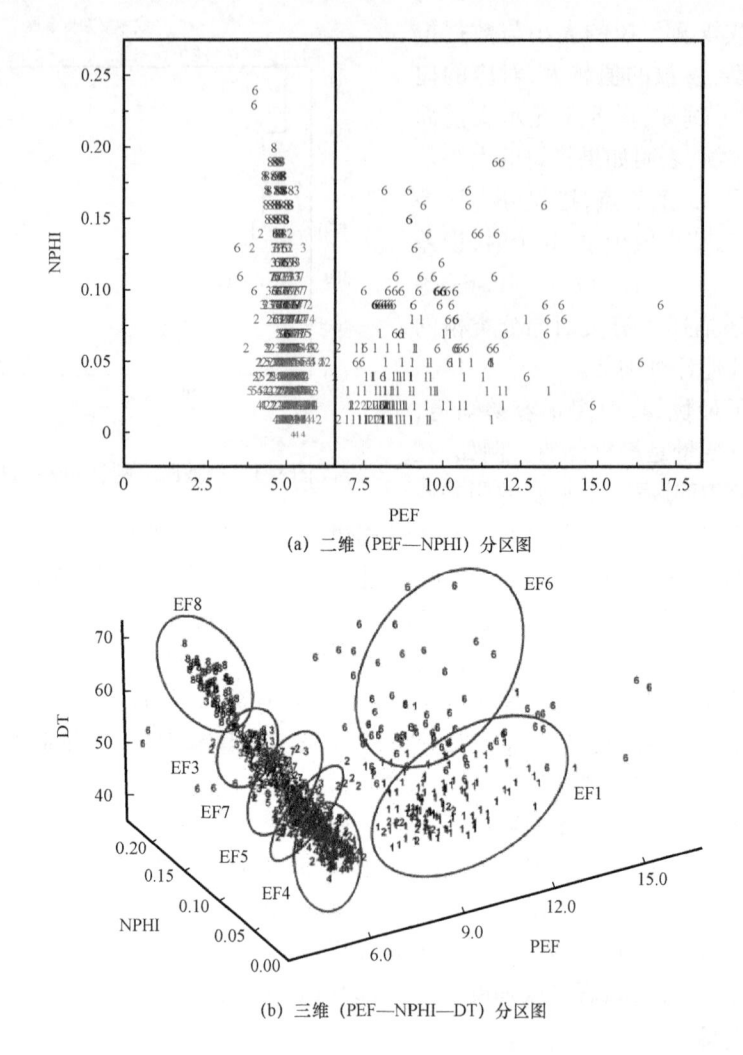

图 8.4　二维(PEF—NPHI)和三维(PEF—NPHI—DT)分区图的实例(Perez et al,2005)

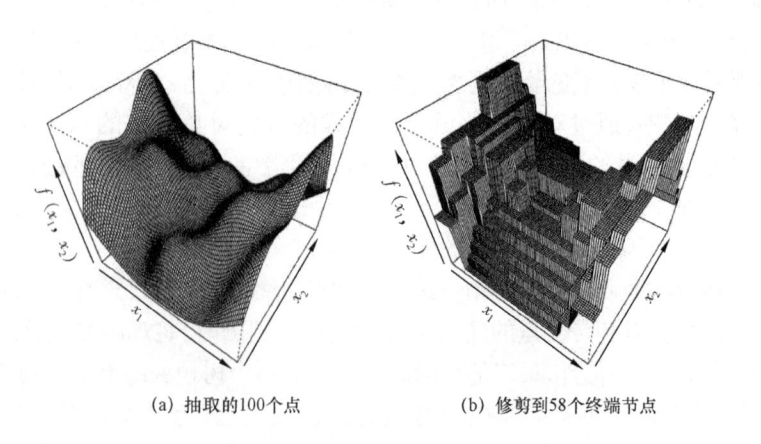

(a) 抽取的100个点　　　　(b) 修剪到58个终端节点

图 8.5　回归树实例,从二维曲面随机抽取 100 个点,修剪到 58 个叶节点

采用近似的方法处理缺失的自变量(也称为插补)。随机森林算法中使用的邻近统计是通过归一化欧几里得距离表示的不同数据点之间的相似性,该距离以对称矩阵的形式表示,对角线上的值为1,非对角线上的值介于0和1之间。由邻近非缺失值的加权平均数来估计缺失值,权重为数据点的相似性,随机森林的设置非常方便,只涉及两个参数:(1)每个节点随机子集中自变量的个数;(2)集合中树的总数。

随机森林算法分类器的训练方式与回归树的方式相同,但由于自变量是类别,因此使用分类树而不是回归树。如图8.6所示,使用上一节描述的方法构建分类树。首先将观测值分配给森林中的每棵树,每棵树产生一个类标签。将出现次数最多的类标签作为最终的分类。与之前类似,使用袋外样本估算对独立测试数据的误分类概率,以此作为交叉验证。关于随机森林模型的构建及解释等其他细节可见Hastie等(2008)的论著。

下一节将讨论与图8.5所示回归树相对应的随机森林模型示例。

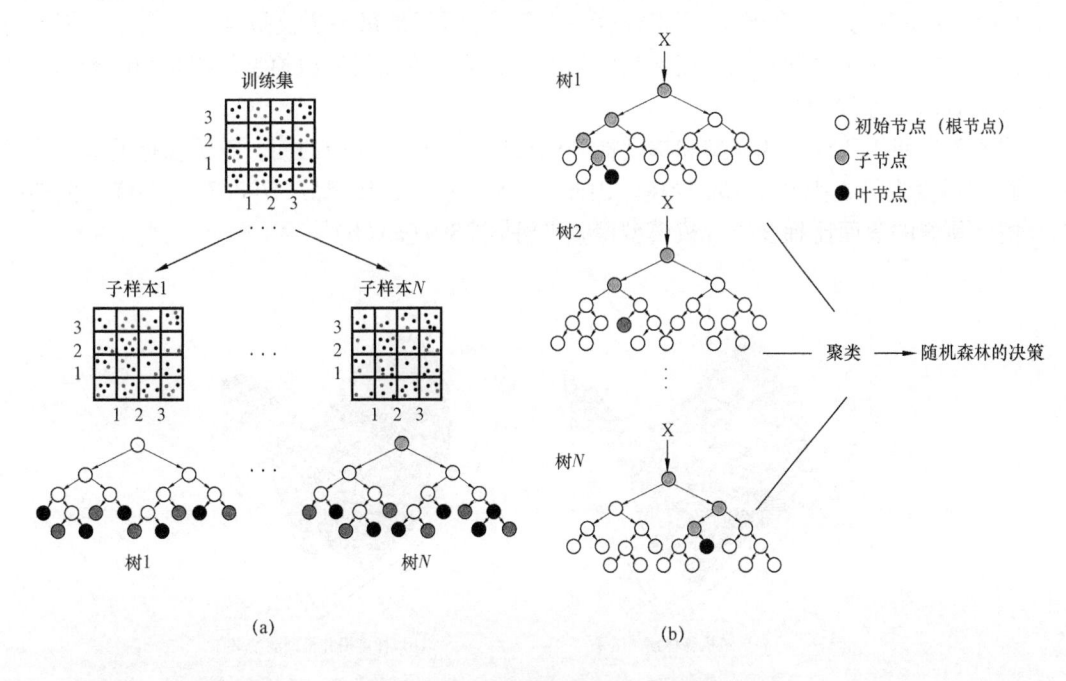

图8.6 随机森林模型构建过程示意图

8.2.3 梯度提升机

梯度提升机(Gradient Boosting Machine,GBM)的回归模型与随机森林相似,实际上也是回归树的集合(Friedman,2001)。梯度提升机的基本思想是从大量简单模型中获得预测能力,而不是构建单个复杂模型。然而,这些树是顺序构造的,而不是像随机森林模型那样同时构造。每一棵新树都弥补了之前树的缺点。即当一棵树对某些自变量的训练数据拟合不佳时,下一棵树就会更加重视该问题区域的观测数据,从而确保预测更加准确。最终模型可以认为是一个包含数千项的线性回归模型,其中每一项都是一棵回归树。这一过程通常被称为"提升",将许多弱模型的输出组合起来以产生更准确的"集合"或聚合预测(Hastie et al,2008)。

梯度提升机通常从一个基本模型(即树)开始,引入一个校正项(即新模型),用平方误差损失函数的负梯度来补偿前一棵树的残差。顺序拟合过程可以重复多次,但需要注意的是,梯度提升机很快就会开始模拟噪声,并发生过拟合。这一问题有多种解决方式,包括:(1)在校正项上使用分数乘数或学习率,以便更新的模型以较慢的速度改进拟合;(2)对拟合参数进行约束,如限制最大迭代次数;(3)每次迭代采用样本的子集而非全集。

梯度提升机中缺失数据使用替代分割(surrogate splits)来处理。在基于树的建模中,关键的一步是在每个节点上选择用于分割的自变量和分隔阈值。在梯度提升机算法中,使用非缺失数据来进行第一次分割,包括确定分割参数和分割点,然后模拟第一次分割点的动作形成一个代理分割点列表。替代划分存储在节点中,作为数据缺失时的备用方案。如果在建模或预测过程中缺少第一次分割规则,将按顺序使用替代分割。替代分割利用自变量之间的相关性来减少缺失值的负面影响。

梯度提升机能够很方便地从回归问题迁移到分类问题。梯度提升机分类器的基本组成是分类树,梯度提升机具有多棵树,每组拟合一个模型,而不是每一步仅拟合一个模型。模型更新所需的负梯度基于多项式偏差而不是回归残差。关于梯度提升机模型的构建和解释的其他细节可见 Hastie 等(2008)。

图 8.7 为使用随机森林模型和梯度提升机模型拟合图 8.5 中的面。随机森林模型使用了 500 棵,而梯度提升机则基于 150 棵树。因此,虽然误差率非常相似[图 8.7(c)(d)],但随机森林模型预测的表面比梯度提升机模型稍微平滑[图 8.7(a)(b)]。

(a) 随机森林预测结果　　　　　　　(b) 梯度提升机预测结果

(c) 随机森林的残差　　　　　　　(d) 梯度提升机的误差

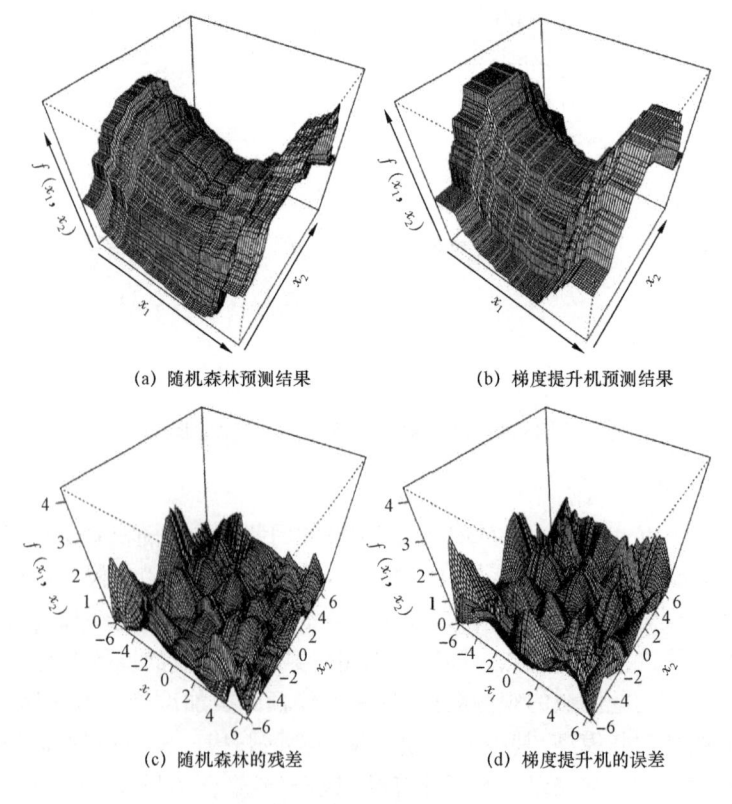

图 8.7　RF 和 GBM 模型预测二维平面

8.2.4 支持向量机

支持向量机(Support Vector Machines, SVMs)是用于数据分类和预测的强大的机器学习工具(Vapnik, 1995)。使用超平面处理对数据进行二元分类,使得类之间的边界最大化(图8.8)。位于边界上的数据点称为支持向量。支持向量机算法寻求在两类的训练点之间创建最大间隔的超平面。当两类数据之间有重叠时,它会惩罚边缘处错误一侧点的总距离,但允许在边缘附近存在有限数量的错误分类。

支持向量机的另一个关键特征是利用核函数和惩罚参数将输入参数空间中的非线性边界转换为高维变换空间中的线性边界。支持向量机应用中的一个常用选择是径向基函数,相关内容在第7章响应面建模中已有介绍。

图8.9为使用支持向量机解决二维空间中二分类问题的示例(SAMPLE_FIG2-9.DAT)。图8.9(a)深灰色和浅灰色代表两种类型,从分界线可以看出深灰色区域是连续的且其中嵌入了部分浅灰色区域。拟合的支持向量机模型[图8.9(b)]产生了一个对角占优图像,尽管浅灰色分类是连续的。这两种情况下,浅灰色与深灰色空间的相对比例非常相似。

支持向量回归(Support Vector Regression, SVR)的概念与支持向量机的概念非常相似。SVR 是线性模型,其中参数针对 ε 不敏感度进行优化,它将真实值 ε 的任何预测视为完美预测(即零损失)。在参数估计过程中,还从训练数据集中选取支持向量。由于模型只通过支持向量和预测向量的点积来指定,因此"核技巧"还可以用于将数据转换为线性化空间,从而实现原始输入空间的非线性拟合。有关支持向量机回归和分类的更多细节见 Hastie 等(2008)的论著。

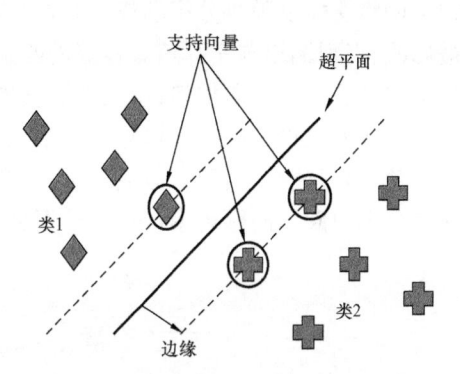

图8.8 使用支持向量机中的最优超平面分离两类数据的示意图

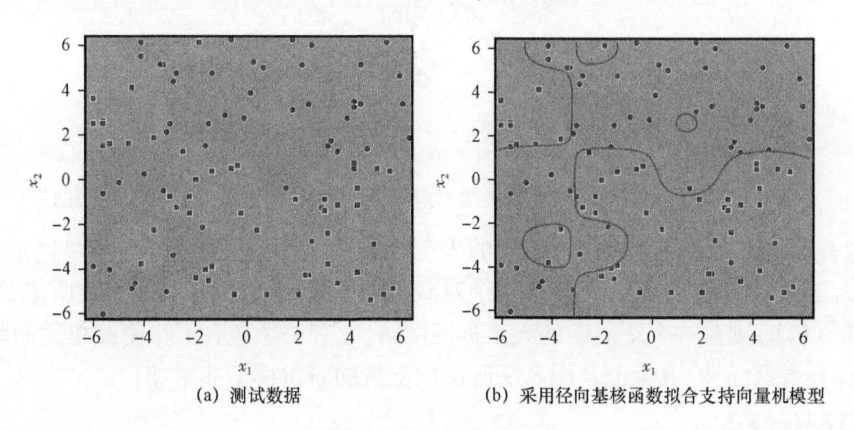

(a) 测试数据

(b) 采用径向基核函数拟合支持向量机模型

图8.9 二分类问题示例

8.2.5 人工神经网络

人工神经网络(Artificial Neural Network, ANN)是一种试图模拟人脑处理信息过程的流行的机器学习算法(Rumelhart and McClelland, 1986)。人工神经网络提供了一种灵活的方法来处理回归和分类问题,而无须显式指定输入和输出变量之间的任何关系。通常神经网络分为三层:一个输入层、一个或多个隐藏层和一个输出层,如图8.10所示。在本例中,输入是各种测井曲线的估计属性,输出是指定深度的特定岩相。对于回归问题,输出可以是一个数值(例如相应的测井渗透率或岩心渗透率)。

在人工神经网络中,每层包含许多节点(或人工神经元),这些节点通过简单的加权求和连接到下一层中的每个节点。除输入层中的节点外,每个节点将其特定输入值乘以相应的权重,然后对所有加权输入求和。有时常数("偏置"项)也可能参与求和。通过将激活函数(传递函数)应用于加权输入的总和来计算节点的最终输出。

神经网络建模的关键是迫使网络产生特定输入(信号)的特定输出(响应)的学习过程。神经网络建模从随机分配的权重系数开始。然后,重复向前馈送一组数据模式,神经元的权重被修改,直到输出与实际值有良好的匹配。对于多层前馈神经网络,可以使用一种更强大的监督学习算法——反向传播,递归地调整连接权重,使预测输出和观察到的输出之间的差异尽可能小。在人工神经网络的建立过程中,需要控制的最重要的参数包括隐含层的层数、隐含层的节点数、学习速率、阻尼系数或动量,以及为了更好地优化而进行的迭代次数。有关人工神经网络分类和回归问题更多计算细节可见 Hastie 等(2008)的论著。

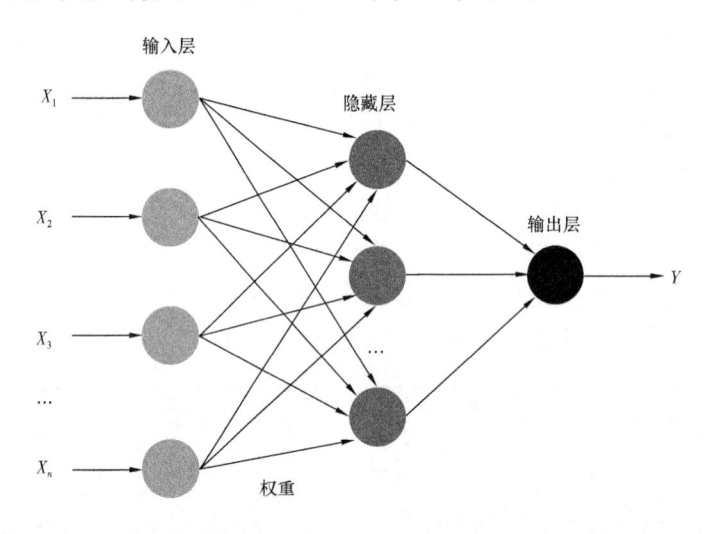

图 8.10 ANN 算法的原理结构,输入层对应不同的测井曲线,输出层对应不同的岩相

图 8.11 为图 8.9 示例使用两个不同的人工神经网络的分类结果。图 8.11(a)显示了一个简单的人工神经网络,它有一个包含两个隐藏单元的隐藏层,无法获取实线所指示的实际类边界。图 8.11(b)则是一个更复杂的人工神经网络,它有一个包含五个隐藏单元的隐藏层,由于能更好保存数据结构,其性能与图 8.9 所示的支持向量机模型非常相似。

8.2.6 模型优缺点

本章讨论的五种数据驱动建模方法,即分类回归树、随机森林、梯度提升机、支持向量机和人工神经网络,都是解决回归和分类问题的强大工具。但是,这些方法在如下核心性能方面存在着重要的差异:

(1)处理缺失数据和缺失值的能力;

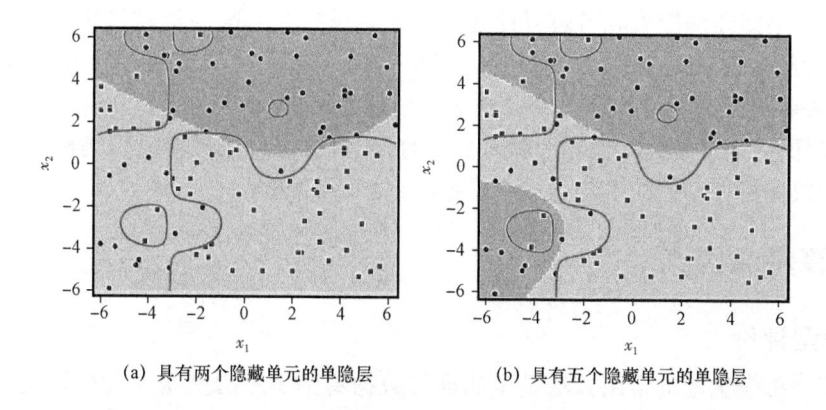

(a) 具有两个隐藏单元的单隐层   (b) 具有五个隐藏单元的单隐层

图 8.11　人工神经网络对二分类问题的分类结果

(2) 对异常数据点和无关输入的鲁棒性；
(3) 对输入单调变换不敏感性；
(4) 提取线性特征组合的能力；
(5) 计算可扩展性；
(6) 可解释性；
(7) 预测能力。

表 8.1 按照 Hastie 等(2008)提出的格式,简要罗列了上述 5 种建模方法在这些性能方面的差异。总的来说,分类与回归树由于预测能力较差,只能用作简单建模和构建基本模型块。另外,两种基于集成树的方法——随机森林和梯度提升机具有良好的预测能力,以及许多与计算鲁棒性相关的优秀特性(例如,处理缺失数据和对异常值的鲁棒性)。虽然支持向量机和人工神经网络也具有良好的预测能力,但它们无法提供与随机森林和梯度提升机相同程度的计算稳健性。这四种方法(随机森林、梯度提升机、支持向量机和人工神经网络)都存在可解释性差的问题。

表 8.1　模型优缺点比较

参数	CART	RF	GBM	SVM	ANN
混合数据处理	▲	▲	▲	▼	▼
丢失值的处理	▲	▲	▲	▼	▼
对异常值的鲁棒性	▲	▲	▲	▼	▼
对输入单调变换不敏感性	▲	▲	▲	▼	▼
计算可扩展性	▲	◆	◆	▼	▼
处理不相关输入的能力	▲	▲	▲	▼	▼
提取线性特征组合的能力	▼	▼	▼	▲	▲
可解释性	◆	▼	▼	▼	▼
预测能力	▼	▲	▲	▲	▲

▲优 ◆良 ▼差

那么如何平衡预测能力和可解释性之间的冲突呢？由于这些模型基本上是黑盒解决方法，因此一种解决方法是对每个模型的内部架构进行更深入的了解。一些有效策略包括：（1）根据对关心结果的响应确定每个自变量的相对重要性（参见8.3.3节）；（2）进行条件灵敏度分析，以便更好地理解当其他相关输入变化时，任何给定自变量如何影响模型响应，而不相关的输入参数保持在它们的平均数或中位数（参见8.4.4节）。

8.3 计算考虑因素

8.3.1 模型评价

评估模型拟合优度的常用方法是生成训练数据集中实际因变量与相应预测（拟合）响应的散点图。如果散点图中的点接近45°（1∶1）线，这表明它是一个适合训练数据的良好模型。但是，这并不一定表明该模型对新数据集具有良好的预测能力。图8.12中的模型不仅仅拟合潜在的函数对应的值，还尝试拟合哪些噪声点，产生了过度拟合的结果。模型可能包含超出拟合生成测试值曲线所需的更多自由度，这使得模型不太可能具有良好的预测能力。但是在模型评估散点图［图8.12（b）］中，所有点都位于45°线上，表明拟合得非常好。这个简单例子的重点是强调过度拟合的风险，并说明不能把数据拟合程度的好坏作为衡量模型质量的唯一标准。

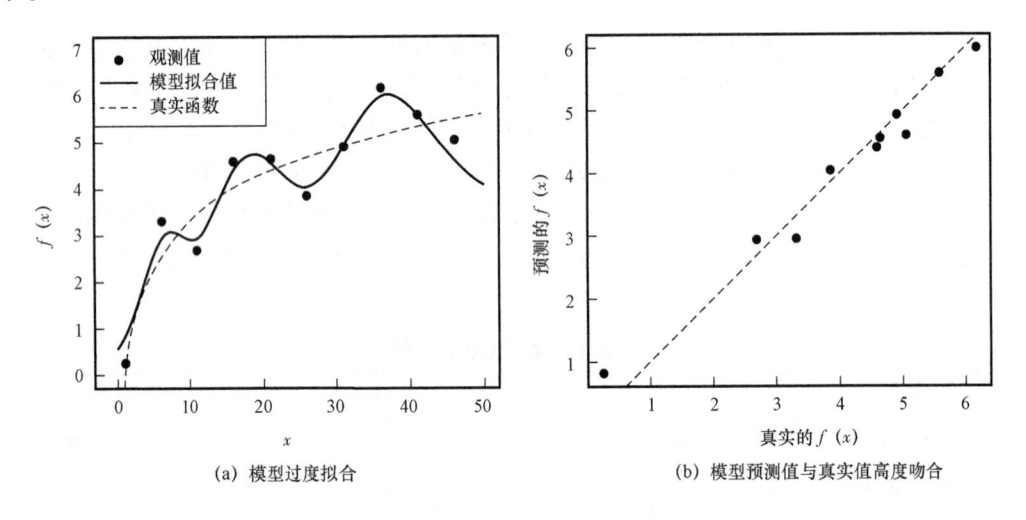

(a) 模型过度拟合　　　　　　　　　(b) 模型预测值与真实值高度吻合

图8.12　利用拟合程度评价模型质量的不良示例（Schuetter et al,2015）

评价模型质量的一个简单的方法是使用独立测试数据集评估模型。测试数据集可以是一个全新的数据集（例如，模型使用场景的试验数据）或训练数据集的保留部分。在这两种情况下，可以使用数据集的训练部分（通常是数据的70%～90%）来拟合模型，然后评估独立测试观察的拟合效果（即，剩余10%～30%的数据），从而衡量模型对新数据的预测能力。挑战在于确保测试数据集足够广泛，以涵盖模型的所有潜在应用范围。

评估模型的更好办法是 k 折交叉验证（Hastie et al,2008）。这种方法的示意图如图8.13所示，训练数据集被随机分成 k 个不同的组或"折"。接下来，每次将 k 组中的一组数据作为保留数据，用剩余的 $k-1$ 组数据作为训练模型，并用模型来预测保留的一组数据。当进行 k 次循环后,就完成了对每组保留数据的交叉验证,而用于预测的模型是由不包含保留数据的训练数据集获得的。

值得注意的是,可以通过不同的 k 组随机分组重复整个交叉验证过程。使用 k 组随机数据组来进行 r 次重复交叉验证可以获得数据集的 r 次不同预测结果。交叉验证不仅可以获得拟合精度的相关数据,还能获得训练数据集对模型预测能力的影响的相关认识。在交叉验证时生成的模型不是用于预测的模型,用所有的训练数据生成的模型才能用于预测。交叉验证的过程仅用于评估,并提供关于预测模型预测新数据时效果的相关信息。

接下来讨论用于量化拟合度的三个常用参数:(1)平均绝对误差(Average Absolute Error,AAE);(2)均方误差(Mean Square Error,MSE);(3)伪决定系数(R_p^2)。这些参数大致相似,都是用于评价预测数据与实际数据的总体接近程度。令 y_i 为第 i 次观察的真实值,$\hat{y}_i$ 是该观察的预测值。AAE 定义为真实值与预测值之间差异的平均大小(即残差的平均大小),如公式(8.1)所示:

$$\mathrm{AAE} = \frac{1}{n}\sum_{i=1}^{n}|y_i - \hat{y}_i| \qquad (8.1)$$

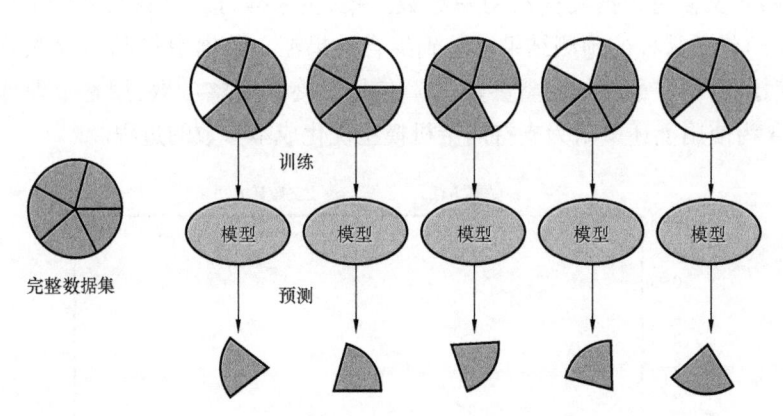

图 8.13 $k = 5$ 的 k 折交叉验证示意图(Schuetter et al,2015)

均方误差与平均绝对误差类似,但测量的是真实值与其相应预测值之间的平均平方差,而不是绝对值:

$$\mathrm{MSE} = \frac{1}{n}\sum_{i=1}^{n}(y_i - \hat{y}_i)^2 \qquad (8.2)$$

平均绝对误差与真实值的单位相同,而均方误差的单位为真实值单位的平方。均方误差的一个常见变化是均方根误差或 RMSE,即均方误差的平方根。均方误差的值接近零是理想的结果,表示真实值和预测值之间的偏差较小(即预测更准确)。由于均方误差(或均方根误差)具有众所周知的分布特性,并且是正态分布随机过程的充分统计,因此它通常优于平均绝对误差(Navidi,2008)。

伪决定系数的定义如式(8.3)所示:

$$R_p^2 = 1 - \frac{SS_{\text{model}}}{SS_{\text{total}}} = 1 - \frac{\sum_{i=1}^{n}(y_i - \hat{y}_i)^2}{\sum_{i=1}^{n}(y_i - \bar{y})^2} \qquad (8.3)$$

伪决定系数是将真实值 y_i 和预测值 $\hat{y}_i$ 之间的平方差之和与响应方差成正比的总平方和进行比较。也就是说,它刻画了模型表征真实值变化程度的能力。虽然在线性回归中,伪决定系数的范围在 0~1 之间,但对一般回归模型并非如此。当回归模型拟合平均数的效果比常数还差时,拟误差 R^2 为负。

8.3.2 模型参数的自动调整

为"黑箱子"数据驱动建模算法的调整参数选择合适的值通常是一个手动的过程,会耗费大量的时间,同时会增加主观偏差的风险。这些调整参数包括:(1)随机森林算法中用于节点分割的参数个数以及树的个数;(2)梯度提升机中树的个数;(3)支持向量机算法的成本参数;(4)人工神经网络算法的隐含层层数和隐含层节点数。

为此,Kuhn 和 Johnson(2013)提出了一个依赖交叉验证的自动化过程。基本步骤如下:(1)为调整参数定义候选数据集;(2)对每组数据集、重采样、拟合模型、采用 k 折交叉验证预测保留数据;(3)将重采样的预测结果汇总到拟合效果汇总数据中;(4)以交叉验证的均方根误差作为精度指标,确定最终的调整参数;(5)使用最终的调整参数,用整个训练集重新调整模型。图 8.14 为使用上述策略为支持向量机模型优化成本参数的过程。

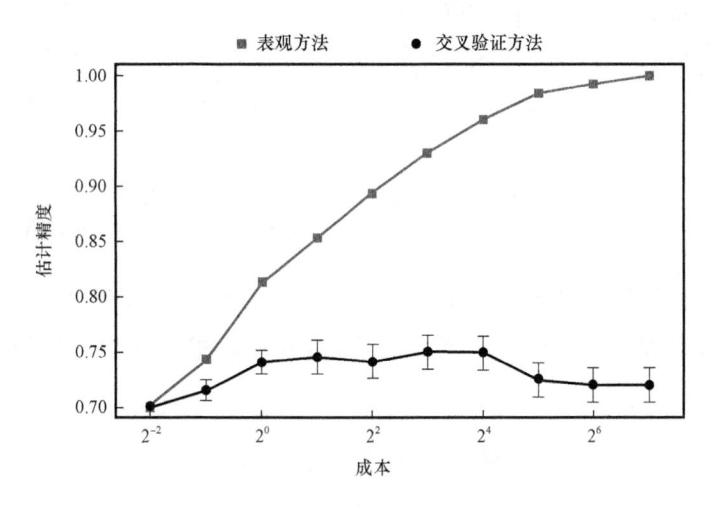

图 8.14 使用标准化交叉验证的均方根误差作为判据进行支持向量机自动化调参

8.3.3 变量重要性评估

当数据驱动模型用于大型多元数据集时,变量之间的相互作用可能是复杂的和(或)非线性的。因此,很难通过简单的模型结果评估来获得输入—输出关系的直接认识,或明确关键的敏感性参数。这个问题也因为如下事实而变得更加复杂:通常只有几个自变量对模型的响应有显著的影响,使得其他的自变量在很大程度上无关紧要。因此,制订某种策略来明确自变量的相对重要性对于完善预测模型有重要的意义。这有助于分析人员在未来数据收集工作中关注关键变量,并在模型构建过程的后续迭代中过滤掉不重要的变量。

一般来说,变量的重要性评估因模型而异,相应的度量参数既可以用绝对值,也可以用相对值。例如,当计算随机森林模型中的每个变量的相对重要性时,仅改变单个变量的值而保持其他变量值不变,通过计算均方根误差的增加值来确定(Breiman,2001a)。上述过程隐含的原理是,如果自变量对树的构建过程不重要,那么改变该变量的值不会对预测精度造成太大影响。另一方面,梯度提升机模型中变量的重要性是变量用于分割的次数与每次分割对模型预测精度提高的乘积,再除以树的总个数,乘以 100 得到的(Friedman,2001)。

一个与模型无关的变量重要性评估方法是基于 R^2 损失(R^2 – loss)的概念(Mishra et al,2009)。这种方法适用于任何回归模型,其原理是如果从模型中去除一个有影响的自变量,该模型的精度将显著降低。或者,如果从模型中删除的是多余自变量,对精度的影响很小甚至没有。为了刻画某个变量的重要性,可以使用所有的自变量来计算 R_p^2 [即式(8.3)定义的拟决定系数],然后使用除该自变量以外的所有自变量建立的简化模型计算 R_p^2。R^2 损失度量只是完整模型的 R_p^2 与简化模型的 R_p^2 之间的差异。对于某个参数伪决定系数的损失越大,其对模型的影响就越大。

8.3.4 模型聚合

在数据驱动建模的实际应用过程中,时常会遇到不同的拟合模型有相同的平均绝对误差、均方误差、伪决定系数的情形。由于这些模型在对新的数据进行预测时可能有不同的预测效果,因此需要从这些模型中选择一个模型用于预测。另一个办法是,使用某些统计平均的办法,将这些模型的预测结果进行聚合。这种方法越来越多地应用于地下流动和输运建模中,以结合代表不同概念(地质)不确定性模型的预测结果(Singh et al,2010)。这种处理的目的是根据模型的性能和观测数据来确定每个模型的权重,然后通过创建所有模型预测的加权平均数来开发一个"整体"预测。

模型平均的问题通常使用贝叶斯形式(Draper,1995)来处理,其中模型权重 w_j 由式(8.4)给出:

$$\omega_j = \frac{L_j p(M_j)}{\sum_j L_j p(M_j)} \tag{8.4}$$

式中,L 表示与预测误差相关的模型可能性,而 $p(M_j)$ 表示模型的先验概率。在数据驱动建模中,可以为所有模型分配相同的先验概率[即 $p(M_j) = 1/N$],其中 N 是模型的总数。

确定模型相似性的一种正式方法是通过最大似然贝叶斯模型平均(Maximum Likelihood Baysian model averaging,MLBMA)(Neuman,2003)。最大似然贝叶斯模型平均首先获得使用最大似然估计校准到观测数据的模型集合。每个模型的似然属性通过式(8.5)计算:

$$L_j \propto \exp\left(-\frac{\mathrm{BIC}_j - \mathrm{BIC}_{\min}}{2}\right) \tag{8.5}$$

其中,差值为第 j 个模型的贝叶斯信息准则(Baysian Information Criterion,BIC)测量值 BIC_j 与所有竞争模型中的最小贝叶斯信息准则值 $\text{BIC}_{\min}$ 之间的差。假设模型似然性为平均数和方差未知的多维高斯误差分布,模型 j 的贝叶斯信息准则项可以写成:

$$\text{BIC}_j = (n)\ln(\hat{\sigma}_{e,j}^2) + k_j \ln(n) \tag{8.6}$$

其中 n 为观测次数;k 为模型参数个数;σ_e^2 为残差方差。由于方程(8.5)中的指数加权,贝叶斯模型平均方法倾向于将模型权重集中在一到两个表现最好的模型上。

模型聚合的一个更实用的替代方法是广义似然不确定性估计(Generalized Likelihood Uncertainty Estimation,GLUE)过程。它基于"等效"的概念,也就是说,可能从各种初始状态中获得相同的最终状态(Beven and Binley,1992)。换句话说,一组观测数据可以(非唯一地)被产生类似预测结果的多个参数组合拟合上。每个模型的似然性通过计算观测值和模型预测值之间的差异得到。

广义似然不确定性估计的重要的特征之一是可以灵活选择计算似然值的公式。两个常用的公式是:

$$L_j \propto \exp\left[-N\frac{\sigma_{e,j}^2}{\sigma_0^2}\right] \text{ 或 } L_j \propto \left(\frac{\sigma_p^2}{\sigma_{e,j}^2}\right)^N \tag{8.7}$$

其中 L_j 是模型 j 的似然性;$\sigma_{e,j}^2$ 是模型 j 的误差(残差)的方差;σ_0^2 是观测值的方差;N 是形状因子,$N \gg 1$ 会给予拟合度较好的模型更大的权重,$N \ll 1$ 倾向于所有的模型具有相同的权重。也可以简单地使用均方根误差来重新定义式(8.7),如下所示:

$$L_j \propto \left(\frac{1}{\text{RMSE}}\right)^2 \tag{8.8}$$

然后,可以使用方程(8.7)或方程(8.8)中给出的似然关系,将聚合模型响应计算为多个模型响应的加权平均数(关于递减曲线分析的应用参见 Mishra,2012)。

8.4 现场实例

8.4.1 数据集描述

本节以美国西德克萨斯州的某现场数据来展示如何应用前面介绍的技术(Zhong et al,2015;Schuetter et al,2015)。研究区域为特拉华盆地,Wolfcamp 页岩形成一个厚度 2000~4000ft 的非常规储层,该储层正使用水平井开发。

本研究选取了来自 Phantom 油田的 476 口页岩水平井的公开数据集。自变量为油井生产相关的参数,包括钻井时间、物理尺寸、增产措施以及采气作业人员。因变量为生产前 12 个月的累计产量(bbl)。所有变量见表 8.2。

接下来,讨论如何根据表 8.2 中的自变量建立因变量 M12CO 的预测模型。然后进行分类树分析,以确定将好井(即 M12CO 值前 25% 的井)与坏井(即 M12CO 值后 25% 的井)分开的关键属性。

表 8.2 研究数据变量列表

输入	变量	描述
—	ID	井名
因变量	M12CO	前 12 个月内的累计产量(bbl)
自变量	Opt2	采气作业人员编号
	COMPYR	完井年份
	SurfX	井口 X 坐标
	SurfY	井口 Y 坐标
	AZM	方位角(°)
	TVDSS	海拔垂深(ft)
	DA	漂移角度(°)
	LATLEN	水平井水平段长度(ft)
	STAGE	压裂段数
	FLUID	压裂液总量(gal)
	PROP	支撑剂总量(lb)
	PROPCON	支撑剂浓度(lb/gal)

8.4.2 构建预测模型

在开始建模之前,对 157 口井中发现的自变量缺失值进行了估算,以创建完整的数据集。构建预测模型的方法包括 3 种数据驱动建模方法,分别是随机森林、梯度提升机和支持向量回归,以及第 4 章中介绍的多线性回归模型(此处称为普通最小二乘法,OLS)和第 7 章中介绍的多维克里金模型(这里称为克里金元模型,KM)。模型拟合结果如图 8.15 所示。图中横轴为真实值(M12CO),纵轴为预测值。对角虚线上的点表示完美的预测。每行表示同一种模型的预测结果(OLS,RF,GBM,SVR 和 KM)的预测,而每列为不同模型评价方法的结果。

左列显示了独立验证的结果,随机抽取了 20% 的油井作为一个单独的留存测试数据。然后,该模型拟合余下的 80% 的数据集,并用留存的 20% 数据集进行评估。左列的图仅为留存数据集的预测结果。对于交叉验证预测(中间列),使用 10 折交叉验证作为前面讨论的 5 折交叉验证方法的细化方法。图中的点表示数据集中每口井的实际值与交叉验证预测值。右列显示了对完整数据集的训练和预测结果,这是评估拟合优度的常规方法。

值得注意的是独立验证(左列)和交叉验证结果(中间列)与完整训练集(右列)上的结果差异很大。除 OLS 外,其他模型用完整数据集来作为有效性验证指标的平均绝对误差和均方误差明显偏小,而剩余两种有效性检验的结果则较为适用。极端情况是克里金模型(KM),它是一个完美的插值器,设计上强制拟合所有训练数据拟合。然而,对于随机森林算法,无法确定对训练数据发生了过度拟合。只有当将完整数据集的拟合优度与独立验证或交叉验证显示的拟合优度相比较时,才会显示过度拟合。如前所述,多折交叉验证的拟合统计量是作为评价模型对新数据集拟合效果的一个可靠指标。

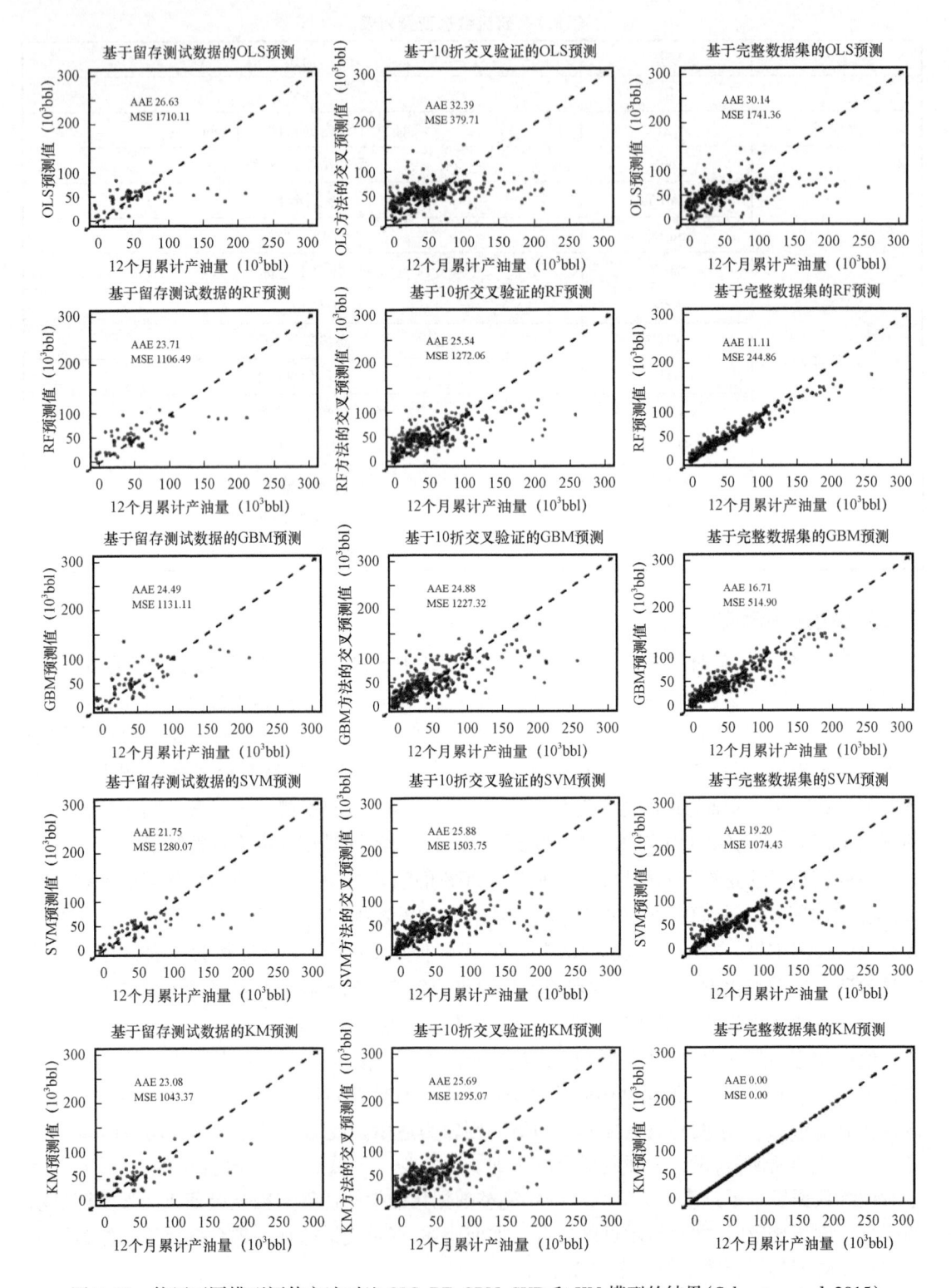

图 8.15 使用不同模型评估方法对比 OLS、RF、GBM、SVR 和 KM 模型的结果（Schuetter et al，2015）

8.4.3 变量重要性和敏感性

接下来讨论使用 R^2 损失评价不同自变量的相对重要性。在确定自变量重要性时,可以使用不同的预测模型进行自变量重要性排序,能够得到更为可靠的自变量重要性结果。在本例中,选中的四个模型(即 OLS、RF、GBM 和 SVR)在哪些自变量影响最大之间存在着一些差异。所有模型都显示深度参数(TVDSS)很重要。四个模型中有三个模型赋予了支撑剂用量(PROP)、侧向长度(LATLEN)和压裂液用量(FLUID)较大的权重。如图 8.16 所示,水平箱线图是一种不同模型间变量重要性排序差异信息的有效的可视化方法。箱线图按平均排序从下到上排列,宽度表示差异程度。海拔垂深显然是一个重要的变量,排名最高,差异最小。压裂液总量位于箱线图的中部,说明有一定的重要性。Opt 2A 排名一直很低,绝对不重要。

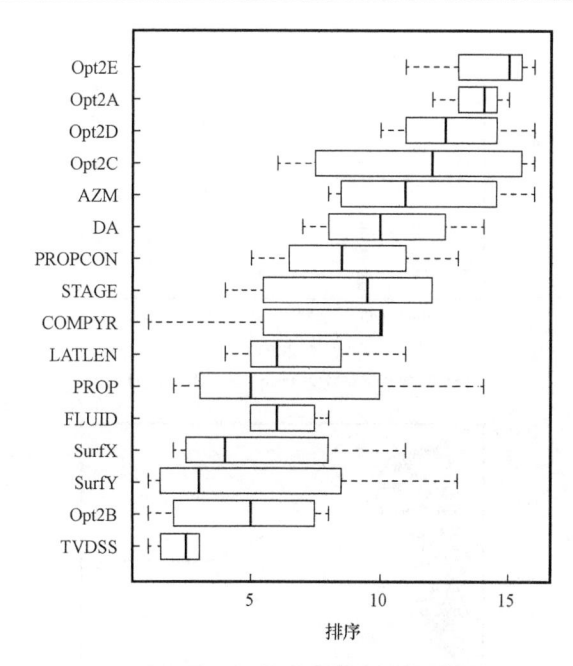

图 8.16 基于 R^2 损失度量的重要性排序
(OLS、RF、GBM 和 SVR 模型中汇总)(Schuetter et al,2015)

变量重要性分析反映了整个自变量和因变量范围内的模型性能,并将其转换为一组序数列。然而,通过解释模型响应如何随着自变量的值的变化而变化,模型的可解释性可以进一步增强。这类似于一次标准单参数(OPAT)敏感性分析。此时相关自变量同时变化,而不相关的自变量固定为某参考值,一个更有意义的策略是进行条件敏感性分析,以量化任何给定自变量特定变化的模型响应。对于 Wolfcamp 数据集,这涉及以相关的方式(反映观察数据中的关系)改变关键参数 COMPYR、LATLEN、FLUID 和 PROP,同时将其他变量设置为平均数或中位数。图 8.17 显示了使用 SVM 模型(浅色)生成的 M12CO 的条件敏感性分析结果,而标准 OPAT 分析结果显示在深色线中。背景符号是原始数据集的符号。很明显,条件敏感性分析是回答"假设"问题的一种更有效的方法,因为它能让分析人员改变相关性不能被忽略的自变量(如 LATLEN 和 PROP/FLUID)。

8.4.4 分类树分析

在讨论了根据一组给定的井特征建立 12 个月累计产量(M12CO)的预测回归模型后,现在讨论的问题是,如何预测井的生产特征是"好"(即相对较大的 M12CO)还是"坏"(即相对较低的 M12CO)。这可以通过将回归问题变为分类问题来实现。也就是说,响应可以划分为几个类别,分类模型(如分类树)可以用来预测一口井属于哪个类别。

对于 Wolfcamp 数据集,识别出顶部的 25% 的生产井和底部的 25% 的生产井,移除中间 50% 的井。然后建立分类树,分离顶部和底部 25% 的组,结果如图 8.18 所示。树从图的顶部开始,第一个分割判定所用支撑剂是否小于 1.405×10^6 lb。如果是,则将井归类在左侧;否则,则归类在右侧。随后的分割以同样的方式进行,直到最终观测到达包含预测的叶节点。此树中叶节点处的文本指示每种类型(底部 25% 或顶部 25%)的观察结果在该节点中的个数。

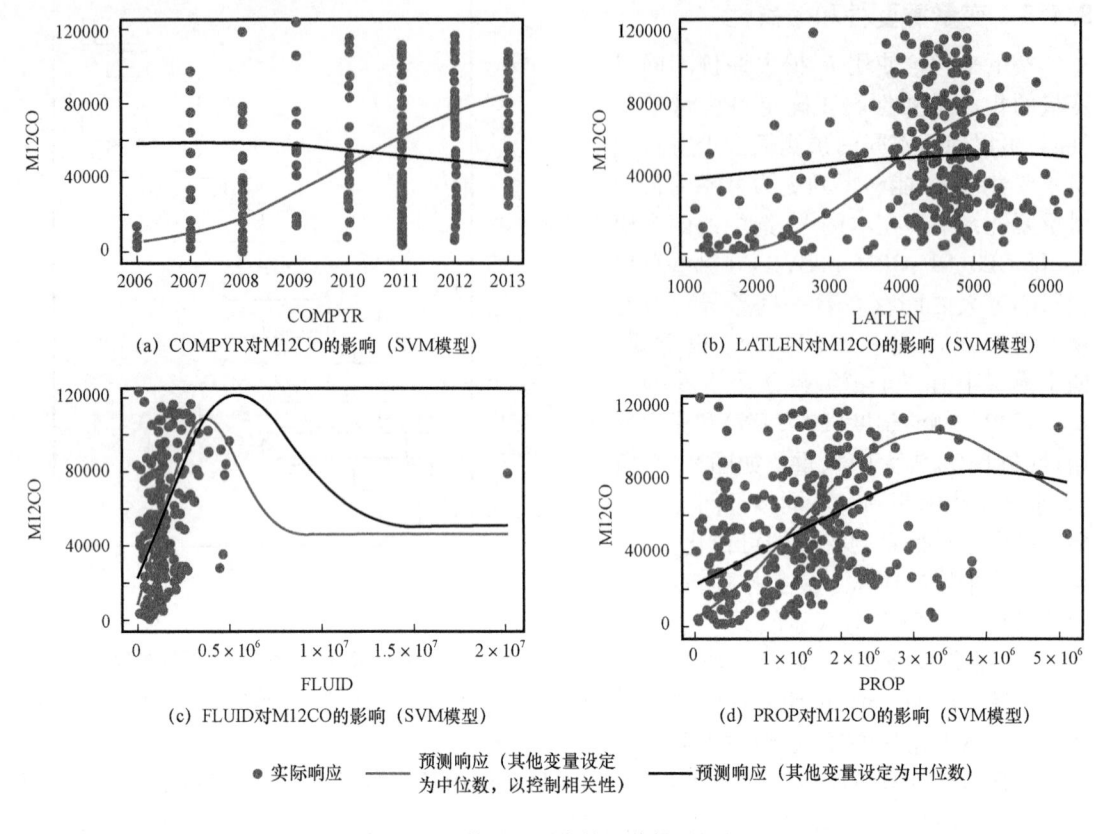

(a) COMPYR对M12CO的影响（SVM模型）

(b) LATLEN对M12CO的影响（SVM模型）

(c) FLUID对M12CO的影响（SVM模型）

(d) PROP对M12CO的影响（SVM模型）

● 实际响应　　——预测响应（其他变量设定为中位数，以控制相关性）　　——预测响应（其他变量设定为中位数）

图 8.17　使用不同参数评价模型性能

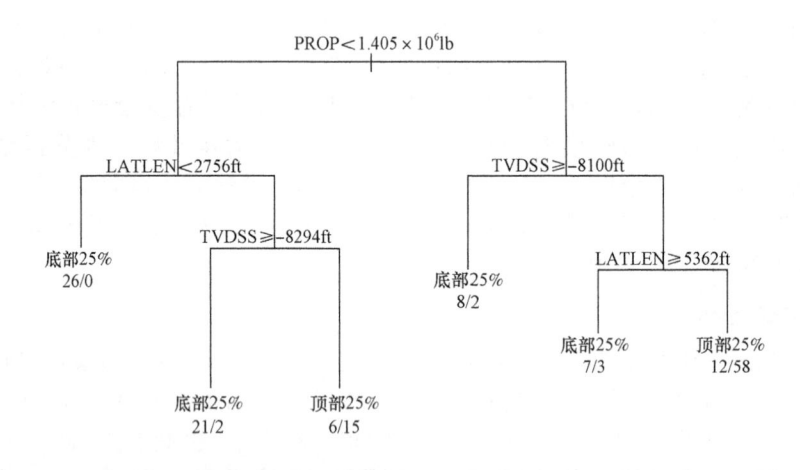

图 8.18　将 M12CO 井顶部 25% 与底部 25% 分离的分类树（Schuetter et al, 2015）

与其他常见的分类器如支持向量机和人工神经网络相比，分类树的一个优点是具有更好的可解释性。它们不仅清楚地表明哪些自变量对确定响应类别有影响，而且还确定了这些类别变化的临界值。如图 8.18 所示，有两条通向最好的 25% 生产井的一般路径。对于使用少量支撑剂（$PROP < 1.405 \times 10^6 lb$）的油井，目标是具有较长的横向（$LATLEN \geq 2756 ft$）

和更大的垂直深度(TVDSS < -8294ft)。对于使用更多支撑剂(PROP > 1.405×10^6 lb)的油井,目标也是获得更大的垂直深度(TVDSS < -8100ft),并获得不太长的横向深度(LATLEN < 5362ft)。

图 8.19 显示了从自变量空间中的井的角度呈现分类树的分区图。在这两个自变量的散点图中,自变量空间通过图的垂直和水平分割被划分为相似观察的块。例如,在图 8.19(a)中,PROP = 1.405×10^6 处的第一个分割显示为图的垂直分割。在每个分区中,LATLEN(左侧分支 2756 和右侧 5362)的分支用于进一步将图形细分为相对均质的数据集群。通常,分类树在将自变量空间划分为主要包含前 25% 井的区域方面相当有效。

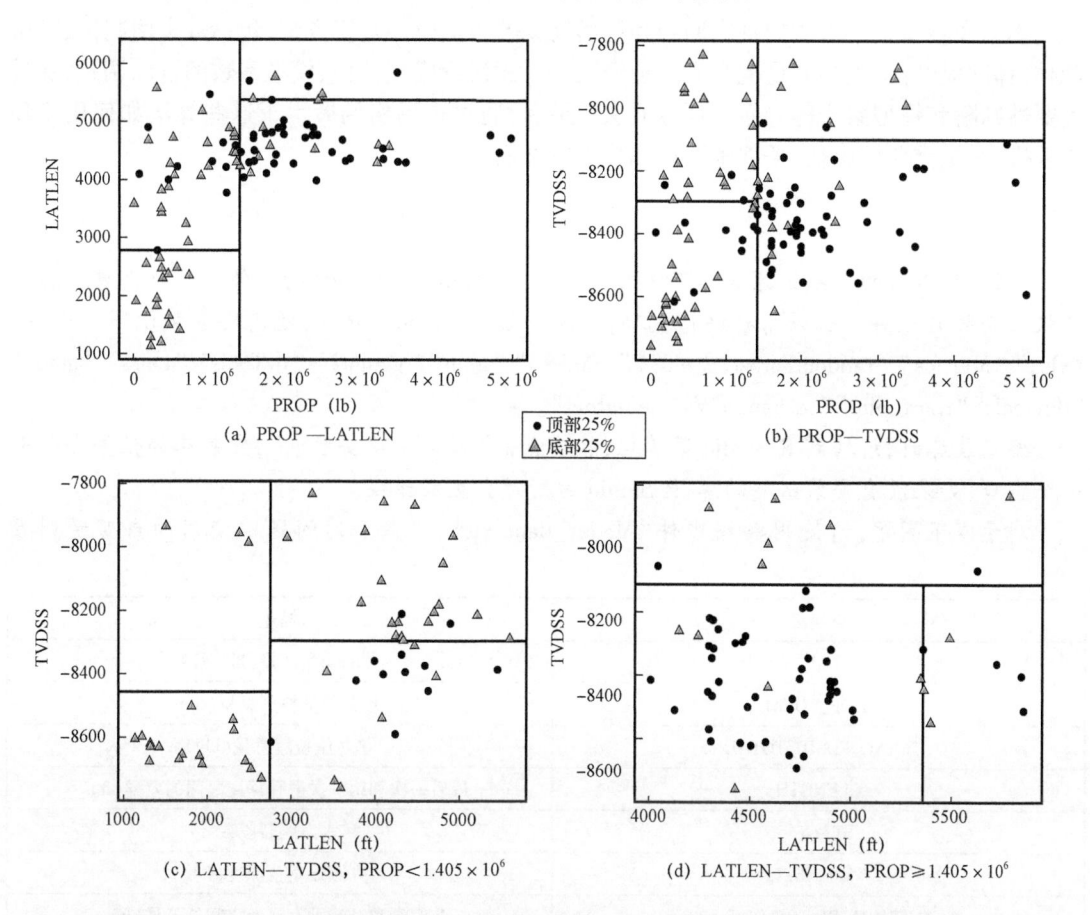

图 8.19 PROP—LATLEN、PROP—TVDSS 和 LATLEN–TVDSS 的二维空间中顶部 25% 井
(圆形)和底部 25% 井(三角形)的分隔图(Schuetter et al,2015)

表 8.3 显示了一个"混淆矩阵",总结了训练集中两个类的可分离性。每个单元格中的值表示实际类别井(行)在叶节点类别(列)中的数量。由于实际的前 25% 井 80 口中的 62 口位于"前 25% 的叶节点",因此正确识别率为 62/80 = 77.5%。类似的计算给出了底部 25% 井的正确识别率为 91.3%。综上该比率为 (62 + 73)/160 = 84.4%。这表明该矩阵能合理分离这两个类别数据。

表8.3 分类树叶节点混淆矩阵

参数	预测底部25%井	预测顶部25%井	总数	正确率(%)
实际底部25%井	62	18	80	77.5
实际顶部25%井	7	73	80	91.3
汇总	69	91	160	84.4

8.5 小结

本章介绍了一些常用的解决回归和分类问题的数据驱动建模方法，包括分类回归树、随机森林、梯度提升机、支持向量机和人工神经网络。还讨论模型评估、模型参数的自动调整、变量重要性判断和模型聚合等方面的计算方法。最后，通过现场实例展示了这些算法如何用于预测建模、变量重要性评估、条件敏感性和分类等方面。

习 题

前提：从本书的在线资源网站下载名为"Data_Driven_Modeling"的文件。用户需要先在计算机上安装 R 软件。如果需要编辑代码，应该安装 R studio。此外，还需要安装以下库列表："xlsx""Metrics""randomForest""el071""MASS""gbm""ggplot2""cvTools""class""maps""devtools""rpart.plot""reshape2"和"neuralnet"。

要安装库时，请转到 R Studio 菜单栏，然后点击"工具"→"安装包"，安装库的位置会打开一个窗口，如果没有安装必要的库，R Studio 运行时会生成错误。

对于以下问题，请使用数据文件"Model_data.xlsx"。在下列问题中使用的自变量列表如下：

自变量	描述
qi	井的初始产量(bbl/月)
PROP_TOTAL	单井的支撑剂总量(lb)
FRAC_FLUID_TOTAL	单井压裂液总量(bbl)
CLENGTH	最后一次和第一次射孔深度之间的差异(ft)
STAGES	水力压裂段数
TVD HEEL	井跟端垂直深度(ft)
TVD HEEL TOE DIFF	井跟端和趾端垂直深度之间的差异(ft)
LATITUDE	井口纬度(°)
LONGITUDE	井口经度(°)

1. 训练一个回归树模型采预测扩展指数递减模型(SEDM)估算的最终采收率 SEDM-EUR，用图形说明如何为该数选择成本复杂参数。

2. 根据扩展指数递减模型计算的最终采收率(SEDM_EUR)，将油井分为四类。训练分类树模型预测簇数(1、2、3或4)，并通过图形说明成本复杂度参数的选择。使用 SVM 和 ANN 模型重复上述过程，评论这些方法的相对性能。

3. 将井随机分为训练数据(80%)和测试数据(20%)。

(1) 只取训练数据,利用机器学习算法:RF、SVM、、GBM 和 ANN 建立模型,预测 SEDM_EUR 以及 SEDM 模型的参数"tau"和"n"。

(2) 对训练和测试数据井的"SEDM_EUR""τ"和"n"进行预测,并在图中显示结果(即实际值与预测值的关系曲线)。并给出训练和试验数据拟合的均方根误差(RMSE)和伪决定系数 R_p^2。检查所用机器学习算法的相对性能,均方根误差和伪决定系数 R_p^2 由以下公式给出:

$$\text{RMSE} = \sqrt{\frac{1}{n}\sum_{i=1}^{n}(y_i - \hat{y}_i)^2}$$

$$R_p^2 = \frac{\sum_{i=1}^{n}(\hat{y}_i - \bar{y})^2}{\sum_{i=1}^{n}(y_i - \bar{y})^2}$$

其中 y_i 为第 i 个数据点的观测值;$\hat{y}_i$ 为第 i 个数据点的预测值;$\bar{y}$ 为观测值的平均数。

(3) 使用测试数据中的"t"和"n",将所有机器学习算法预测的井产量以及实际井产量随时间变化曲线绘制在一张图中。

4. 评价 RF、SVM、GBM 和 ANN 作为机器学习算法的相对性能。您认为哪种机器学习算法能提供最佳性能? 如果使用不同的 80-20 分割来训练和测试数据,结果如何变化?

5. 机器学习模型中第 p 个自变量的相对影响(RI)由下式给出:

$$\text{RI}_p = abs\left(\frac{R_p^2 - R_{-p}^2}{R_p^2}\right)$$

其中 R_p^2 为包括所有自变量的伪决定系数,R_{-p}^2 为除了第 p 个自变量在内的所有自变量的伪决定系数。

一次删除一个自变量,仅用测试数据 R^2 计算每个自变量的相对影响(RI)。根据相对影响对变量进行排序(例如,将相对影响最高的自变量排名为1,依此类推)。对所有四种机器学习算法(RF、SVM、GBM 和 ANN)重复此操作。使用箱线图和直方图显示自变量"相对影响的变化"。哪些自变量影响最大?

参考文献

[1] Bahga, A., Madisetti, V, 2016. Big Data Science and Analytics:A Hands-On Approach. VPT. www.big-data-analytics-book.com.

[2] Beven, K. J., Binley, A, 1992. The future of distributed models: model calibration and uncertainty prediction. Hydrol. Process. 6, 279-298.

[3] Bhattacharya, S., Car, T. R, Pal, M, 2016. Comparison of supervised and unsupervised approaches for mudstone lithofacies classification: case studies from the Bakken and Mahantango-Marcellus Shale. J. Natl. Gas Sci. Eng. 33. https://doi.org/10.1016/j.ingse.2016.04.055.

[4] Breiman, L., 2001a. Random forests. Mach. Learn. 45(1), 5-32.

[5] Breiman,L. ,2001b. Statistical modeling: the two cultures. Stat. Sci. 16(3),199 – 231.

[6] Breiman,L. ,Friedman,J. H,Olshen,R. A. ,Stone,C. J. ,1984. Classification and Regression Trees. Wadsworth and Brooks/Cole,Monterey,CA.

[7] Draper,D. ,1995. Assessment and propagation of model uncertainty. J. R. Stat. Soc. Ser. B 57(1),45 – 97.

[8] Friedman,J. H,2001. Greedy function approximation:a gradient boosting machine. Ann. Stat. 29,1189 – 1232.

[9] Hastie,T. ,Tibshirani,R. ,Friedman,J. H. ,2008. The Elements of Statistical Learning: Data Mining,Inference, and Prediction. Springer,New York.

[10] Holdaway,K,2014. Harnessing Oil and Gas Big Data With Analytics. Wiley,Hoboken,NJ.

[11] Kuhn,M,Johnson,K. ,2013. Applied Predictive Modeling. Springer,New York.

[12] Lolon,L. ,Hamidieh,K. ,Weijers,L. ,Mayerhofer,M. ,Melcher,H,Oduba,O. ,2016. Evaluating the relationship between well parameters and production using multivariate statistical models:a Middle Bakken and Three Forks case history. Soc. Pet. Eng. https://doi. org/10. 2118/179171 – MS. SPE – 179171 – MS.

[13] Maucec,M,Cullick,S,Shi,G,2011. Geology – guided quantification of production – forecast uncertainty in dynamic model inversion. In: SPE Annual Technical Conference and Exhibition,Denver,Colorado,30 October – 2.

[14] November. https://doi. org/10. 2118/146748 – MS.

[15] Maysami,M,Gaskari,R. ,Mohaghegh,S,2013. Data driven analytics in Powder River Basin,WY. In: SPE Annual Technical Conference and Exhibition,New Orleans,LA,30 September – 2 October.

[16] Mishra,S. ,2012. A new approach to reserves estimation in shale gas reservoirs using multiple decline curve analysis models. In: SPE Eastern Regional Meeting,Lexington,KY,October 3 – 5.

[17] Mishra,S. ,Deeds,N. E. ,Ruskauff,G. J,2009. Global sensitivity analysis techniques for groundwater models. Ground Water 47(5),730 – 747.

[18] Navidi,W. ,2008. Statistics for Engineers and Scientists. McGraw Hill,New York.

[19] Neuman,S. P,2003. Maximum likelihood Bayesian averaging of uncertain model predictions. Stoch. Environ. Res. Risk A 17(5),291 – 305.

[20] Perez,H. H. ,Datta – Gupta,A. ,Mishra,S,2005. The role of electrofacies,lithofacies,and hydraulic flow units inpermeability predictions from welllogs: a comparative analysis using classification trees. Soc,Petrol. Eng. https://doi. org/10. 2118/84301 – PA.

[21] Rawi,Z,2010. Machinery predictive analytics. In: SPE Intelligent Energy Conference and Exhibition,Utrecht, The Netherlands,March 23 – 25.

[22] Rumelhart, D. E. , McClelland, J. L, 1986. Parallel Distributed Processing, 1: Foundations. MIT Press, Cambridge.

[23] Santos,I. H. F,et al. ,2015. Big data analytics for predictive maintenance modeling: challenges and opportunities. In: Offshore Technology Conference,Rio de Janiero,Brazil,October 27 – 29.

[24] Saputelli,L,2016. Technology focus: petroleum data analytics. Soc. Pet. Eng,https://doi. org/10. 2118/ 1016 – 0066 – JPT.

[25] Schueter,J,Mishra,S. ,Zhong,M,LaFollette,R,2015. Data analytics for production optimization in unconventional reservoirs. In: Proc. SPE/AAPG/SEG Unconventional Resources Technology Conference,San Antonio, TX,July 21 – 23.

[26] Shelley,R. ,Neiad,A. ,Guliyev,N,Raleigh,M. ,Matz,D. ,2014. Understanding multi – fractured horizontal Marcellus completions. Soc. Pet. Eng. https://doi. org/10. 2118/171003 – MS.

[27] Singh,A,Mishra,S,Ruskauf,G,2010. Model averaging techniques for quantifying conceptual model uncertainty. Ground Water 48(5),701 – 715.

[28] Toth,M. ,Royer,T. ,Peebles,R. ,Roth,M,2013. Using analytics to quantify the value of seismic data for mapping Eagle Ford sweetspots. In: Unconventional Resources Technology Conference,Denver,CO,August 12 – 14.
[29] Vapnik,V,1995. The Nature of Statistical Learning Theory. Springer,New York.
[30] Zhong,M,Schuetter,J,Mishra,S,Lafollete,R,2015. Do data mining methods matter? A "Wolfcamp" shale case study. In: SPE Hydraulic Fracturing Technology Conference,Houston,TX,February 5 – 7.

第9章 结 语

9.1 使用方法

9.1.1 主题概述

本书旨在为理解和应用经典统计学的基本概念和数据分析中的新概念提供指导,以分析石油地质学和相关数据集。为此,第1章首先介绍了统计和数据分析的定义,描述了数据分析循环流程,概述油藏工程和地质学中的应用实例,以及基本的概率和统计概念。第2章介绍了各种探索性数据分析技术,用于一维数据和二维数据的汇总和可视化。第3章讨论了常见的概率分布及其建模方法,以及置信区间和分布比较的概念。第4章研究了简单线性回归,以及简单线性回归在多元回归和非参数变换方面的扩展。第5章介绍了多元数据分析,包括降维、聚类和判别分析等。第6章的主题是不确定性量化,涵盖了经验数据或主观判断的不确定性表征,使用蒙特卡罗模拟或其替代方案进行不确定性传播,以及使用多种技术的不确定性重要性(灵敏度)分析。第7章涉及实验设计和响应面分析方法,包括经典设计和基于抽样的设计。最后,第8章重点介绍了数据驱动的建模方法,这些方法基于机器学习方法,如基于树模型、提升法和引导聚合法,以及支持向量机和人工神经网络。

9.1.2 特点和用途

正如前言中所强调的,这是一本关于统计学应用的书,是一本由从业者编写,供同行使用的书。因此,本书在确保理论严谨的同时,又力求从实用性的角度去繁从简,尽量达到二者的平衡。希望石油工程师和地质学家能够对基础的和高级的统计概念有深入的理解,并通过实际问题和练习得到进一步加强。这种关于简化数学的极简主义方法可能不适合纯粹主义者,但经验表明,读者足以对书中讨论的各种技术和算法有足够的理解。此外,数据驱动建模一章的编写考虑了地质学家的需求,他们可能更希望成为机器学术算法的高级用户,而不是编程算法的程序员。

本书的内容以"操作方法"手册或现有的石油地质学从业者参考指南的形式排列,本书也可以作为水文地质、二氧化碳封存、核废料处理相关专业人员的参考书。希望本书能够成为采集、解释、分析和模拟矿场试验、室内实验、计算机模拟的相关人员经常翻阅的工具书,也可以成为一本具有地质学特色的统计建模和分析的高级或研究生课程的教科书。将本书的前五章与有关地质统计学主题(如变差法、克里金算法和模拟)的材料结合起来,可以开设一门关于基础统计学和地质统计学的课程。

9.1.3 资源

获取本书相关资源的网址是 https://www.elsevier.com/books-and-journals/book-companion/9780128032794,内容包含以下几个方面:

(1)书中所使用的所有数据集;

(2)书中若干示例问题的 Excel 文件;
(3)每章结尾习题的答案;
(4)GRACE,用于非参数回归的开源软件(第4章);
(5)E-FACIES,用于多元分析的开源软件(第5章);
(6)E-REGRESS,用于实验设计和响应面分析的开源软件(第7章);
(7)在第8章使用的开源软件 R 的一些数据驱动算法的其他脚本;
(8)在各章节讨论的其他相关开源软件的链接。

9.2 关键要点

9.2.1 哪些变量?

如今的数据集比以往任何时候都要大,海量数据给分析人员带来的一个挑战是需要明确哪些变量需要重点关注。例如,对于多级压裂水平井的非常规油藏的生产数据,可能会有数百个自(预测)变量,大致分为以下几类:(1)井的几何形状;(2)压裂液;(3)压裂条件;(4)采出水的化学成分;(5)地质参数;(6)岩石力学参数。这些变量之间很可能存在高度冗余。还有一种可能性是,数据可以划分成统计学上相同的子群,每个子群都有自己独特的输入输出关系。这就可以应用无监督学习的过程,通过组合相似的变量,创建可以单独分析的数据点集群来降低数据的维数。5.4 节介绍了多元分析技术(如主成分分析、聚类和判别分析)在此类问题上的应用。

在因(响应)变量方面,生成一个新的派生变量有时会很有用,因为它包含的信息比主变量本身更多。例如,对非常规油气藏的产量数据,经过水平井长度归一化的初始产量可以更有效地建立预测模型。同样地,在地震数据分析中,尤其是从永久性嵌入式传感器获取大量数据时,"起效时间"可能比地震属性本身更能揭示某些特征(Vasco and Datta—Gupta,2016;Hetz and Datta-Gupta,2017)。

例如,在图 9.1 中,稠油油藏注蒸汽引起的双向声波传播时间偏移的时移图像似乎没有包含任何有价值的特征。然而,地震"起效时间"图(指某个位置的地震属性超过特定预设阈值的时间)能够明显地指示出传播前缘。同时,起始时间图将多次时移地震勘探数据简化为一张图,从而使得数据量大大减少。

9.2.2 简单模型,还是复杂模型?

地质学家通常遵循奥卡姆剃刀理论(Occam's Razor),该理论认为一个更简单的解释模型优于一个复杂的解释模型。这一传统观点可能与统计学家的观点相左,即模型的简洁性和可解释性往往与其准确性成反比,这是奥卡姆理论的困境。例如,在 8.4 节中,可发现简单且易于解释的普通最小二乘模型远不如随机森林、支持向量机等复杂且不透明的模型准确。采用后一种方法的挑战是如何处理关于模型内部的更多信息。在这方面,诸如变量重要性或条件敏感性之类的技术可能是有用的工具(参见 8.4.3 节)。因此,修改后的传统观点可以理解为,通过在建模过程中保留变量相互作用及输入—输出关系,可以在不牺牲可解释性的情况下消除维度的缺陷。

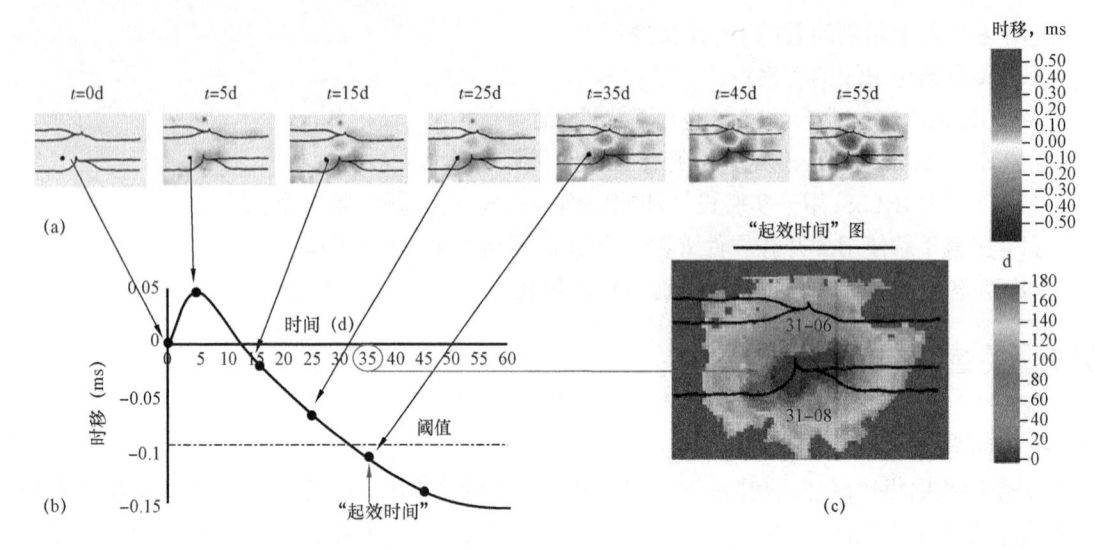

图 9.1 将多地震(时移)属性图转换为"起效时间"图

(a)七个时移图的样本,(b)特定网格的地震响应图(时移图中的黑点),
(c)从 175 个时移属性图得到的地震起效时间图。轮廓线("起效时间"等值线)显示传播前缘

9.2.3 一个模型,还是多个模型?

诸如随机森林、支持向量机和人工神经网络等机器学习技术正越来越多地用于构建输入输出模型,而基本线性回归或其非线性变化的方法(非参数)则逐渐式微。通常,应该使用哪种高级模型常常基于分析人员的偏好。然而,经验表明,没有一种适合所有问题的最佳方法,这给选择合适的建模方法带来了困难。有时,当多个模型的训练误差或测试误差的拟合精度非常接近时,很难从这些模型中进行取舍。如图 9.2 所示,普通克里金模型、LASSO 二次拟合模型、多重自适应回归样条(MARS)模型、加性和方差稳定模型(AVAS)这四个模型的交叉验证归一化均方根误差非常接近。在这里,条形图代表了不同的实验设计策略,每组中第 1 列为 Box – Behnken(BB);第 2 列为增广对(AP);第 3 列为最大熵(ME);第 4 列是极大极小拉丁超立方抽样(MM)。

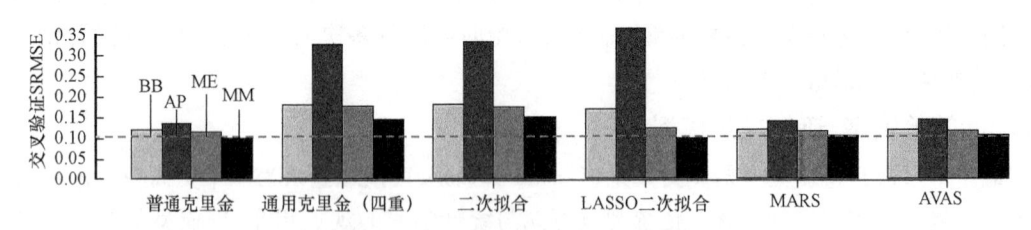

图 9.2 适用于多种实验设计和响应面组合的模型

使这个问题更加复杂化的是,可能每种建模方法都提供了关于预测因子相对重要性的不同认识。这一点在图 8.16 中得到了证明。笔者建议的解决方案是接受模型的多样性,并使用 8.3.3 节中讨论的模型聚合过程将它们结合起来。与单一模型相比,将大量已完成的模型聚合在一起可以提供更可靠的理解和预测。这是因为单一模型可能不是解决当前问题最准确的模型,并且可能无法反应建模过程中变量相互作用的完整范围。

9.2.4 过去总是序言吗？

一个常见的问题是，涉及处理地下过程时，数据驱动的建模工具能否取代基于物理过程的模型。在这里，必须要认识到统计学方法在处理"不可见"方面的能力是有限的。对砂岩地层的认识不能直接应用于碳酸盐岩。类似地，对渗流过程中早期不稳定流的认识也不能直接套用到后期的边界控制流。

图9.3为某致密气井经过产量归一化的压力随时间变化的曲线（Palacio and Blasingame，1993）。流动特性可以清晰地分为早期不稳定流（斜率为1/4的线）和边界控制流（斜率为1的线）。如果没有任何后期数据呢？在这种情况下，即使没有任何有关边界控制流的数据，仍然可以基于物理过程的模型获得有关晚期阶段的多种情形的结果。然而，对于基于数据驱动的模型而言，仅能依据过去的趋势（不稳定流）来预测将来。因此，分析人员有责任确保预测模型的条件与训练数据的条件一致。

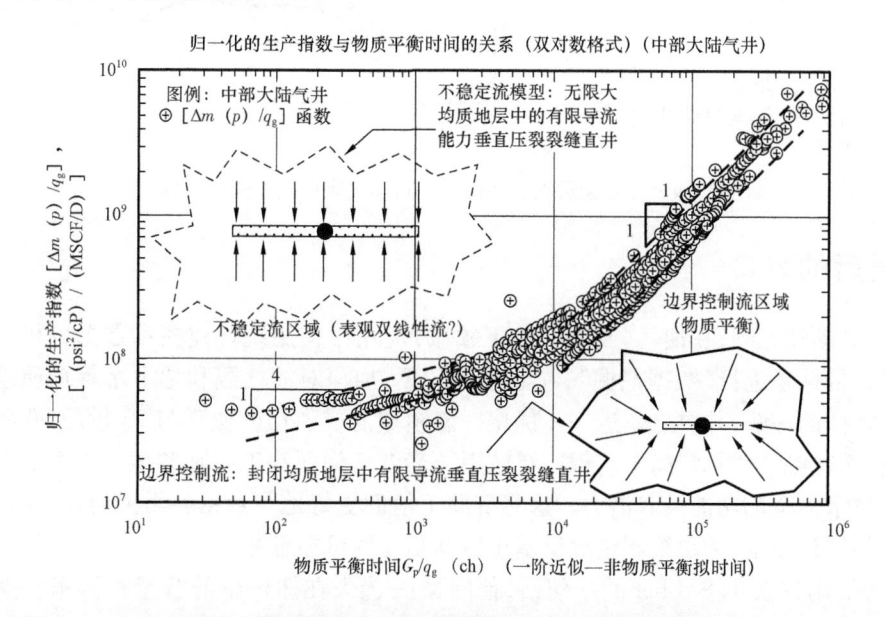

图9.3 某致密气井早期和晚期的压力和产量响应特征

9.2.5 拟合还是过度拟合？

第8章中介绍的高级统计模型的灵活性在构建具有良好预测能力的输入—输出模型方面可能有利有弊。这些模型在处理变量交互作用方面有更大的灵活性，因此通常比线性回归及其衍生方法具有更高的准确性。同时，通过调整可调（优化）模型参数（如随机森林中树的大小和人工神经网络中的隐含层数）可能产生对训练数据过度拟合的危险。此时交叉验证可以给分析人员提供帮助（图8.13），它可以作为模型构建过程中平衡模型精度和复杂性的有效工具。Kuhn和Johnson（2013）描述了这样的工作流程，如图9.4所示。其中还展示了支持向量机模型的参数自动调优的示例，以及如何基于交叉验证的精度确定可调"成本"参数的最优值。

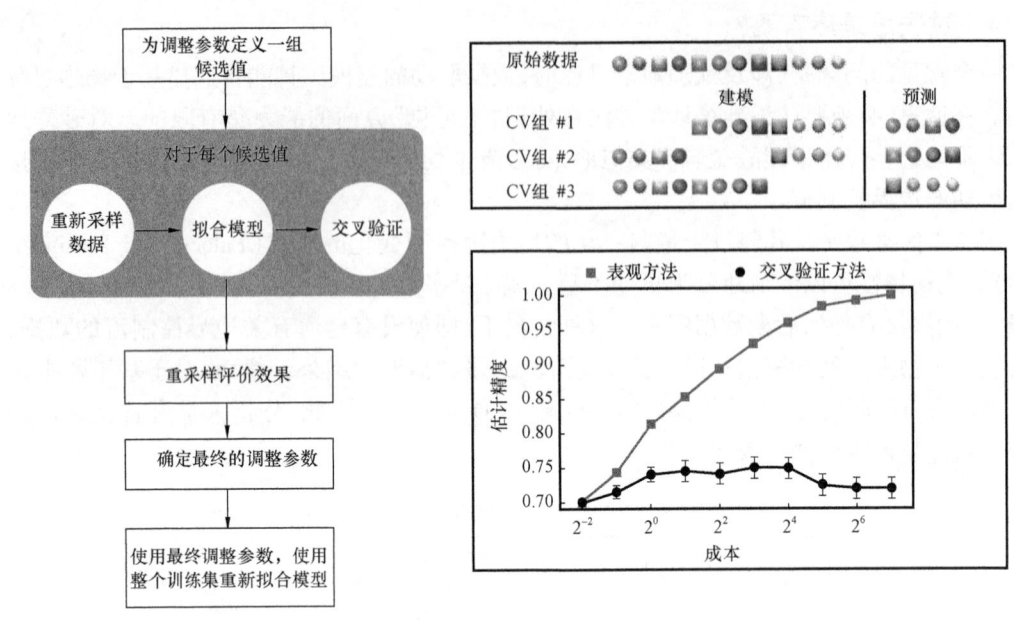

图 9.4　在复杂数据驱动模型中自动确定可调参数的过程

9.3　最后的思考

总之，必须注意到，在油气（及相关地下领域）应用中使用统计建模和数据分析的趋势越来越明显。目标是进行"数据挖掘"，在数据驱动下，加深对油气藏和地下水等地质系统的生产和注入特征的理解，并对之作进一步优化。该领域的成熟程度似乎与20世纪90年代早期的地质统计学的情况类似，尚未获得广泛应用。笔者认为石油工程师和地质学家需要更好地了解现有技术的全部功能及其潜力。这将有助于他们更好地与数据科学家合作，从而发展并应用适当的统计技术，为决策制定提供基于数据驱动的可靠意见。

最后，引用诗人T.S.Eliot的一句话，他问道："遗失在知识中的智慧在哪里？遗失在信息中的知识在哪里？"让我们努力理解数据的关系并将其转化为信息，理解信息的模式并将其转化为知识，理解知识的原理并将其转化为智慧，就让这些思想指引我们的探索之旅吧（Bellinger，2004）。

参 考 文 献

[1] Bellinger,G,2004. Data,information,knowledge and wisdom,http://www. systems – thinking. org/dikw/dikw/htm.

[2] Hetz,G. ,Datta – Gupta,A. ,2017. Integration of continuous time lapse seismic data into reservoir models using onset times. In：First EAGE Workshop on Practical Reservoir Monitoring,March 6 – 9,2017,Amsterdam.

[3] Kuhn,M. ,Johnson,K,2013. Applied Predictive Modeling. Springer,New York.

[4] Palacio,J. C. ,Blasingame,T. A. ,1993. Decline – curve analysis with type curves – analysis of gas well production data. Paper SPE 25909 Presented at the SPE Rocky Mountain Regional/Low – Permeability Reservoirs Symposium,12 – 14April,Denver,SPE 25909 – MS. https：//doi. org/10. 2118/25909 – MS.

[5] Schuetter, J., Mishra, S., Zhong, M, LaFollette, R., 2015. Data analytics for production optimization in unconventional reservoirs. In: Proc. Unconventional Resources Technology Conference. https://doi.org/10.15530/URTEC-2015-2167005.

[6] Vasco, D. W, Datta-Gupta, A., 2016. Subsurface Fluid Flow and Imaging: With Applications for Hydrology, Reservoir Engineering and Geophysics. Cambridge University Press, London.

国外油气勘探开发新进展丛书（一）

书号：3592
定价：56.00元

书号：3663
定价：120.00元

书号：3700
定价：110.00元

书号：3718
定价：145.00元

书号：3722
定价：90.00元

国外油气勘探开发新进展丛书（二）

书号：4217
定价：96.00元

书号：4226
定价：60.00元

书号：4352
定价：32.00元

书号：4334
定价：115.00元

书号：4297
定价：28.00元

国外油气勘探开发新进展丛书（三）

书号：4539
定价：120.00元

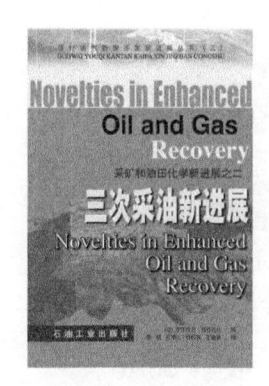

书号：4725
定价：88.00元

书号：4707
定价：60.00元

书号：4681
定价：48.00元

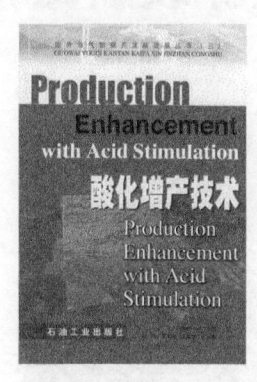

书号：4689
定价：50.00元

书号：4764
定价：78.00元

国外油气勘探开发新进展丛书（四）

书号：5554
定价：78.00元

书号：5429
定价：35.00元

书号：5599
定价：98.00元

书号：5702
定价：120.00元

书号：5676
定价：48.00元

书号：5750
定价：68.00元

国外油气勘探开发新进展丛书（五）

书号：6449
定价：52.00元

书号：5929
定价：70.00元

书号：6471
定价：128.00元

书号：6402
定价：96.00元

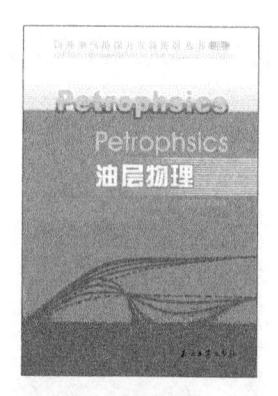

书号：6309
定价：185.00元

书号：6718
定价：150.00元

国外油气勘探开发新进展丛书（六）

书号：7055
定价：290.00元

书号：7000
定价：50.00元

书号：7035
定价：32.00元

书号：7075
定价：128.00元

书号：6966
定价：42.00元

书号：6967
定价：32.00元

国外油气勘探开发新进展丛书（七）

书号：7533
定价：65.00元

书号：7802
定价：110.00元

书号：7555
定价：60.00元

书号：7290
定价：98.00元

书号：7088
定价：120.00元

书号：7690
定价：93.00元

国外油气勘探开发新进展丛书（八）

书号：7446
定价：38.00元

书号：8065
定价：98.00元

书号：8356
定价：98.00元

| 书号：8092 | 书号：8804 | 书号：9483 |
| 定价：38.00元 | 定价：38.00元 | 定价：140.00元 |

国外油气勘探开发新进展丛书（九）

| 书号：8351 | 书号：8782 | 书号：8336 |
| 定价：68.00元 | 定价：180.00元 | 定价：80.00元 |

| 书号：8899 | 书号：9013 | 书号：7634 |
| 定价：150.00元 | 定价：160.00元 | 定价：65.00元 |

国外油气勘探开发新进展丛书（十）

书号：9009
定价：110.00元

书号：9989
定价：110.00元

书号：9574
定价：80.00元

书号：9024
定价：96.00元

书号：9322
定价：96.00元

书号：9576
定价：96.00元

国外油气勘探开发新进展丛书（十一）

书号：0042
定价：120.00元

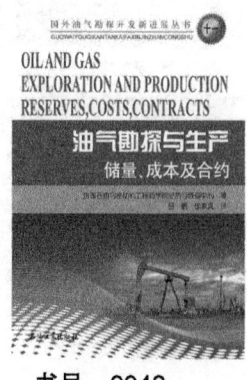

书号：9943
定价：75.00元

书号：0732
定价：75.00元

书号：0916
定价：80.00元

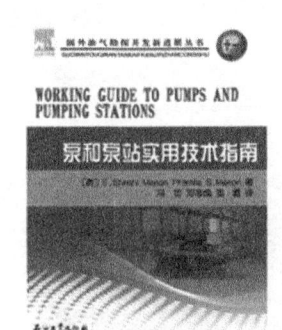

书号：0867
定价：65.00元

书号：0732
定价：75.00元

国外油气勘探开发新进展丛书（十二）

书号：0661
定价：80.00元

书号：0870
定价：116.00元

书号：0851
定价：120.00元

书号：1172
定价：120.00元

书号：0958
定价：66.00元

书号：1529
定价：66.00元

国外油气勘探开发新进展丛书（十三）

书号：1046
定价：158.00元

书号：1167
定价：165.00元

书号：1645
定价：70.00元

书号：1259
定价：60.00元

书号：1875
定价：158.00元

书号：1477
定价：256.00元

国外油气勘探开发新进展丛书（十四）

书号：1456
定价：128.00元

书号：1855
定价：60.00元

书号：1874
定价：280.00元

书号：2857
定价：80.00元

书号：2362
定价：76.00元

国外油气勘探开发新进展丛书（十五）

书号：3053
定价：260.00元

书号：3682
定价：180.00元

书号：2216
定价：180.00元

书号：3052
定价：260.00元

书号：2703
定价：280.00元

书号：2419
定价：300.00元

国外油气勘探开发新进展丛书（十六）

书号：2274
定价：68.00元

书号：2428
定价：168.00元

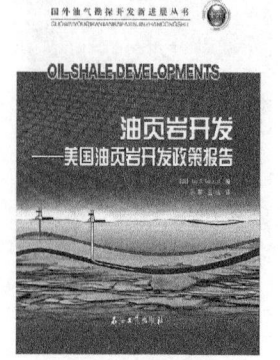

书号：1979
定价：65.00元

书号：3450
定价：280.00元

国外油气勘探开发新进展丛书（十七）

书号：2862
定价：160.00元

书号：3081
定价：86.00元

书号：3514
定价：96.00元

书号：3512
定价：298.00元

书号：3980
定价：220.00元

国外油气勘探开发新进展丛书（十八）

书号：3702
定价：75.00元

书号：3734
定价：200.00元

书号：3693
定价：48.00元

书号：3513
定价：278.00元

书号：3772
定价：80.00元

国外油气勘探开发新进展丛书（十九）

书号：3834
定价：200.00元

书号：3991
定价：180.00元